国家骨干高职院校项目建设成果

高等职业教育新形态精品教材

建筑施工组织

主　编　彭仁娥

副主编　陈　翔　　阳小群　李清奇

参　编　欧阳志彪　童腊云　刘　方

主　审　颜彩飞　　贺子龙

北京理工大学出版社

BEIJING INSTITUTE OF TECHNOLOGY PRESS

内容提要

本书共分六个模块，主要内容包括建筑施工组织基本知识、流水施工、网络计划技术、建筑施工准备、单位工程施工组织设计编制和施工组织总设计编制。本书阐述了建筑施工组织的基本原理、方法及现代科技成果，以能力培养为主线，注重实用性与针对性，理论知识与实践能力的融合，便于读者学与用。

本书可作为高职高专建筑工程技术、工程造价、工程监理、建筑工程管理等专业的教学用书，也可作为岗位培训教材或土建工程技术人员的学习参考书。

图书在版编目（CIP）数据

建筑施工组织 / 彭仁娥主编.—北京：北京理工大学出版社，2023.6重印
ISBN 978—7—5682—1093—5

Ⅰ.①建… Ⅱ.①彭… Ⅲ.①建筑工程—施工组织—高等学校—教材 Ⅳ.①TU721

中国版本图书馆CIP数据核字(2015)第195247号

出版发行 / 北京理工大学出版社有限责任公司

社　　址 / 北京市海淀区中关村南大街5号

邮　　编 / 100081

电　　话 / （010）68914775（总编室）

　　　　　（010）82562903（教材售后服务热线）

　　　　　（010）68944723（其他图书服务热线）

网　　址 / http://www.bitpress.com.cn

经　　销 / 全国各地新华书店

印　　刷 / 北京紫瑞利印刷有限公司

开　　本 / 787毫米×1092毫米　1/16

印　　张 / 17　　　　　　　　　　　　　责任编辑 / 钟　博

字　　数 / 452千字　　　　　　　　　　文案编辑 / 钟　博

版　　次 / 2023年6月第1版第7次印刷　　责任校对 / 周瑞红

定　　价 / 55.00元　　　　　　　　　　责任印制 / 边心超

General Preface

总序言

国家示范（骨干）高等职业院校建设是教育部、财政部为创新高等职业院校校企合作办学体制机制，提高人才培养质量，深化教育教学改革，优化专业体系结构，加强师资队伍建设，完善质量保障体系，增强高等职业院校服务区域经济社会发展能力而启动的国家示范性高等职业院校建设计划项目。2010年11月23日，教育部、财政部印发《教育部　财政部关于确定"国家示范性高等职业院校建设计划"骨干高职院校立项建设单位的通知》（教高函〔2010〕27号），娄底职业技术学院被确定为"国家示范性高等职业院校建设计划"骨干高职院校立项建设单位。2012年12月，娄底职业技术学院"国家示范性高等职业院校建设计划"骨干高职院校项目《建设方案》和《建设任务书》经教育部、财政部同意批复，正式启动项目建设工作。

按照项目《建设方案》和《建设任务书》的建设目标任务要求，为创新"产教融合、校企合作、工学结合"的高素质应用型技术技能人才培养模式，推进校企合作的高等职业教育精品课程建设、精品教材开发、精品专业教学资源库建设等内涵式特色项目发展，我院启动了重点支持建设的机电一体化技术、煤矿开采技术、畜牧兽医、建筑工程技术和应用电子技术专业（群）的国家骨干校项目规划教材开发建设。

为了把这批教材打造成精品，我们于2013年通过立项论证方式，明确了教材三级目录、建设内容、建设进度，通过每个季度进行的过程检查和严格的"三审"制度，确保教材建设的质量；各精品教材负责人依托合作企业，在充分调研的基础上，遵循项目载体、任务驱动的原则，于2014年完成初稿的撰写，并先后经过5轮修改，于2015年通过项目规划教材编审委员会审核，完成教材开发出版等建设任务。

此次公开出版的精品教材秉承"以学习者为中心"和"行动导向"的理念，对接地方产业岗位要求，结合专业实际和课程改革成果，开发了以学习情境、项目为主体的工学结合教材，在内容选取、结构安排、实施设计、资源建设等方面形成了自己的特色。一是教材内容的选取突显了职业性和前沿性。根据与职业岗位对接、中高职衔接的要求与学生认知规律，遴选和组织教材内容，保证理论知识够用，职业能力适应岗位要求和个人发展要求；同时融入了行业前沿最新知识和技术，适时反映了专业领域的新变化和新特点。二是教材结构安排突显了情境性和项目化。教材体例结构打破传统的学科体系，以工作任务为线索进行项目化改造，各个学习情境或项目细分成若干个任务，各个任务采用任务目标、任务描述、知识准备、任务实施、巩固训练的顺序来安排教学内容，充分体现以项目为载体、以任务为驱动的高职教育特征。三是教材实施的设计突显了实践性和过程性。教材实施建议充分体现了理论融于实践，动脑融于动手，做人融于做事的宗旨；教学方法融"教、学、做"于一体，以真实工作任务或企业产品为载体，真正突出了以学生自主学习为中心、以问题为导向的理念；考核评价着重放在考核学生的能力与素质上，同时关注学生自主学习、参与性学习和实践学习的状况。四是教材资源的建设突显了完备性和交互性。在教材开发的同时，各门课程建成了涵盖课程标准、教学项目、电子教案、教学课件、图片库、案例库、动画库、课题库、教学视频等在内的丰富完备的数字化教学资源，并全部上传至网络，从而将教材内容和教学资源有机整合，大大丰富了教材的内涵；学习者可通过课堂学习与网上交互式学习相结合，达到事半功倍的效果。

丛书编审委员会

前　言

"建筑施工组织"是高等职业教育建筑工程技术等相关专业的一门重要的专业课程，它重点培养学生从事建筑工程施工的技术经济和组织管理的综合能力。本书根据"建筑施工组织"课程标准的要求，从建筑工程施工的组织与管理的角度出发，按照"工学结合、项目导向、任务驱动、教学做一体"的模式，融入建筑施工企业关键技术岗位八大员（施工员、质量员、安全员、标准员、材料员、机械员、劳务员、资料员）及监理员的从业资格要求，同时兼顾学生在未来的职业生涯中可持续发展的需要，以真实的工程项目案例为主线来组织教材。在编写过程中，编者以《建筑施工组织设计规范》（GB/T 50502—2009）、《施工现场临时建筑物技术规范》（JGJ/T 188—2009）、《工程网络计划技术规程》（JGJ/T 121—2015）等现行规范、规程和标准为依据，并参考了许多国有大型建筑施工企业先进的施工组织和管理方法，注重内容的必要性、实用性和可操作性，突出职业能力的培养，强调学生的自我参与，贴近工作岗位，营造真实的工作环境，以通过实训培养学生的施工组织设计能力。本书具有专业知识与职业岗位技能结合、理论与实践交互、教学过程与工作过程一致、职业技能和职业素质培养并重的特点。

全书共分六个模块，根据对施工员、质量员、安全员、监理员等人员岗位的典型工作任务进行深入分析，将相关岗位的知识要求和技能要求由浅入深、循序渐进地融入建筑施工组织基本知识、流水施工、网络计划技术、建筑施工准备、单位工程施工组织设计编制和施工组织总设计编制等各个模块中。每个模块都由知识目标、技能目标、素质目标、模块小结、知识巩固、技能训练等内容构成。通过各个模块的技能训练，学生将具备以下能力：根据具体工程项目的特点，进行资料收集与整理的能力、编制施工方案的能力、编制施工进度计划的能力、设计施工平面图的能力；通过编制某单位工程施工组织设计文件的实训，提升学以致用的综合应用能力，实现工学结合的培养目标，为零距离上岗奠定坚实的基础。

在编写本书前，编者进行了大量调研，广泛听取了有关兄弟院校的专业教师、毕业生及施工企业的有关人员的建议；在编写过程中，湖南湘中工程监理有限公司为本书提供了某单位工程施工组织设计实例的技术资料，在此一并表示感谢！

本书虽经反复推敲和校对，但编者水平有限，书中不妥之处在所难免，恳请读者提出宝贵意见。

编　者

Contents

目 录

模块 1
建筑施工组织基本知识

知识目标 >>>

(1)理解并掌握建设项目的概念及其组成划分。

(2)明确建筑产品及其施工的特点,熟悉建设程序和建筑施工程序。

(3)重点掌握施工组织设计的分类,了解施工组织设计的概念和编制内容。

技能目标 >>>

(1)能对一个建设项目进行准确划分。

(2)能确定施工组织设计编制内容。

素质目标 >>>

(1)认真负责,团结合作,维护集体的荣誉和利益。

(2)努力学习专业技术知识,不断提高专业技能。

(3)遵纪守法,具有良好的职业道德。

建筑施工组织是研究建筑产品生产过程中诸要素统筹安排与系统管理客观规律的学科。建筑施工组织是现代化建筑施工管理的核心。它的研究对象是整个建筑产品。建筑产品的生产过程就是建筑施工。随着社会经济的发展和建筑技术的进步,现代建设工程日益向着大规模、高技术的方向发展,现代建筑工程施工是一项复杂的、综合的生产活动。

建筑施工组织的任务:第一,探索和总结建设项目施工组织的客观规律,即从建筑产品及其生产的技术经济特点出发,遵照国家和地方相关技术政策约束条件,保证高速度、高质量、高效益、低消耗地生产出优质的建筑产品,充分发挥投资的经济效益。第二,研究和探索建筑施工企业如何以最少的消耗获取最大的经济效益。建筑产品最终是由建筑施工企业通过组织施工来完成的。企业的最终目的就是获取利润,其根据自身条件和工程特点组织施工,并对工期、质量、成本和安全进行有效控制,以达到工期短、质量好、成本低、健康安全的目标。

施工企业的现代化管理主要体现在经营管理素质和经营管理水平两个方面。施工企业的经营管理素质主要是竞争能力、应变能力、技术开发能力和扩大再生产能力等;施工企业的经营管理水平和计划与决策、组织与指挥、控制与协调、教育与激励等职能有关。经营管理素质与水平是企业经营管理的基础，也是实现企业利润目标、信誉目标、发展目标和职工福利目标的保证；同时经营管理又是发挥企业的经营管理素质和水平的关键过程。企业经营管理素质与水平的体现和提高，都必须通过施工组织设计的编制、贯彻、检查和调整来实现。这充分体现了施工组织设计对施工企业现代化管理的重要性。

对建筑工程项目施工的全过程实施有效的组织管理，是好、快、省、安全地完成工程建设任务、提高建筑施工企业的经济效益、保障社会效益和环境效益的根本途径，也是建筑施工组织与管理所要解决的根本问题。

》》项目 1.1　建设项目

1.1.1　建设项目的概念

建设项目是基本建设项目的简称，凡是按一个总体设计组织施工，建成后具有完整的系统，可以独立形成生产能力或发挥使用效益的建设工程，称为一个建设项目。凡属于一个总体设计中的主体工程和相应的附属配套工程、综合利用工程、环境保护工程、供水供电工程等，都统一作为一个建设项目，如工业建设中的一座工厂，民用建设中的一个居民区、一所学校、一栋住宅等均为一个建设项目。

凡是不属于一个总体设计，经济上分别核算，工艺流程上没有直接联系的几个独立工程，应分别列为几个建设项目。

1.1.2　建设项目的组成划分

1. 从合理确定工程造价和基本建设管理工作需要的角度划分

一个建设项目从合理确定工程造价和基本建设管理工作需要的角度，从大到小可以划分为单项工程、单位工程、分部工程和分项工程。

（1）单项工程。单项工程又称工程项目，是指具有独立的设计文件，可以独立施工，建成后可以单独发挥生产能力或使用效益的工程。一个建设项目可以由一个或几个单项工程组成。例如，工业建设项目中，各个独立的生产车间、办公楼；一个民用建设项目中，学校的教学楼、食堂、图书馆等，都可以称为一个单项工程。

（2）单位工程。单位工程是指具有独立的设计文件，可以独立组织施工，但建成后不能独立发挥生产能力和使用效益的工程。一个单项工程通常由若干个单位工程组成。例如，某教学楼的土建工程、电气照明工程、给排水工程等，都是组成教学楼这一单项工程的单位工程。

（3）分部工程。分部工程是指由不同工种的操作者利用不同的工具和材料完成的部分工程，是根据工程部位、施工方式、材料和设备种类来划分的建筑中间产品。若干个分部工程组成一个单位工程。例如，一栋房屋的土建单位工程，按其部位可划分成基础、主体、屋面和装修等分部工程；按其工种可以划分为土方工程、砌筑工程、钢筋混凝土工程、防水工程和抹灰工程等。

（4）分项工程。分项工程是分部工程的组成部分。分项工程应按主要工种、材料、施工工艺、设备类别等进行划分。分项工程是用简单的施工过程就能完成的工程。例如，房屋的基础分部工程可以划分为挖土方、浇筑混凝土垫层、砌毛石基础和回填土等分项工程；钢筋混凝土的分项工程通常为支模板、扎钢筋、浇混凝土。

2. 从建筑工程施工质量验收的角度划分

一个建设项目按照《建筑工程施工质量验收统一标准》(GB 50300—2013)的规定，可以划分为单位(子单位)工程、分部(子分部)工程、分项工程和检验批。

(1)单位(子单位)工程。单位工程是指具备独立施工条件并能形成独立使用功能的建筑物及构筑物。建筑规模较大的单位工程，可将其能形成独立使用功能的部分作为一个子单位工程。例如，工业建设项目中，各个独立的生产车间、办公楼；一个民用建筑项目中，学校的教学楼、食堂、图书馆等，都可以称为一个单位工程。

(2)分部(子分部)工程。组成单位工程的若干个分部称为分部工程。分部工程应按照建筑部位、专业性质划分。当分部工程较大或较复杂时，可按材料种类、施工特点、施工程序、专业系统及类别等划分为若干个子分部工程。一个单位(子单位)工程一般由若干个分部(子分部)工程组成。例如，建筑工程中的建筑装饰装修工程为一项分部工程，其地面工程、墙面工程、顶棚工程、门窗工程、幕墙工程等为子分部工程。

(3)分项工程。分项工程是分部工程的组成部分。分项工程应按主要工种、材料、施工工艺、设备类别等进行划分。例如，屋面卷材防水子分部工程可以划分为保温层、找平层、防水层等分项工程。

(4)检验批。分项工程可由一个或若干个检验批组成。检验批可根据施工及质量控制、专业验收需要按楼层、施工段、变形缝等进行划分。

》》》 项目 1.2　建设程序

建设程序是基本建设程序的简称，是指工程项目从策划、评估、决策、设计、施工到竣工验收、投入生产或交付使用的整个建设过程中，各项工作必须遵循的先后工作次序。工程项目基本建设程序是工程建设过程客观规律的反映，是建设工程项目科学决策和顺利进行的重要保证。

建设程序一般包括三个时期、七个阶段的工作。三个时期包括：投资决策时期、建设时期、交付使用期(生产时期)；七个阶段包括策划决策阶段、设计阶段、建设准备阶段、建设实施阶段(施工阶段)、生产准备阶段、竣工验收阶段、项目后评价阶段。中小型工程建设项目可以视具体情况简化程序。

基本建设各项工作的先后顺序一般不能违背与颠倒，但在具体工作中存在互相交叉平行的情况。

1.2.1　策划决策阶段

策划决策阶段又称为建设前期工作阶段，主要包括编报项目建议书和可行性研究两项工作内容。

1. 编报项目建议书

项目建议书是拟建项目单位向国家提出的要求建设某一项目的建议文件，对工程项目建设的轮廓设想。项目建议书的主要作用是推荐一个拟建项目，论述其建设的必要性、建设条件的可行性和获利的可能性，供国家选择并确定是否进行下一步工作。项目建议书的内容一般包括以下几个方面：

（1）项目提出的必要性和依据；

（2）产品方案、拟建规模和建设地点的初步设想；

（3）资源情况、建设条件、协作关系和设备技术引进国别、厂商的初步分析；

（4）投资估算、筹资方案及还贷设想；

（5）项目进度安排；

（6）经济效益和社会效益的初步估计；

（7）环境影响的初步评价。

对于政府投资工程项目，编报项目建议书是项目建设最初阶段的工作。其主要作用是推荐建设项目，以便在一个确定的地区或部门内，以自然资源和市场预测为基础，选择建设项目。

对于企业不使用政府资金投资建设的项目，政府不再进行投资决策性质的审批，项目实行核准制或登记备案制，企业不需要编制项目建议书而可直接编制可行性研究报告。

项目建议书经批准后，可进行可行性研究工作，但并不表明项目非进行不可，项目建议书不是项目的最终决策。

2. 进行可行性研究

可行性研究是在项目建议书被批准后，对项目在技术上和经济上是否可行所进行的科学分析和论证。可行性研究的主要内容包括以下几个方面：

（1）进行市场研究，以解决项目建设的必要性问题；

（2）进行工艺技术方案的研究，以解决项目建设的技术可行性问题；

（3）进行财务和经济分析，以解决项目建设的经济合理性问题。

凡经可行性研究未通过的项目，不得进行下一步工作。可行性研究工作完成后，需要编写出反映其全部工作成果的可行性研究报告。

对于政府投资项目，须审批项目建议书和可行性研究报告，对于企业不使用政府资金投资建设的项目，一律不再实行审批制，区别不同情况实行核准制和登记备案制。

对于《政府核准的投资项目目录（2014年版）》以外的企业投资项目，实行备案制。

1.2.2　设计阶段

设计阶段一般分为初步设计阶段和施工图设计阶段，对于大型复杂项目，可根据不同行业的特点和需要，在初步设计阶段之后增加扩大初步设计（技术设计）阶段。

1. 初步设计阶段

根据可行性研究报告的要求制订具体实施方案，其目的是阐明在指定的地点、时间和投资控制数额内，拟建项目在技术上的可行性和经济上的合理性，并通过对工程项目所作出的基本技术经济规定，编制项目总概算。经审批的初步设计总概算是控制工程造价的依据。以后的施工图预算、工程决算均不得突破初步设计总概算。

初步设计不得随意改变被批准的可行性研究报告所确定的建设规模、产品方案、工程标准、建设地址和总投资等控制目标。如果初步设计提出的总概算超过可行性研究报告总投资的10％或其他主要指标需要变更，应说明原因和计算依据并重新报批可行性研究报告。初步设计经主管部门审批后，建设项目被列入国家固定资产投资计划，方可进行下一步的施工图设计。

2. 施工图设计阶段

施工图设计即根据初步设计和更详细的调查研究资料设计施工图，以进一步解决初步设计中的重大技术问题，如工艺流程、建筑结构、设备选型及数量等，使工程项目的设计更具体、更完善，技术指标更好。

施工图应根据初步设计或技术设计的要求，结合现场实际情况，完整地表现建筑物外形、内部空间分割、结构体系、构造状况以及建筑群的组成和周边环境的配合，也应包括各种运输、通信、管道系统、建筑设备的设计。在工艺上，施工图应具体确定各种设备的型号、规格及各种非标准设备的制造加工图。

根据《建筑工程施工图设计文件审查暂行办法》，建设单位应当将施工图报送建设行政主管部门，由建设行政主管部门委托有关审查机构进行结构安全和强制性标准、规范执行情况等内容的审查。

施工图一经审查批准，不得擅自修改。如遇特殊情况需对已审查过的主要内容进行修改，必须重新报请原审查单位批准后实施。

1.2.3　建设准备阶段

建设准备阶段主要内容包括：组建项目法人；征地、拆迁、三通一平乃至七通一平（在三通一平的基础上增加通固定电话、通有线、通宽带、通燃气）；组织材料、设备订货；办理建设工程质量监督手续；委托工程监理；准备必要的施工图纸；组织施工招投标，择优选定施工单位；办理施工许可证等。按规定做好施工准备，具备开工条件后，建设单位申请开工，进入建设实施阶段。

1.2.4　建设实施阶段

建设工程具备了开工条件并取得施工许可证后方可开工，进入建设实施阶段。项目开工时间，按设计文件中规定的任何一项永久性工程第一次正式破土开槽时间而定。不需开槽的以正式打桩时间作为开工时间。铁路、公路、水库等以开始进行土石方工程的时间作为正式开工时间。

1.2.5　生产准备阶段

生产准备是项目投产前由建设单位进行的一项重要工作，是衔接建设与生产的桥梁，是项目由建设转到生产经营的必要条件。建设单位应适时组成专门班子或机构做好生产准备工作，确保项目建成后能及时投产。

对于生产性建设项目，在其竣工投产前，建设单位应适时地组织专门班子或机构，有计划地做好生产准备工作，包括：招收、培训生产人员；组织有关人员参加设备安装、调试、工程验收；落实原材料供应；组建生产管理机构，健全生产规章制度等。

1.2.6　竣工验收阶段

当工程项目按照设计文件的规定内容和施工图纸的要求全部完成后，便可组织验收。竣工验收是投资成果转入生产或使用的标志，也是全面考核工程建设成果、检验设计质量和工程质量的重要步骤。验收合格后，建设单位编制竣工决算，项目正式投入使用。

竣工验收的标准：工业项目经过投料试车（带负荷运转）合格，形成生产能力的应及时组织验收，办理固定资产移交手续。

1.2.7 项目后评价阶段

建设项目后评价是工程项目竣工投产、生产运营一段时间后（一般为一年）再对项目的立项决策、设计施工、竣工投产、生产运营等全过程进行系统评价的一种技术活动，是固定资产管理的一项重要内容，也是固定资产投资管理的最后一个环节。

项目1.3　建筑产品及其施工的特点

1.3.1 建筑产品的特点

由于建筑产品的使用功能、平面与空间组合、结构与构造形式等的特殊性，以及建筑产品所用材料的物理力学性能的特殊性，决定了建筑产品的特殊性。其具体特点如下。

1. 建筑产品的空间固定性

一般的建筑产品均由自然地坪以下的基础和自然地坪以上的主体两部分组成（地下建筑全部在自然地坪以下）。基础承受主体的全部荷载（包括基础的自重）并传给地基；同时将主体固定在陆地上。任何建筑产品都是在选定的地点上建造和使用，与选定地点的土地不可分割，从建造开始直至拆除均不能移动。因此，建筑产品的建造和使用地点在空间上是固定的。

2. 建筑产品的多样性

建筑产品不但要满足各种使用功能的要求，而且要体现出地区的民族风格、物质文明和精神文明程度，建筑设计者的眼光和水平，建设者的爱好和欣赏水平，同时也受到地区的自然条件诸因素的限制，使建筑产品在规模、结构、构造、型式、基础和装饰等诸方面变化纷繁。因此，建筑产品的类型多样。

3. 建筑产品的体形庞大

无论是复杂的建筑产品，还是简单的建筑产品，为了满足其使用功能的需要，并结合建筑材料的物理力学性能，需要大量的物质资源，占据广阔的平面与空间，因而建筑产品的体形庞大。

1.3.2 建筑产品施工的特点

建筑产品本身具有的特点决定了建筑产品施工具有如下特点。

1. 建筑产品生产的流动性

建筑产品地点的固定性决定了其生产的流动性。一般的工业产品都是在固定的工厂、车间内进行生产，而建筑产品的生产是在不同的地区、同一地区的不同现场、同一现场的不同单位工程或同一单位工程的不同部位组织工人、机械围绕着同一建筑产品进行生产。

2. 建筑产品生产的单件性

建筑产品地点的固定性和类型的多样性决定了其生产的单件性。一般的工业产品是在一定的时期里，统一的工艺流程中进行批量生产，而具体的一个建筑产品应在国家或地区的统一规划内，根据其使用功能，在选定的地点上单独设计和单独施工。即使选用标准设计、通用构件或配件，由于建筑产品所在地区的自然、技术、经济条件的不同，其结构或构造、建筑材料、施工组织和施工方法等也要因地制宜地加以修改，从而使各建筑产品生产具有单件性。

3. 建筑产品生产的地区性

建筑产品地点的固定性决定了其生产的地区性。同一使用功能的建筑产品，因其建造地点的不同，必然受到建设地区的自然、技术、经济和社会条件的约束，其结构、构造、艺术形式、室内设施、材料、施工方案等方面各不相同。因此，建筑产品的生产具有地区性。

4. 建筑产品生产周期长

建筑产品的固定性和体形庞大的特点决定了建筑产品生产周期长。因为建筑产品体形庞大，要建成必然耗费大量的人力、物力和财力。同时，建筑产品的生产全过程还要受到工艺流程和生产程序的制约，使各专业、工种间必须按照合理的施工顺序进行配合和衔接。又由于建筑产品地点的固定性，施工活动的空间具有局限性，从而导致建筑产品的生产具有生产周期长、占用流动资金大的特点。

5. 建筑产品生产露天作业多

建筑产品地点的固定性和体形庞大的特点决定了其生产露天作业多。形体庞大的建筑产品不可能在工厂、车间内直接进行施工，即使建筑产品生产达到了高度的工业化水平，也只能在工厂内生产其组成部分的构件或配件，仍然需要在施工现场内进行总装配后才能形成最终建筑产品，因此，建筑产品的生产具有露天作业多的特点。

6. 建筑产品生产高空作业多

建筑产品体形庞大的特点决定了其生产高空作业多。特别是随着城市现代化的发展，高层建筑、超高层建筑的施工任务日益增多，因此，建筑产品生产高空作业的特点越加突出。

7. 建筑产品生产组织协作的综合性和复杂性

由建筑产品生产的诸多特点可以看出其涉及面广。在建筑企业的内部，建筑产品生产涉及工程力学、建筑结构、建筑构造、地基基础、水暖电、机械设备、建筑材料和施工技术等学科的专业知识，要在不同时期、不同地点和不同产品上组织多专业、多工种的综合作业。在建筑企业的外部，建筑产品生产涉及各不同种类的专业施工企业，以及城市规划、征用土地、勘察设计、消防、七通一平、公用事业、环境保护、质量监督、科研试验、交通运输、银行财政、机具设备、物资材料等社会各部门和各领域的复杂协作配合，因此，建筑产品生产的组织协作关系具有综合性和复杂性。

》》项目 1.4 建筑施工程序

建筑施工程序是拟建工程在整个施工过程中各项工作必须遵循的先后顺序。它是多年来建筑工程施工实践经验的总结，反映了整个施工阶段中人们必须遵循的客观规律。建筑施工程序是指从接受施工任务直到竣工验收所包括的各主要阶段的先后次序。它一般可划分为以下五个阶段：确定施工任务阶段，施工规划阶段，施工准备阶段，组织施工阶段和竣工验收阶段。其先后顺序和内容如下。

1.4.1 投标与签订施工合同，落实施工任务

施工单位承接任务的方式一般有三种：国家或上级主管部门直接下达式；受建设单位委

托式；通过招标而中标。在市场经济条件下，建筑施工企业和建设单位自行承接和委托的方式较多，实行招投标的方式发包和承包建筑施工任务是建筑业和基本建设管理体制改革的一项重要措施。

无论以哪一种方式承接任务，施工单位都必须同建设单位签订施工合同。签订施工合同的施工项目，才算是落实的施工任务。当然，签订合同的施工项目必须是经建设单位主管部门正式批准的，有计划任务书、初步设计和总概算，已列入年度基本建设计划，落实了投资的建设项目，否则不能签订施工合同。在合同中应明确规定承包范围、供料方式、工期、合同价、工程付款和结算方法、甲乙双方责任义务及奖励处罚等条例。

施工合同是建设单位与施工单位根据《中华人民共和国合同法》及有关规定而签订的具有法律效力的文件。双方必须严格履行合同，任何一方不履行合同，给对方造成了损失，都要负法律责任并进行赔偿。

在这一阶段，施工企业要做好技术调查工作，包括建设项目功能、规模、要求，建设地区自然情况，施工现场情况等。

1.4.2　全面统筹安排，做好施工规划

签订施工合同后，施工总承包单位在调查分析资料的基础上，拟定施工规划，编制施工组织总设计，部署施工力量，安排施工总进度，确定主要工程施工方案，规划整个施工现场，统筹安排，做好全面施工规划。经批准后，组织施工先遣人员进入现场，与建设单位密切配合，做好施工规划中确定的各项全局性施工准备工作，为建设项目的全面正式开工创造条件。

1.4.3　落实施工准备，提出开工报告

施工准备工作是建筑施工顺利进行的根本保证。工程开工前，施工单位要积极做好施工前的准备工作。准备工作内容一般包括技术准备、物资准备、劳动组织准备、施工现场准备和施工场外准备。当一个施工项目进行了图纸会审，编制和批准了施工组织设计、施工图预算和施工预算，组织好材料、半成品和构配件的生产和加工运输，组织好施工机具进场，搭设了临时建筑物，建立了现场管理机构，调遣了施工队伍，拆迁了原有建筑物，搞好三通一平，进行了场区测量和建筑物定位放线等准备工作后，施工单位即可向主管部门提出开工报告。开工报告经审查批准后，即可正式开工。

1.4.4　组织全面施工

施工过程应严格按照施工组织设计精心组织施工。在施工中提倡科学管理，文明施工，严格履行合同、合理安排施工顺序，组织好均衡连续的施工。一般情况下，各项目施工应按照先主体、后辅助，先重点、后一般，先地下、后地上，先结构、后装修，先土建、后安装的原则进行。

1.4.5　竣工验收，交付使用

工程完工后，在竣工验收前，施工单位应根据施工质量验收规范逐项进行预验收，检查各分部分项工程的施工质量、整理各项竣工验收的技术经济资料。在此基础上，由建设单位、设计单位、监理单位等有关部门组成验收小组进行验收。验收合格后，双方签订交接验收证书，办理工程移交，并根据合同规定办理工程竣工结算。

竣工验收是对建设项目的全面考核。建设项目施工完成了设计文件所规定的内容，就可以组织竣工验收。

项目 1.5　施工组织设计

1.5.1　施工组织设计的概念

施工组织设计是以施工项目为对象编制的，用以指导项目施工全过程各项活动的技术、经济和管理的综合性文件。它是施工技术与施工项目管理有机结合的产物，是工程开工后施工活动能有序、高效、科学合理地进行的保证。

施工组织设计的基本任务是按照建筑工程建设的基本规律、施工工艺规律和经营管理规律，制订科学合理的组织方案、施工方案，合理安排施工顺序和施工进度计划，有效利用施工场地，优化配置和节约使用人力、物力、资金、技术等生产要素，协调各方面的工作，使竞争取胜，经营科学有效，施工有计划、有节奏、能够保证质量、进度、安全、文明，取得良好的经济效益、社会效益和环境效益。

施工组织设计可为建筑工地有计划地开展工作创造条件：按施工组织设计排定的施工进度计划执行，可以保证拟建工程按照合同约定的工期完成；人们可在开工前就了解工程施工所需的材料、半成品、构配件、机具设备、劳力及其使用的先后顺序和它们占据的空间位置；可以把建设工程设计和施工、技术和经济、施工前方和后方、施工企业的计划和具体工程的施工组织、总包和分包、企业各部门、施工各阶段以及各单位工程的施工紧密地联系和协调起来。

1.5.2　施工组织设计的作用及其必要性

1.5.2.1　施工组织设计的作用

施工组织设计是以施工项目为对象进行编制的，用以指导项目建设全过程各项施工活动的技术、经济、组织、协调和控制。它具有以下几个方面的作用：

(1)施工组织设计是对拟建工程施工的全过程实行科学管理的重要手段。通过施工组织设计的编制，人们可以全面考虑拟建工程的各种具体施工条件，扬长避短地拟订合理的施工方案，确定施工顺序、施工方法、劳动组织和技术经济的组织措施，合理地统筹拟订施工进度计划，从而保证拟建工程按期投产或交付使用。

(2)施工组织设计为拟建工程的设计方案在经济上的合理性、技术上的科学性和实施上的可能性进行论证提供依据。

(3)施工组织设计为建设单位编制基本建设计划和施工企业编制施工计划提供依据。施工企业可以提前掌握人力、材料和机具使用上的先后顺序，全面安排资源的供应与消耗。

(4)通过施工组织设计的编制，人们可以合理地确定临时设施的数量、规模和用途，临时设施、材料和机具在施工场地上的布置方案。

(5)通过施工组织设计的编制，人们可以预计施工过程中可能发生的各种情况，事先做好准备、预防，为施工企业实施施工准备工作计划提供依据。

(6)施工组织设计可以把拟建工程的设计与施工、技术与经济、前方与后方和施工企业的全部施工安排与具体工程的施工组织工作更紧密地结合起来。

(7)施工组织设计可以把直接参加的施工单位与协作单位、部门与部门，阶段与阶段、过程与过程之间的关系更好地协调起来。

根据实践经验，对于一个拟建工程来说，如果施工组织设计编制得合理，则能正确反映客观实际，符合建设单位和设计单位的要求，并且人们在施工过程中认真地贯彻执行，就可以保证拟建工程施工的顺利进行，取得好、快、省和安全的效果，早日发挥基本建设投资的经济效益和社会效益。

1.5.2.2 施工组织设计的必要性

建筑工程施工组织设计的必要性首先是由建筑产品的特点、建筑产品施工的特点、建筑市场交易活动的特点决定的。这里仅介绍建筑市场交易活动的特点。建筑市场交易活动的特点主要有三点，即建筑产品生产活动和交易活动同时进行（统一性）；建筑产品交易活动的阶段性和长期性；建筑产品交易活动结算方式的特殊性（预付款、按月或按阶段结算和竣工后结算）。这些特点使建筑施工、管理和经营活动非常复杂，必须事前认真进行施工组织设计，才能确保成功。例如，建筑施工的单件性（一次性）决定了建筑工程项目生产活动的不重复性，不可能有现成的施工组织设计文件使用，必须在施工之前根据工程施工的需要有针对性地进行施工组织设计，以保证成功地进行施工。再如，建筑产品体形庞大，不仅使露天生产不可避免，而且使生产所需的资源耗用量庞大，施工时间长，操作条件差，环境气候恶劣，只有通过编制施工组织设计，才能确保资源优化配置，施工进度合理，施工工艺适当，排除各种干扰。建筑市场交易活动的特点决定了承包者要获得施工任务，必须在建筑市场上参与竞争。承包企业要竞争取胜，就必须进行充分筹划，确定对策，并满足招标方标书中有关组织方面的要求，这就必须编制施工组织设计。

其次，建筑工程施工复杂的施工工艺，对施工技术的特殊和高难要求，需要处理好众多的协作配合关系，施工准备工作的复杂性、大量性和长时间性，对国民经济发展的相关性等，都要求具有科学、严密、有效的施工组织设计。

1.5.3 施工组织设计的分类

1. 按设计阶段不同分类

施工组织设计的编制一般同设计阶段相配合。

（1）设计按两个阶段进行时，施工组织设计分为施工组织总设计（扩大初步施工组织设计）和单位工程施工组织设计两种。

（2）设计按三个阶段进行时，施工组织设计分为施工组织设计大纲（初步施工组织条件设计）、施工组织总设计和单位工程施工组织设计三种。对于大型建设项目或建筑群，施工组织设计可分解为施工组织总设计和单位工程施工组织设计。

2. 按编制阶段不同分类

施工组织设计按编制阶段不同分为投标施工组织设计（又称标前设计）和实施性施工组织设计（又称标后设计）。投标施工组织设计的编制，原则上应符合《建设工程项目管理规范》（GB/T 50326—2006）中项目管理规划大纲的要求；实施性施工组织设计的编制，原则上应符合《建设工程项目管理规范》（GB/T 50326—2006）中项目管理实施规划的要求。

（1）投标施工组织设计。投标施工组织设计是为了满足编制投标书和签订工程承包合同的需要而编制的。建筑施工单位为了使投标书具有竞争力以实现中标，必须编制投标施工组织设计，对投标书的内容进行规划和决策，作为投标文件的内容之一。投标施工组织设计的水平既是能否中标的关键因素，又是总包单位招标和分包单位招标书的重要依据。它还是承包单位进行合同谈判，提出要约和进行成诺的根据和理由，是确定合同文件中相关条款的基础资料。

（2）实施性施工组织设计。实施性施工组织设计是为了满足施工准备和施工需要而编制的。

这两类施工组织设计的特点见表 1-1。

表 1-1　施工组织设计的特点

种类	服务范围	编制时间	编制者	主要特性	追求的主要目标
投标施工组织设计	投标与签约	投标书编制前	经营管理层	规划性	中标和经济效益
实施性施工组织设计	施工准备至工程验收	签约后开工前	项目管理层	作业性	施工效益和效率

3. 按编制对象范围不同分类

施工组织设计按编制对象范围不同大致分为施工组织设计大纲、施工组织总设计、单位工程施工组织设计和分部分项工程施工组织设计等四种。

（1）施工组织设计大纲。施工组织设计大纲是以一个投标工程项目为对象进行编制，用以指导，也是编制施工组织总设计的依据。其投标全过程各项活动的技术、经济、组织、协调和控制的综合性文件，是编制工程项目投标书的依据。编制施工组织设计大纲的目的是中标。其主要内容包括项目概况、施工目标、施工组织、施工方案、施工进度、施工质量、施工成本、施工安全、施工环保和施工平面图以及施工风险防范等。

（2）施工组织总设计。施工组织总设计是以一个建设项目［如一个工厂、一个机场、一个道路工程（包括桥梁）、一个居住小区等］为编制对象，规划施工全过程中各项活动的技术、经济和管理的全局性、控制性文件。它是整个建设项目施工的战略部署，涉及范围较广，内容比较概括。它一般是在初步设计或扩大初步设计批准后，由总承包单位的总工程师负责，会同建设、设计和分包单位的工程师共同编制的。它也是施工单位编制年度施工计划和单位工程施工组织设计的依据。

（3）单位工程施工组织设计。单位工程施工组织设计是以单位工程（如一栋楼房、一个烟囱、一段道路、一座桥等）为编制对象，在施工组织总设计的指导下，由直接组织施工的单位根据施工图纸进行编制（一般由工程项目主管工程师负责编制），用以直接指导单位工程的施工活动，是施工单位编制分部（分项）工程施工组织设计和季、月、旬施工计划的依据。单位工程施工组织设计根据工程规模和技术复杂程度不同，其编制内容的深度和广度也有所不同。对于简单的工程，一般只编制施工方案，并附以施工进度计划和施工平面图。

单位工程施工组织设计是用来指导单位工程施工全过程中各项活动的技术、经济和管理的局部性、指导性文件，是拟建工程施工的战术安排，是施工单位年度施工计划和施工组织总设计的具体化，内容应详细。

（4）分部分项工程施工组织设计。分部分项工程施工组织设计（也称为分部分项工程作业设计，或称分部分项工程施工设计）是以分部分项工程为编制对象，用来指导其施工活动的技术、经济文件。它结合施工单位的月、旬作业计划，把单位工程施工组织设计进一步具体化，是专业工程的具体施工设计。一般在单位工程施工组织设计确定施工方案后，由施工队技术队长负责编制分部分项工程施工组织设计。

分部分项工程施工组织设计是针对某些特别重要的、技术复杂的以及采用新工艺、新技术施工的分部分项工程编制的（如以深基础、无粘结预应力混凝土、特大构件的吊装、大量土石方工程、定向爆破工程等为编制对象编制的分部分项工程施工组织设计），其内容具体、详细，可操作性强，是直接指导分部分项工程施工的依据。

　　施工组织总设计、单位工程施工组织设计和分部分项工程施工组织设计之间有以下关系：施工组织总设计是对整个建设项目的全局性战略部署，其内容和范围比较概括；单位工程施工组织设计是在施工组织总设计的控制下，以施工组织总设计和企业施工计划为依据编制的，针对具体的单位工程，把施工组织总设计的内容具体化；分部分项工程施工组织设计是以施工组织总设计、单位工程施工组织设计和企业施工计划为依据编制的，针对具体的分部分项工程，把单位工程施工组织设计进一步具体化，它是专业工程具体的、细致的施工设计。

4. 按编制内容的繁简程度不同分类

　　施工组织设计按编制内容的繁简程度不同分为完整的施工组织设计和简单的施工组织设计两种。

　　(1)完整的施工组织设计。对于工程规模大，结构复杂，技术要求高，采用新结构、新技术、新材料和新工艺的拟建工程项目，必须编制内容详尽的完整施工组织设计。

　　(2)简单的施工组织设计。对于工程规模小、结构简单、技术要求和工艺方法不复杂的拟建工程项目，可以编制一般仅包括施工方案、施工进度计划和施工总平面布置图等内容粗略的简单施工组织设计。

1.5.4　施工组织设计的编制原则

　　施工组织设计的编制必须遵循工程建设程序，并应符合下列原则：

　　(1)符合施工合同或招标文件中有关工程进度、质量、安全、环境保护、造价等方面的要求；

　　(2)积极开发、使用新技术和新工艺，推广应用新材料和新设备；

　　(3)坚持科学的施工程序和合理的施工顺序，采用流水施工和网络计划等方法，科学配置资源，合理布置现场，采取季节性施工措施，实现均衡施工，达到合理的经济技术指标；

　　(4)采取技术和管理措施，推广建筑节能和绿色施工；

　　(5)与质量、环境和职业健康安全三个管理体系有效结合。

1.5.5　施工组织设计的编制依据

　　施工组织设计必须在工程项目开工前进行编制，严禁边施工边编制或施工完毕再编制。施工组织设计编制的依据主要有：

　　(1)与工程建设有关的法律、法规和文件；

　　(2)国家现行有关标准和技术经济指标；

　　(3)工程所在地区行政主管部门的批准文件，建设单位对施工的要求；

　　(4)工程施工合同或招投标文件；

　　(5)工程设计文件，包括工程设计施工图及其标准图、设计变更、图纸会审记录、设计交底等；

　　(6)工程施工范围内的现场条件，工程地质及水文地质、气象等自然条件；

　　(7)与工程有关的资源供应情况；

　　(8)施工企业的生产能力、机具设备状况、技术水平等。

　　(9)类似工程施工经验及新技术、新工艺(如外墙提升脚手架)应用成果。

1.5.6　施工组织设计的编制内容

　　不同类型的施工组织设计的内容各不相同，但一个完整的施工组织设计一般应包括以下基本内容：

(1)建设项目的工程概况；

(2)施工部署及施工方案；

(3)施工进度计划；

(4)施工准备工作计划；

(5)各项资源需要量计划；

(6)施工平面图设计；

(7)各项技术组织措施(技术、质量、安全、成本、工期、文明施工、环境保护等)；

(8)主要技术经济指标(项目施工工期、劳动生产率、项目施工质量、项目施工成本、项目施工安全、机械化程度、预制化程度、暂设工程等)。

1.5.7　施工组织设计的编制和审批规定

施工组织设计的编制和审批应符合下列规定：

(1)施工组织设计应由项目负责人主持编制，可根据需要分阶段编制和审批。

(2)施工组织总设计应由总承包单位技术负责人审批；单位工程施工组织设计应由施工单位技术负责人或技术负责人授权的技术人员审批；施工方案应由项目技术负责人审批；重点、难点分部(分项)工程和专项工程施工方案应由施工单位技术部门组织相关专家评审，施工单位技术负责人批准。

(3)由专业承包单位施工的分部(分项)工程或专项工程的施工方案，应由专业承包单位技术负责人或技术负责人授权的技术人员审批；有总承包单位时，应由总承包单位项目负责人核准备案。

(4)规模较大的分部分项工程和专项工程的施工方案应按单位工程施工组织设计进行编制和审批。

模块小结

　　本模块阐述了建设项目的概念及其组成划分，建筑产品及其施工的特点，建设程序与建筑施工程序，施工组织设计的基本任务，施工组织设计的编制原则、依据和内容，施工组织设计的编制和审批规定等内容。

　　一个建设项目从合理确定工程造价和基本建设管理工作需要的角度，从大到小可以划分为单项工程、单位工程、分部工程和分项工程；一个建设项目按照《建筑工程施工质量验收统一标准》(GB 50300—2013)的规定，可以划分为单位(子单位)工程、分部(子分部)工程、分项工程和检验批。

　　施工组织设计按设计阶段不同分为施工组织总设计(扩大初步施工组织设计)和单位工程施工组织设计两种(设计按两个阶段进行时)或施工组织设计大纲(初步施工组织条件设计)、施工组织总设计和单位工程施工组织设计三种(设计按三个阶段进行时)；按编制阶段不同分为投标施工组织设计(又称标前设计)和实施性施工组织设计(又称标后设计)；按编制对象范围不同大致分为施工组织设计大纲、施工组织总设计、单位工程施工组织设计和分部分项工程施工组织设计等四种；按编制内容的繁简程度不同分为完整的施工组织设计和简单的施工组织设计两种。

　　一个完整的施工组织设计一般应包括以下基本内容：建设项目的工程概况、施工部署及施工方案、施工进度计划、施工准备工作计划、各项资源需要量计划、施工平面图设计、各项技术组织措施(技术、质量、安全、成本、工期、文明施工、环境保护等)、主要技术经济指标(项目施工工期、劳动生产率、项目施工质量、项目施工成本、项目施工安全、机械化程度、预制化程度、暂设工程等)。

知识巩固

一、单项选择题

1. 某房屋的基础混凝土工程属于( )。
   A. 建设项目　　　B. 单位工程　　　C. 分部工程　　　D. 分项工程

2. 某房屋的屋面工程属于( )。
   A. 建设项目　　　B. 单位工程　　　C. 分部工程　　　D. 分项工程

3. 按《建筑工程施工质量验收统一标准》(GB 50300—2013),下列可以划分为单位工程的是( )。
   A. 一座教学楼　　　　　　　　B. 教学楼的给排水工程
   C. 教学楼的混凝土工程　　　　D. 教学楼的电气工程

4. 以一个居住小区为对象编制的施工组织设计叫作( )。
   A. 施工组织总设计　　　　　　B. 单位工程施工组织设计
   C. 分部工程施工组织设计　　　D. 分项工程施工组织设计

5. 以一座教学楼为对象编制的施工组织设计叫作( )。
   A. 施工组织总设计　　　　　　B. 单位工程施工组织设计
   C. 分部工程施工组织设计　　　D. 分项工程施工组织设计

6. 以室内装饰工程为对象编制的施工组织设计叫作( )。
   A. 施工组织总设计　　　　　　B. 单位工程施工组织设计
   C. 分部工程施工组织设计　　　D. 分项工程施工组织设计

7. 施工组织设计应由( )主持编制。
   A. 技术负责人　　　　　　　　B. 项目负责人
   C. 项目承包人　　　　　　　　D. 企业法人

8. 施工组织总设计应由( )审批。
   A. 总承包单位技术负责人　　　B. 施工单位技术负责人
   C. 项目技术负责人　　　　　　D. 项目总工程师

9. 单位工程施工组织设计应由( )审批。
   A. 总承包单位技术负责人　　　B. 施工单位技术负责人
   C. 项目技术负责人　　　　　　D. 项目总工程师

10. 施工方案应由( )审批。
    A. 总承包单位技术负责人　　　B. 施工单位技术负责人
    C. 项目技术负责人　　　　　　D. 项目总工程师

11. 重点、难点分部(分项)工程和专项工程施工方案应由( )组织相关专家评审。
    A. 施工单位技术部门　　　　　B. 项目经理部
    C. 建设单位　　　　　　　　　D. 监理单位

二、多项选择题

1. 从合理确定工程造价和基本建设管理工作需要的角度看，一个建设项目可从大到小划分为（ ）。
   A. 单项工程　　　B. 单位工程　　　C. 分部工程　　　D. 分项工程
   E. 检验批

2. 从建筑工程施工质量验收的角度划分看，一个建设项目可从大到小划分为（ ）。
   A. 单项工程　　　B. 单位(子单位)工程　　　　　　C. 检验批
   D. 分项工程　　　E. 分部(子分部)工程

3. 根据编制阶段不同，施工组织设计分为（ ）施工组织设计。
   A. 标前　　　　　B. 标中　　　　　C. 标后　　　　　D. 分部工程
   E. 专项工程

4. 根据编制对象范围不同，施工组织设计分为（ ）等。
   A. 控制性施工组织设计　　　　　　B. 施工组织总设计
   C. 单位工程施工组织设计　　　　　D. 分部分项工程施工组织设计
   E. 实施性施工组织设计

5. 基本建设程序的三个时期是指（ ）。
   A. 立项时期　　　B. 投资决策时期　　C. 可行性研究时期
   D. 建设时期　　　E. 交付使用期

6. 七通一平范围的是在三通一平的基础上增加（ ）。
   A. 场地平整　　　B. 通宽带　　　C. 通地下管道　　　D. 通信
   E. 通水

三、思考题

1. 建筑工程项目建设程序包括哪些内容？
2. 什么是建筑工程施工组织设计？它的作用是什么？
3. 建筑产品的特点及建筑产品施工的特点各是什么？
4. 建筑工程施工组织设计是如何分类的？
5. 建筑工程施工组织设计的编制原则有哪些？
6. 建筑工程施工组织设计的编制和审批应符合哪些规定？

技能训练

　　某拟建住宅小区由 8 栋塔式住宅楼组成，请对该拟建住宅小区项目进行组成划分。要求：
　　(1)从合理确定工程造价和基本建设管理工作需要的角度划分。
　　(2)从验收的角度划分。

模块 2
流水施工

流水施工方法是组织施工的一种科学方法。建筑工程的流水施工与工业企业中采用的流水线生产极为相似，不同的是，工业生产中各个工件在流水线上，从前一工序向后一工序流动，生产者是固定的；而在建筑施工中，各个施工对象都是固定不动的，专业施工队伍由前一施工段向后一施工段流动，即生产者是流动的。

>>> 项目 2.1 流水施工的基本概念

2.1.1 组织施工的三种方式

任何建筑工程的施工，都可以分解为许多施工过程，每一个施工过程又可以由一个或多个专业或混合的施工班组负责施工。每个施工过程都包括各项资源的调配问题，其中，最基本的是劳动力的组织安排问题。通常情况下，组织施工可以采用依次施工、平行施工、流水施工三种方式。

下面通过例2-1来进行施工组织方式的应用、分析和对比，以说明这三种施工组织方式各自的概念、特点和适用范围。

【例2-1】现有3栋相同的砖混结构房屋的基础工程，每一栋划分为1个施工段，共3个施工段。已知每栋房屋的基础工程都可以分为基槽挖土、做垫层、砌砖基础、回填土4个施工过程。各施工过程所花时间分别为2周、1周、3周、1周，基槽挖土施工班组人数为16人，做垫层施工班组人数为30人，砌砖基础施工班组人数为20人，回填土施工班组10人。要求分别采用依次、平行、流水的施工组织方式施工，并分析每种施工组织方式的特点。

【解】

1. 依次施工组织方式

依次施工(也称顺序施工)组织方式是将拟建工程项目的整个建造过程分解成若干个施工过程，按照一定的施工顺序，前一个施工过程完成后，后一个施工过程才开始施工；或前一个工程完成后，后一个工程才开始施工。它是一种最简单、最基本、最原始的施工组织方式。

依次施工时通常有如下两种组织方法。

(1)按栋(或施工段)依次施工，见图2-1。这种组织方法是安排这三栋建筑物的基础一栋一栋顺序施工，一栋完成后再施工另一栋，直至整个项目的施工全部完成。

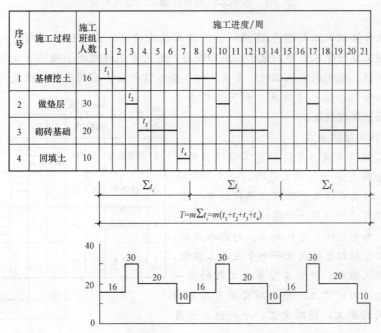

图2-1 按栋(或施工段)依次施工的进度安排

图2-1下部为它的劳动力动态变化曲线，其纵坐标为每天施工班组人数，横坐标为施工进度，单位可以是天、周、旬、月或季等。每天投入施工的各专业施工班组人数之和即为纵坐标，将各纵坐标按进度方向连接起来，形成封闭的曲线，并标注每天的工人数即可得劳动力动态变化曲线。

(2)按施工过程依次施工，见图2-2。这种组织方法是在依次完成第一、二、三栋房屋的第1个施工过程施工后，再开始第2个施工过程的施工，依此类推，直至完成最后一个施工过程的施工。

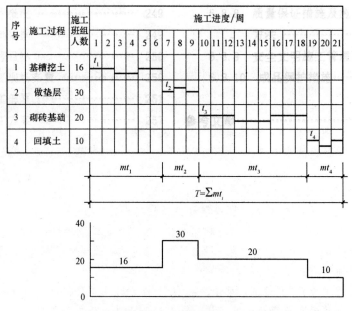

图 2-2 按施工过程依次施工的进度安排

两种组织方法施工工期都为21周，依次施工最大的优点是单位时间内投入的劳动力和物资较少，施工现场管理简单，便于组织和安排，适用于工程规模小或工作面窄无法全面地展开工作的工程。采用依次施工时，专业队组不能连续作业，有间歇性，造成窝工，工地物资消耗也有间断性，由于没有充分利用工作面去争取时间，因此工期较长。

2. 平行施工组织方式

平行施工组织方式，是将拟建工程项目的整个建造过程分解成若干个施工过程，在工程任务十分紧迫，工作面允许及资源保证供应的条件下，同一施工过程可以组织多个相同的专业施工班组，在同一时间，不同空间上进行施工。对应本案例，即每一个施工过程都按栋成立一个专业施工班组，共3个专业施工班组，所有房屋基础工程的同一工序同时开工，同时完工，整个项目所有房屋的基础工程也同时开工，同时完工。平行施工进度安排见图2-3。

平行施工最大限度地利用了工作面，工期最短，但在同一时间内需要提供的相同资源（劳动力、材料、施工机具）成倍增加，不利于资源供应的组织工作，给实际的施工管理带来较大的难度。它一般适用于规模较大的建筑群或工期要求紧迫的工程。

3. 流水施工组织方式

流水施工组织方式是将拟建工程项目的整个

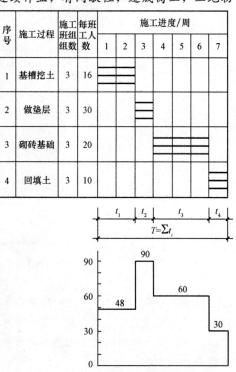

图 2-3 平行施工进度安排

建造过程划分为若干个施工过程,并按照施工过程成立相应的专业施工班组(一般1个施工过程成立1个专业施工班组),同时,将拟建工程划分成若干个施工段,以一定的时间间隔,不同的专业施工班组按照施工顺序相继投入施工,各个施工过程陆续开工、陆续完工,同一施工过程的施工班组在不同的施工段上,在不同的时间里,连续、均衡、有节奏地进行施工,相邻的施工过程之间尽可能平行搭接施工的组织方式,如图2-4所示。

从图2-4中可知:该基础工程的所有施工过程全都安排连续施工,各专业施工班组能连续地、均衡地施工,前后施工过程之间还可以尽可能平行搭接施工,比较充分地利用了工作面,其施工工期为15周。这种组织方式对工作面的利用不够充分。

为了更充分地利用工作面,对图2-4所示的流水施工还可以重新安排,如图2-5所示,其施工工期为13周,提前了2周,但做垫层是间断的。在本案例中,主要施工过程是基槽挖土和砌砖基础(工程量大,施工作业时间长),而做垫层和回填土则是非主要施工过程。对于一个分部工程来说,只要安排好主要施工过程连续均衡施工,对其他施工过程,根据有利于缩短工期的要求,在不能实现连续施工的情况下,可以安排间断施工。这样的施工组织方式也可以认为是流水施工。

流水施工组织方式的主要特点:

(1)尽可能地利用工作面施工,争取了时间,所以工期比较合理。

(2)施工班组能实现专业化施工,可使工人的操作技术熟练,更好地保证工程质量,提高劳动生产率。

(3)专业施工班组及工人能连续作业,相邻的专业施工班组之间实现了最大限度的合理搭接。

(4)单位时间内投入的资源量较为均衡,有利于资源供应的组织工作。

(5)为文明施工和施工现场的科学管理创造了有利条件。

流水施工所需的时间比依次施工短,各施工过程投入的劳动力比平行施工少;各施

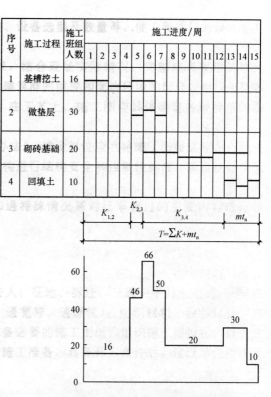

图2-4 流水施工进度安排(一)

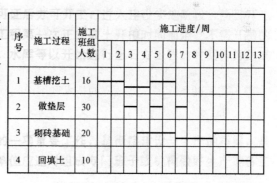

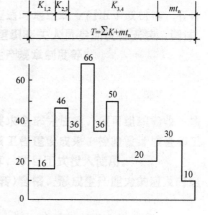

图2-5 流水施工进度安排(二)

工队组的施工和物资的消耗具有连续性和均衡性,前后施工过程之间尽可能平行搭接施工。由此可见,流水施工兼顾了依次施工组织方式相对简单和平行施工组织方式工期短的优点,克服了依次施工组织方式工期长、施工班组窝工严重或是施工质量不高,平行施工组织方式难度大、资源需用量成倍增长的缺点,是建筑施工中最合理、最科学的一种组织方式,也是最广泛和普遍采用的施工组织方式。

2.1.2 流水施工的组织条件

流水施工是将拟建工程分成若干个施工段落,并给每一施工过程配以相应的专业施工班组,让他们依照一定的时间间隔,依次连续地投入每一个施工段完成各自的施工任务,从而有节奏均衡施工。流水施工的实质就是连续、均衡、有节奏地施工。

组织建筑施工流水作业,有以下条件:

(1)划分施工段:把建筑物尽可能划分为工程量大致相等(也即劳动量大致相等)的若干个施工段落。划分施工段(区)是为了把庞大的建筑物(建筑群)划分成"批量"的"假定产品",从而形成流水施工的前提。

(2)划分施工过程:把建筑物的整个建造过程合理分解为若干个施工过程,每个施工过程组织独立的施工班组进行施工。

(3)成立专业施工班组:按分解的施工过程,一般每一个施工过程成立对应着一个专业施工班组。

(4)安排主要施工过程的施工班组进行连续、均衡的施工。对工程量较大、施工时间较长的主导施工过程,必须组织连续、均衡施工,即安排流水施工,对其他次要施工过程,可考虑与相邻的施工过程合并或在有利于缩短工期的前提下,安排其间断施工。对多层及以上房屋而言,在组织主体结构工程的施工时,安排某些施工过程间断施工,往往又是施工工艺流程和工作面的要求。

(5)不同施工过程按施工工艺要求,尽可能组织平行搭接施工。按照施工先后顺序要求,在有工作面的条件下,除必要的技术和组织间歇时间外,相邻施工过程之间尽可能组织平行搭接施工,以缩短工期。

以上条件中,划分施工段、划分施工过程、成立专业施工班组和安排主要施工过程连续施工是组织流水施工的必要条件,缺一不可。

2.1.3 流水施工的经济效果

流水施工是在工艺划分、时间排列和空间布置上的统筹安排,使劳动力得以合理使用,资源需要量也较均衡,这必然会带来显著的技术经济效果,主要表现在以下几个方面:

(1)由于流水施工的连续性,流水施工减少了相邻专业工作之间的间隔时间,达到了缩短工期的目的,可以使拟建工程项目尽早竣工、交付使用,发挥投资效益。

(2)流水施工便于改善劳动组织,改进操作方法和施工机具,有利于提高劳动生产率。

(3)流水施工专业化的生产可提高工人的技术水平,使工程质量相应提高。工人技术水平和劳动生产率的提高,可以减少用工量和施工临时设施的建造量,降低工程成本,提高利润水平。

(4)流水施工可以保证施工机械和劳动力得到充分、合理的利用。

(5)由于工期合理、效率高、用人少、资源消耗均衡,流水施工可以实现施工资源的合理储存与供应，减少现场管理费和物资消耗，有利于提高工程项目部的综合经济效益。

2.1.4 流水施工的表达方式

流水施工的表达方式一般有横道图、斜线图和网络图三种。

1. 横道图

横道图也称水平指示图表，如图2-6所示。图中横向用时间坐标轴从左往右表达流水施工的持续时间，竖向从上往下表达开展流水施工的各个施工过程。图表中部区域为施工进度开展区域，由若干条带有编号的水平线段表示各个施工过程或专业班组的施工进度，其编号表示不同的施工段。图表竖向还可根据需要添加上与各施工过程对应的工程量、时间定额、劳动量、每天工作班制、班组人数、工作延续天数等基础数据。

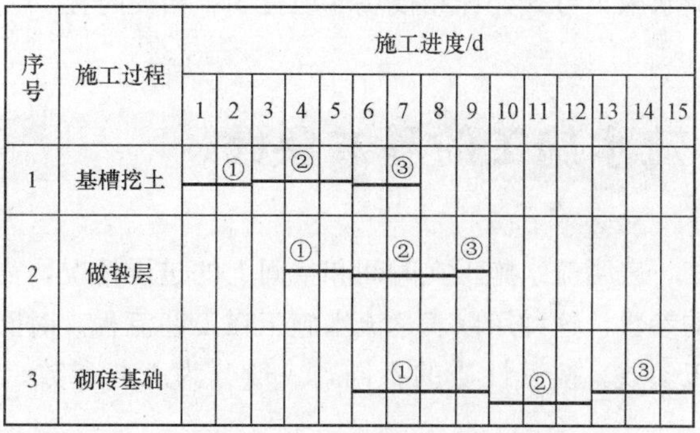

序号	施工过程	施工进度/d														
		1	2	3	4	5	6	7	8	9	10	11	12	13	14	15
1	基槽挖土	①		②			③									
2	做垫层				①		②		③							
3	砌砖基础							①			②			③		

图2-6　用横道图表示的流水施工进度计划

横道图的优点：绘制简单，施工过程及其先后顺序清楚，时间和空间状况形象直观，进度线的长度可以反映流水施工速度，使用方便。在实际工程中，人们常用横道图编制施工进度计划。

安排施工进度，绘制横道图进度线时务必考虑以下两点：

(1)同层同一施工段上，上一施工过程(工序)的完工，为下一施工过程(工序)的开工提供工作面；

(2)主体结构工程跨层施工时，下层的最后一个施工过程(工序)的完工，为上层对应施工段上的第一个施工过程(工序)的开工提供工作面。

2. 斜线图

斜线图是将横道图中的工作进度线改为斜线表达的一种形式，图2-7即为例2-1用斜线图表示的施工进度计划。图中横坐标表示流水施工的持续时间；纵坐标表示流水施工所处的空间位置，即施工段的编号。施工段的编号自下而上排列，n条斜向的线段表示n个施工过程或专业施工班组的施工进度，并用编号或名称区分各自表示的对象。

斜线图的优点：施工过程及其先后顺序清楚，时间和空间状况形象直观，斜向进度线的斜率可以明显地表示出各施工过程的施工速度。

利用斜线图研究流水施工的基本理论比较方便，但编制实际工程进度计划不如横道图方便，一般不用其表示实际工程的流水施工进度计划。

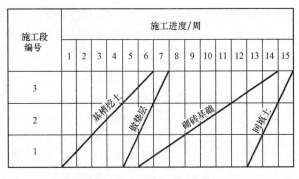

图 2-7　流水施工的斜线图

3. 网络图

用网络图表达的流水施工方式，详见模块 3 项目 3.1 相关内容。

项目 2.2　流水施工的基本参数

为了组织流水施工，表明流水施工在时间和空间上的进展情况，需要引入一些描述施工特征和各种数量关系的参数，这种用以表达流水施工在工艺流程、时间及空间方面开展状态的参数，称为流水施工参数。按其性质的不同，一般分为工艺参数、空间参数和时间参数三种。

2.2.1　工艺参数

工艺参数主要是指在组织流水施工时，用以表达流水施工在施工工艺方面进展状态的参数。通常有施工过程和流水强度。

1. 施工过程

施工过程是对建筑产品由开始建造到竣工整个建筑过程的统称。组织建筑工程流水施工时，施工过程所包含的施工范围可大可小，既可以是分项工程，又可以是分部工程，也可以是单位工程，它的繁简程度与施工组织设计的作用有关。在指导单位工程流水施工时，一般施工过程指分项工程，其名称和工作内容与现行的有关定额相一致。在建筑施工中，只有按照一定的顺序和质量要求，完成其所有的施工过程，才能建造出符合设计要求的建筑产品。

根据工艺性质不同，施工过程可以分为以下三类：

(1)制备类施工过程。制备类施工过程是指预先加工和制造建筑半成品、构配件等的施工过程。如砂浆和混凝土的配制、钢筋的制作等属于制备类施工过程。此类施工过程因为一般不占有施工对象的工作面和空间，不影响工期，不列入流水施工进度计划表，但当它占有施工对象的空间并影响工期时，应列入施工进度计划表。例如，在排架结构的单层工业厂房施工中，现场预制钢筋混凝土屋架的施工过程应列入施工进度计划表中。

(2)运输类施工过程。运输类施工过程是指把材料和制品运到工地仓库或再转运到现场操作使用地点而形成的施工过程。运输类施工过程一般不占有施工对象的空间，不影响项目总工期，在进度表上不反映；只有当它们占有施工对象的空间并影响项目总工期时，才列入项目施工进度计划中。

(3)建造类施工过程。建造类施工过程是指在施工对象的空间上，直接进行加工最终形成建筑产品的过程。如地下工程、主体工程、结构安装工程、屋面工程和装饰工程等施工过程就是建造类施工过程。它占有施工对象的空间，影响工期的长短，必须列入项目施工进度计划表，而且是项目施工进度计划表的主要内容。

建造类施工过程，按其在工程项目施工过程中的作用、工艺性质和复杂程度的不同，分为主导施工过程和穿插施工过程、连续施工过程和间断施工过程、复杂施工过程和简单施工过程。上述施工过程的划分，仅是从研究施工过程某一角度考虑的。事实上，有的施工过程既是主导的，又是连续的，同时还是复杂的。例如，砌筑施工过程，在砖混结构工程施工中，是主导的、连续的和复杂的施工过程；油漆施工过程是简单的、间断的，往往又是穿插的施工过程。因此，在编制施工进度计划时，必须综合考虑施工过程的几个方面的特点，以便确定其在进度计划中的合理位置。

1)主导施工过程。它是对整个施工对象的工期起决定作用的施工过程。在编制施工进度计划时，必须优先安排，连续施工。例如，在砖混结构工程施工中，主体工程的砌筑施工过程就是主导施工过程。

2)穿插施工过程。它是与主导施工过程相搭接或穿插平行的施工过程。在编制进度计划表时，要适时地穿插在主导施工过程的施工中进行，并严格地受主导施工过程的控制。例如，浇筑钢筋混凝土圈梁的施工过程就是穿插施工过程。

3)连续施工过程。它是一道工序接一道工序，连续进行的施工过程。它不要求技术间歇，在编制施工进度计划表时，与其相邻的后续施工过程不考虑技术间歇时间。例如，墙体砌筑和楼板安装等施工过程就是连续施工过程。

4)间断施工过程。它是由所用材料的性质决定的，需要技术间歇的施工过程。其技术间歇时间与材料的性质和工艺有关。在编制施工进度计划时，它与相邻的后续施工过程之间要有足够的技术间歇时间。例如，混凝土、抹灰和油漆等施工过程都需要养护或干燥的技术间歇时间。

5)复杂施工过程。它是在工艺上由几个紧密相连的工序组合而形成的施工过程。它的操作者、工具和材料，因工序不同而变化。在编制施工进度计划时，也可以因计划对象范围和用途不同将其作为一个施工过程或划分成几个独立的施工过程。例如，砌筑施工过程，有时可以划分为运材料、搭脚手架、砌砖等施工过程；现浇梁板混凝土，根据实际需要，既可以划分为支模板、扎钢筋、浇混凝土三个施工过程，又可以综合为一个施工过程。

6)简单施工过程。它是在工艺上由一个工序组成的施工过程。它的操作者、工具和材料都不变。在编制施工进度计划表时，除了可能将它与其他施工过程合并外，本身施工是不能再分的。例如，挖土和回填土施工过程就是简单施工过程。

2. 施工过程数(n)

在建筑施工中，划分的施工过程可以是分项工程、分部工程或单位工程，它是根据编制施工进度计划的对象范围和作用而确定的。一般来说，编制群体工程流水施工的控制性进度计划时，划分的施工过程较粗，数目要少；编制单位工程实施性进度计划时，划分的施工过程较细，数目要多。一栋房屋的施工过程数与其建筑和结构的复杂程度、施工方案以及劳动组织与劳动量大小等因素有关。例如，普通砖混结构居住房屋，单位工程实施性进度计划的施工过程数为 20～30 个。

划分施工过程的注意事项如下：

(1)施工过程数应结合房屋的复杂程度、结构的类型及施工方法。对复杂的施工内容应分得细些，简单的施工内容不要分得过细。

(2)根据施工进度计划的性质确定：若为控制性施工进度计划，组织流水施工的施工过程可以划分得粗一些；若为实施性施工进度计划，施工过程可以划分得细一些。

(3)施工过程的数量要适当，以便于组织流水施工的需要。施工过程数过少，也就是划分得过粗，达不到好的流水效果；施工过程数过大，需要的专业队(组)就多，相应地需要划分的流水段(施工段)也多，同样也达不到好的流水效果。

(4)要以主要的建造类施工过程为划分依据，同时综合考虑制备类和运输类施工过程。

(5)要考虑施工方案的特点：对于一些相同的施工工艺，应根据施工方案的要求，将它们合并为一个施工过程，或根据施工的先后分为两个施工过程。例如，油漆木门窗可以作为一个施工过程，但如果施工方案中有说明，也可作为两个施工过程。

(6)要考虑工程量的大小和劳动组织特征。施工过程的划分和施工班组、施工习惯及工程量的大小有一定的关系。例如，支模板、扎钢筋、浇混凝土三个施工过程，如果工程量较小(如采用预制楼板，有现浇混凝土构造柱和圈梁的砖混结构工程)，可以将它们合并成一个施工过程即钢筋混凝土工程，组织一个混合施工班组；若为混凝土框架结构工程，则可以将它们分为支模板、扎钢筋、浇混凝土三个施工过程，再对应成立三个专业施工班组(模板班组、钢筋班组和混凝土班组)。再如，地面工程，如果垫层的工程量较小，可以与面层合并为一个施工过程，这样就可以使各个施工过程的工程量大致相等，便于组织流水施工。

(7)要考虑施工过程的内容、工作范围和是否占用工期。施工过程的划分与其工作内容、范围和是否占用工期有关。例如，直接在施工现场与工程对象上进行的施工过程，可以划入流水施工过程，而场内外的运输类施工内容可以不划入流水施工过程。再如，拆模施工过程，如果计划占用施工工期，应列入流水施工过程，划入施工进度计划表；若计划不占用工期，则不列入流水施工过程，而将其劳动量一并计入其他工程的劳动量中。

在流水施工中，流水施工过程数用 n 表示。它是流水施工的主要参数之一。对于一个单位工程而言，通常它不等于计划中包括的全部施工过程数。因为这些施工过程并非都能按流水方式组织施工，可能其中几个阶段是采用流水施工。流水施工中的施工过程数 n 是指参与该阶段流水施工的施工过程数目。

3. 流水强度

流水强度是指流水施工的某一施工过程在单位时间内所完成的工程量，也称为流水能力或生产能力，以 V_i 表示。它主要与选择的机械或参加作业的人数有关，其计算分为以下两种情况。

(1)机械作业施工过程的流水强度按式(2-1)计算：

$$V_i = \sum_{i=1}^{x} R_i \cdot S_i \qquad (2-1)$$

式中　V_i——某施工过程 i 的机械作业流水强度；

　　　R_i——投入施工过程 i 的某种施工机械台数；

　　　S_i——投入施工过程 i 的某种施工机械产量定额；

　　　x——投入施工过程 i 的施工机械种类数。

(2)人工作业施工过程的流水强度按式(2-2)计算：

$$V_i = R_i \cdot S_i \qquad (2-2)$$

式中　V_i——某施工过程 i 的人工操作流水强度；

　　　R_i——投入施工过程 i 的专业施工班组工人数；

　　　S_i——投入施工过程 i 的专业施工班组平均产量定额。

2.2.2 空间参数

空间参数是在组织流水施工时，用以表达流水施工在空间布置上所处状态的参数，包括工作面、施工段和施工层。

1. 工作面

工作面是指供某专业工种的工人或某种施工机械进行施工的活动空间，简单地说，就是某一施工过程要正常施工必须具备的场地大小。工作面的大小表明能安排施工人数或机械台数的多少。每个作业的工人或施工机械所需工作面的大小，取决于单位时间内其完成的工程量和安全施工的要求。工作面确定得合理与否，直接影响专业施工班组的生产效率，因此必须合理确定工作面。

在确定一个施工过程必要的工作面时，不仅要考虑前一施工过程为这个施工过程所可能提供的工作面的大小，而且要遵守安全技术和施工技术规范的规定。

主要工种的工作面参考数据见表 2-1。

表 2-1　主要工种的工作面参考数据

工作项目	每个技工的工作面	说明
砖基础施工	7.6 m/人	以 1/2 砖计，2 砖乘 0.8，3 砖乘 0.55
砌砖墙施工	8.5 m/人	以 1 砖计，3/2 砖乘 0.71，2 砖乘 0.57
毛石基础施工	3 m/人	以 60 cm 计
毛石墙施工	2.3 m/人	以 40 cm 计
混凝土柱、墙基础施工	8 m³/人	机拌、机捣
现浇钢筋混凝土梁施工	2.2 m³/人	机拌、机捣
现浇钢筋混凝土墙施工	5 m³/人	机拌、机捣
现浇钢筋混凝土楼梯施工	5.3 m³/人	机拌、机捣
预制钢筋混凝土柱施工	2.6 m³/人	机拌、机捣
预制钢筋混凝土梁施工	2.6 m³/人	机拌、机捣
预制钢筋混凝土屋架施工	2.7 m³/人	机拌、机捣
预制钢筋混凝土平板、空心板施工	1.9 m³/人	机拌、机捣
预制钢筋混凝土大型屋面板施工	2.6 m³/人	机拌、机捣
混凝土地坪及面层施工	40 m²/人	机拌、机捣
外墙抹灰	16 m²/人	
内墙抹灰	18.5 m²/人	
卷材屋面施工	18.5 m²/人	
防水水泥砂浆屋面施工	16 m²/人	
门窗安装	11 m²/人	

2. 施工段

应将施工对象在平面上划分成若干个劳动量大致相等的施工段。施工段的数目通常用 m 表示，它是流水施工的主要参数之一。注意，若是多层建筑物的施工，则施工段数等于单层划分的施工段数乘以该建筑物的施工层数。

每一个施工段在某一时间段内只能供一个施工过程的专业施工班组使用。

划分施工段的目的是为组织流水施工创造条件，保证不同的施工班组能在不同的施工段上同时进行施工，同一施工班组从一个施工段转移到另一个施工段实现连续施工，相邻的各施工班组按照一定的时间间隔依次投入施工段施工。这样既消除等待、停歇现象，又互不干扰，同时缩短了工期。

划分施工段的注意事项如下：

(1)要考虑结构的整体性，分界线宜在沉降缝、伸缩缝及对结构整体性影响较小的位置，如单元式住宅的单元分界处等，有利于结构的整体性。

(2)尽量使各施工段上的劳动量相等或相近。

(3)各施工段要有足够的工作面。

(4)施工段数不宜过多。

(5)尽量使各专业队(组)连续作业。

在实际工程施工中，有以下几种施工段划分方法可供参考：

(1)按工程量大致相等的原则划分(一般以轴线为界)。

(2)按轴线划分，特别是一些工业厂房可以采用这种方法。

(3)按结构界限划分，如把施工段划分到伸缩缝、沉降缝处。

(4)按房屋单元来划分，这种划分方法在民用单元住宅中常常用到。

(5)按单位工程来划分，当施工的建设任务有两个或两个以上的单位工程时，可以一个单位工程作为一个施工段来考虑组织流水施工。如由几栋塔式住宅楼组成的项目，即可以一栋住宅楼作为一个施工段来组织流水施工。

3. 施工层

(1)施工层划分。在多、高层建筑物的流水施工中，平面上是按照划分的施工段，从一个施工段向另一个施工段逐步进行；竖直方向上，则是自下而上、逐层进行，第一层的各个施工过程完工后，自然就形成了第二层的工作面，不断循环，直至完成全部工作。这些为满足专业工种对操作和施工工艺要求而划分的操作层称为施工层。例如，在具体组织实施砌筑工程的施工时，施工层高一般为 $1.2 \sim 1.4$ m，即一步脚手架的高度划分为一个施工层，在楼(地面)上砌筑完第一个施工层后，再搭砌筑架砌筑第二个施工层的墙体(但在编制进度计划表时，为与其他施工过程统一，砌筑施工过程仍然按一个自然层为一个施工层处理)。室内抹灰、木装饰、油漆、玻璃和水电安装等，可按楼层进行施工层划分。施工层数用 j 表示。

在主体结构分层进行的流水施工中，其施工的进展情况是：各专业施工班组，首先依次投入第一施工层的各施工段施工，完成第一施工层最后一个施工段的任务后，连续地转入第二施工层进行施工，依此类推。各施工班组的工作面，除了同一施工段上，前一个施工过程完成，为后一个施工班组提供了工作面之外，最前面的施工班组在跨越施工层时，必须要等第一施工层对应施工段上最后一个施工过程完成施工，才能为其提供工作面。

(2)施工段数目 m 与施工过程数目 n 的关系对分施工层进行流水施工的影响。

为保证在跨越施工层时，各专业施工班组能够连续地进入下一个施工层的施工段施工，一个施工层施工段的数目应满足何种条件呢？下面通过例 2-2 来说明。

【例 2-2】某两层现浇钢筋混凝土框架结构工程，由支模板、扎钢筋和浇混凝土 3 个施工过程组成，每一层在平面上分别划分为 2 个、3 个和 4 个施工段，假定在每一种情况下，各施工班组在其各自的施工过程的每一个施工段上的工作时间均为 4 d，要求分别按这三种情况组织流水施工，并讨论分析这三种流水施工的特点与施工段数目和施工过程数目之间的关系。

【解】

(1)施工段数目m小于施工过程数目$n(m<n)$。例如$m=2$，$n=3$的情况，其施工进度安排如图2-8所示。

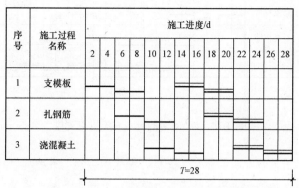

图2-8 $m<n$时的流水施工进度安排

从图2-8可以看出，$m<n$时，尽管施工段上未出现闲置，但各施工班组做完了第一层以后，不能连续进入第二层相应施工段施工，中间停工4 d，而轮流出现窝工现象，这对一个建筑物组织流水施工是不适宜的。若同一现场有同类型建筑物施工，组织群体大流水施工，亦可使专业施工班组连续作业。

(2)施工段数目m等于施工过程数目$n(m=n)$。例如$m=3$，$n=3$的情况，其施工进度安排如图2-9所示。

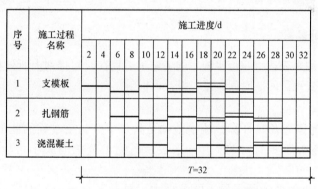

图2-9 $m=n$时的流水施工进度安排

从图2-9可以看出，$m=n$时，专业施工班组均能连续施工，每一施工段上始终有施工班组施工，工作面能充分利用，无停歇现象，也不会产生工人窝工现象，是最理想的流水施工组织情况，但它使施工管理者没有回旋余地，因而它并不是最现实的流水施工组织方法。

(3)施工段数目m大于施工过程数目$n（m>n）$。例如$m=4$，$n=3$的情况，其施工进度安排如图2-10所示。

从图2-10可以看出，$m>n$时，各施工班组在完成第一施工层的四个施工段的任务后，都连续地进入第二施工层继续施工；但第一层第一施工段浇混凝土后，该施工段却出现停歇，停歇4 d后，第二层的第一施工段才开始支模板，即施工段上有闲置。同样，其他施工段上也发生同样的停歇，致使工作面出现闲置。这种工作面的闲置一般是正常的，有时还是

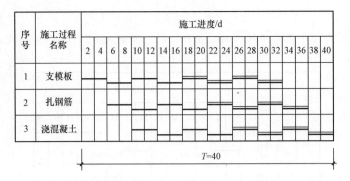

图 2-10　*m*＞*n* 时的流水施工进度安排

必要的，如可以利用闲置的时间做养护、备料、弹线等工作，有时还可以弥补某些意外的拖延时间，使施工管理者在施工组织管理上留有余地，掌握主动权，这才是最现实的最有生命力的流水施工组织方法。

从例 2-2 可知，当层内和层间无技术组织间歇时间时，一个施工层的施工段数 *m* 和施工过程数 *n* 之间的关系，对分施工层进行流水施工的影响有如下特点：

(1)当 *m*＞*n* 时，各专业队(组)能连续施工，但施工段有闲置。

(2)当 *m*＝*n* 时，各专业队(组)能连续施工，各施工段上也没有闲置。这是一种理想的流水施工组织方法，但它会使施工管理者没有回旋的余地。

(3)当 *m*＜*n* 时，对单栋建筑物组织流水施工时，专业队(组)就不能连续施工而产生窝工现象。但在数栋同类型建筑物的建筑群中，可在各建筑物之间组织大流水施工。

2.2.3　时间参数

时间参数是指用来表达组织流水施工的各施工过程在时间排列上所处状态的参数。它包括流水节拍、流水步距、间歇时间、平行搭接时间等。

1. 流水节拍(t_i)

(1)流水节拍的概念及其计算。流水节拍是指从事某施工过程的施工班组在一个施工段上完成施工任务所需要的时间，用 t_i 来表示。流水节拍的大小可以反映施工速度的快慢。

流水节拍的大小关系到所需投入的劳动力、机械及材料用量的多少，决定着施工的速度和节奏。因此，确定流水节拍对组织流水施工具有重要的意义，通常有以下两种确定方法。

1)定额计算法。这是根据各施工段的工程量和现有能够投入的资源量(劳动力、机械台数和材料量等)，按式(2-3)进行计算。

$$t_i = \frac{Q_i}{S_i R_i z_i} = \frac{Q_i H_i}{R_i z_i} = \frac{P_i}{R_i z_i} \tag{2-3}$$

式中　t_i——施工过程 i 的流水节拍，一般取 0.5 d 的整数倍；

$\quad\quad Q_i$——施工过程 i 在某施工段上的工程量；

$\quad\quad S_i$——施工过程 i 的人工或机械产量定额；

$\quad\quad R_i$——施工过程 i 的施工班组人数或机械的台、套数；

$\quad\quad H_i$——施工过程 i 的时间定额；

$\quad\quad z_i$——施工过程 i 施工每天的工作班制数，可取 1～3 班制；

P_i——在一个施工段上完成施工过程 i 所需的劳动量或机械台班量。

如果根据工期要求来确定流水节拍，先设定流水节拍值，就可以用式(2-3)算出所需要的人数或机械台班数。在这种情况下，必须检查劳动力和机械供应的可能性、材料物资供应能否相适应及工作面是否足够等。

2)经验估算法。它是根据以往的施工经验进行估算。为了提高其准确程度，往往先估算出每个施工段流水节拍的最短值(a)、最长值(c)和正常值(b)(最可能值)三种时间，然后据此求出期望时间作为某专业施工班组在某施工段上的流水节拍，可利用下式确定：

$$t_i = \frac{a+4b+c}{6} \tag{2-4}$$

这种方法适用于采用新工艺、新方法和新材料等没有定额可循的工程或项目。

(2)确定流水节拍的注意事项。

1)施工班组人数要适宜，既要满足最小劳动组合人数的要求，又要满足最小工作面的要求。

最小劳动组合是指某一施工过程进行正常施工所必需的最低限度的班组人数及其合理组合。如模板安装要按技工和普工的最少人数及合理比例组成施工班组，人数过少或比例不当都将引起劳动生产率的下降。

最小工作面是指施工班组为保证安全生产和有效地操作所必需的工作空间。它决定了最高限度可安排多少工人。不能为了缩短工期而无限地增加人数，否则将使工作面的不足而产生窝工现象。

2)工作班制要恰当。工作班制的确定要视工作要求、施工过程特点来确定。当工期不紧迫，工艺上又无连续施工要求时，可采用一班制；当组织流水施工时，为了给第二天连续施工创造条件，某些施工过程可考虑在夜班进行，即采用二班制；当工期较紧、工艺上要求连续施工或为了提高施工机械的利用率时，某些项目可考虑三班制施工。例如梁板混凝土的浇捣，一个施工段上的混凝土必须连续浇捣完毕，不能留施工缝，此时，应考虑安排二班制或三班制进行施工，直至一个施工段上的混凝土全部连续浇捣完毕。

3)机械的台班效率或机械台班产量大小。

4)流水节拍值一般取整数，必要时可保留 0.5 d 的小数值。

2. 流水步距(K)

流水步距是指相邻两个专业班组先后投入施工段开始工作的时间间隔。流水步距用 $K_{i,i+1}$ 表示，它是流水施工的重要参数之一。例如，木工专业施工班组第一天进入第一个施工段工作，5 d 做完该段工作(流水节拍 $t=5$ d)，第六天油漆专业施工班组开始进入第一个施工段工作，木工专业施工班组与油漆专业施工班组先后进入第一个施工段开始施工的时间间隔为 5 d，那么它们的流水步距 $K=5$ d。

流水步距的大小，反映流水作业的紧凑程度，对工期有很大的影响。在流水段(施工段)不变的条件下，流水步距越大，工期越长；流水步距越小，工期越短。

流水步距的数目取决于参加流水施工的施工过程数。如果施工过程数为 n 个，则流水步距的总数为($n-1$)个。

确定流水步距应考虑以下几种因素：

(1)主要施工队组连续施工的需要。流水步距的最小长度必须使主要施工专业队组进场以后，不发生停工、窝工现象。

(2)施工工艺的要求。保证每个施工段的正常作业流程，不发生前一个施工过程尚未全部完成而后一个施工过程提前介入的现象。

（3）最大限度搭接的要求。流水步距要保证相邻两个专业队在开工时间上最大限度、合理地搭接。

（4）要满足保证工程质量，满足安全生产、成品保护的需要。

3. 间歇时间(t_j)

在组织流水施工时，有些施工过程完成后，后续施工过程不能立即投入施工，必须有足够的间歇时间。间歇时间包括技术间歇时间和组织间歇时间两类。

（1）技术间歇时间。技术间歇时间是指由于施工工艺或施工质量的要求，在相邻两个施工过程之间必须有的时间间隔。如砖混结构的每层圈梁混凝土浇筑以后，必须经过一定的养护时间才能进行其上的预制楼板的安装工作；再如屋面找平层完工后，必须经过一定的时间间隔待其养护并干燥后才能铺贴卷材防水层等。

（2）组织间歇时间。组织间歇时间是指由于施工组织方面的因素，在相邻两个施工过程之间留有的时间间隔。这是为对前一施工过程进行检查验收或为后一施工过程的开始做必要的施工组织准备而考虑的间歇时间。如浇混凝土之前要检查钢筋及预埋件并作记录；又如基础混凝土垫层浇筑及养护后，必须进行墙身位置的弹线，才能砌筑基础墙等。

4. 平行搭接时间(t_d)

平行搭接时间是指在同一施工段上，前一施工过程还未施工完毕，后一施工过程便提前投入施工，相邻两施工过程在某个时段上同时进行的施工时间。平行搭接时间可使工期缩短，因此应根据需要尽可能进行平行搭接施工。

5. 流水步距(K)

流水步距的基本计算公式为

$$K_{i,i+1} = \begin{cases} t_i + t_j - t_d\,(t_i \leqslant t_{i+1}) \\ mt_i - (m-1)t_{i+1} + t_j - t_d\,(t_i > t_{i+1}) \end{cases} \tag{2-5}$$

式中　t_j——两个相邻施工过程的技术或组织间歇时间；

　　　t_d——两个相邻施工过程的平行搭接时间。

注意：式(2-5)适用于所有的有节奏流水施工，并且流水施工均为一般流水施工，但不适用于概念引申后的流水施工，即存在次要工序间断流水的情况。

【例 2-3】 某分部工程划分为 A、B、C、D 四个施工过程，分三个施工段施工。各施工过程的流水节拍分别为：A 为 3 d，B 为 4 d，C 为 5 d，D 为 3 d。施工过程 B 完成后有 2 d 技术间歇时间，施工过程 D 和 C 搭接 1 d 施工。一个施工过程组织一个专业班组施工。按一般异节拍流水施工，试计算流水步距和工期，并画出横道图。

【解】

1. 计算流水步距

因为 $t_A = 3$ d$< t_B = 4$ d，$t_j = t_d = 0$ d，所以 $K_{A,B} = 3+0-0 = 3$(d)。

因为 $t_B = 4$ d$< t_C = 5$ d，$t_j = 2$ d，$t_d = 0$，所以 $K_{B,C} = 4+2-0 = 6$(d)。

因为 $t_C = 5$ d$> t_D = 3$ d，$t_j = 0$，$t_d = 1$ d，所以 $K_{C,D} = 3 \times 5 - (3-1) \times 3 + 0 - 1 = 8$(d)

2. 计算工期 T

$$T = \sum K_{i,i+1} + mt_n = (3+6+8) + 3 \times 3 = 26\text{(d)}$$

3. 绘制横道图（图 2-11）

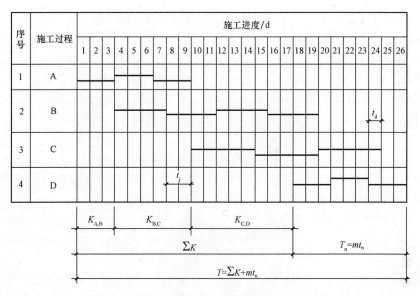

图 2-11　某工程一般异节拍流水施工进度计划

6. 流水工期(T)

流水工期是指完成一项任务或一个流水组织施工所需的时间，一般采用式(2-6)计算完成一个流水组织的工期。

$$T = \sum K_{i,i+1} + T_{n} \tag{2-6}$$

式中　　$\sum K_{i,i+1}$——流水施工中，相邻施工过程之间的流水步距之和；

　　　　　T_{n}——流水施工中，最后一个施工过程在所有施工段上完成施工任务所花的时间，有节奏流水中，$T_{n}=mt_{n}$(t_{n}指最后一个施工过程的流水节拍)。

项目 2.3　流水施工的组织方法

2.3.1　流水施工的分类

建筑施工流水作业按不同的分类标准可分为不同的类型。

1. 按组织流水作业的范围分类

(1)分项工程流水施工。分项工程流水施工也称为细部流水施工，即一个专业施工班组利用同一生产工具，依次、连续地在各施工段中完成同一施工过程的工作，如室内装饰工程中抹灰班组依次在各施工段上连续完成抹灰工作，即为分项工程流水施工。

(2)分部工程流水施工。分部工程流水施工也称为专业流水施工，是在一个分部工程内部、各分项工程之间组织的流水施工，即若干个专业班组依次连续不断地在各施工段上重复完成各自的工作，随着前一个专业班组完成前一个施工过程的工作之后，接着后一个专业班组来完成下一个施工过程的工作，依此类推，直至所有专业班组都进行了各施工段的工作，即完成了分部工程的流水施工。例如，某办公楼的钢筋混凝土工程是由支模板、扎钢筋、浇混凝土等 3 个在工艺上有密切联系的分项工程组成的分部工程。施工时，将该办公楼的主体部分在平面上划分为几个施工段，组织 3 个专业施工班组，各专业施工班组依次、连续地在各施工段中各自完成对应施工过程的工作，即为分部工程流水施工。

(3)单位工程流水施工。单位工程流水施工也称为综合流水施工，它是在一个单位工程内部、各分部工程之间组织起来的流水施工。如一栋办公楼、一个厂房车间等组织的流水施工就是单位工程流水施工。一般土建单位工程流水可由基础工程、主体结构工程、屋面工程和装饰工程 4 个分部工程流水综合而成。

(4)群体工程流水施工。群体工程流水施工也称建筑群流水施工。它是在一个个单位工程(多栋建筑物或构筑物)之间组织起来的大流水施工。它是为完成工业或民用建筑群而组织起来的全部单位工程流水施工的总和。

2. 按施工过程的分解程度分类

流水施工按流水施工各施工过程的分解程度分为彻底分解流水施工和局部分解流水施工两大类。

(1)彻底分解流水施工。彻底分解流水施工指将工程对象的某一分部工程分解成若干个施工过程，且每一个施工过程均为单一工种完成的施工过程，即该过程已不再分解，如支模板施工过程。

(2)局部分解流水施工。局部分解流水施工指将工程对象的某一分部工程，根据实际情况进行划分，有的过程已彻底分解，有的过程则不彻底分解。而不彻底分解的施工过程是由混合的施工班组来完成的，如作为一个施工过程的钢筋混凝土工程。

3. 按流水节拍的特征分类

建筑工程流水施工是连续、均衡、有节奏的施工。流水施工的节奏是由流水节拍决定的，按流水节拍的特征，通常可将流水施工划分为三种组织方法，即等节奏流水施工、异节奏流水施工和无节奏流水施工。

2.3.2 流水施工的组织方法

2.3.2.1 等节奏流水施工

等节奏流水施工也叫全等节拍流水施工或固定节拍流水施工，是指各个工序(施工过程)的流水节拍均相等的一种流水施工方法，即同一施工过程在不同的施工段上的流水节拍相等，不同的施工过程之间的流水节拍也相等的一种流水施工方法。

等节奏流水施工的特点：

(1)同一施工过程在不同的施工段上的流水节拍相等，不同施工过程之间的流水节拍也相等；

(2)当不存在技术、组织间歇时间和平行搭接施工时间，各施工过程之间的流水步距相等且等于流水节拍。

(3)当存在技术、组织间歇时间和平行搭接施工时间，各施工过程之间的流水步距不全相等。

等节奏流水施工的组织特点：

(1)一个施工过程成立对应一个专业施工班组(施工班组数等于施工过程数)；

(2)各专业施工班组能够在不同的施工段上连续作业，工人无窝工；

(3)不同专业工种按工艺关系对施工段连续施工，无作业面闲置。

等节奏流水施工根据流水步距的不同有下列两种情况。

1. 等节拍等步距流水施工

等节拍等步距流水施工即各流水步距值均相等，且等于流水节拍值的一种流水施工方法。各施工过程之间没有技术、组织间歇时间，也不安排相邻施工过程在同一施工段上的搭接施工。有关参数计算如下。

(1)流水步距的计算。等节拍等步距流水施工的流水步距都相等且等于流水节拍，即 $K=t$。

(2)流水工期的计算。

因为

$$T = \sum K_{i,i+1} + T_n = (n-1)K + mt = (m+n-1)t$$

所以

$$T = (m+n-1)t \tag{2-7}$$

【例 2-4】某五层办公楼的室内装饰工程施工可划分为抹灰、门窗安装、铺地板砖和天棚内墙涂刷四个施工过程，一层分为一个施工段共五个施工段，流水节拍均为 3 周。试组织等节拍等步距流水施工。

【解】根据题设条件和要求，该题能组织全等节拍流水施工。

(1)确定流水步距：

$$K = t = 3（周）$$

(2)确定计算总工期：

$$T = (m+n-1)t = (5+4-1) \times 3 = 24（周）$$

(3)绘制流水施工进度图，见图 2-12。

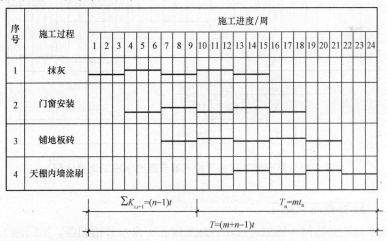

图 2-12 某室内装饰工程等节拍等步距流水施工进度计划

2. 等节拍不等步距流水施工

等节拍不等步距流水施工即各施工过程的流水节拍全部相等，但各流水步距不相等(有的流水步距等于流水节拍，有的流水步距不等于流水节拍)。这是由于各施工过程之间，有的需要有技术、组织间歇时间，有的可以安排搭接施工。有关参数计算如下。

(1)流水步距的计算。

因为 $K_{i,i+1} = t_i + t_j - t_d = t + t_j - t_d$，所以 $\sum K_{i,i+1} = \sum K = (n-1)t + \sum t_j - \sum t_d$。

(2)流水工期的计算。

因为 $T = \sum K_{i,i+1} + T_n = \sum K + T_n = (n-1)t + \sum t_j - \sum t_d + mt$，所以 $T = (m+$

$n-1)t+\sum t_j-\sum t_d$。

全等节拍流水施工一般只适用于施工对象结构简单、工程规模较小、施工过程数不太多的房屋工程或线型工程，如道路工程、管道工程等。

【例 2-5】某分部工程划分为 A、B、C、D 四个施工过程，三个施工段，流水节拍均为 4 d。其中施工过程 A 完工后需要 2 d 的技术间歇时间。为加快施工进度，施工过程 C 安排与施工过程 B 平行搭接 1 d 施工。试组织等节拍不等步距流水施工。

【解】根据题设条件和要求，该题能组织等节拍不等步距流水施工。

(1)确定流水步距：

由 $K_{i,i+1}=t_i+t_j-t_d=t+t_j-t_d$ 可得

$$K_{A,B}=4+2-0=6(d)；K_{B,C}=4+0-1=3(d)；K_{C,D}=4+0-0=4(d)$$

(2)确定计算总工期：

$$T=(m+n-1)t+\sum t_j-\sum t_d=(3+4-1)4+2-1=25(d)$$

(3)绘制流水施工进度图，见图 2-13。

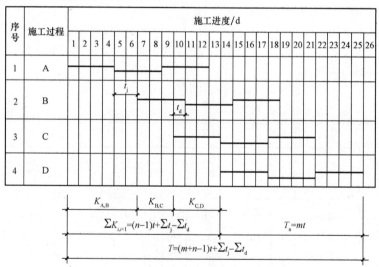

图 2-13　某分部工程等节拍不等步距流水施工进度计划

2.3.2.2　异节奏流水施工

异节奏流水施工是指同一施工过程在各施工段上的流水节拍相等，不同施工过程之间的流水节拍不一定相等的流水施工组织方法。根据同一施工过程成立的施工班组数不同，可分为一般异节拍流水施工和成倍节拍流水施工。

1. 一般异节拍流水施工

(1)一般异节拍流水施工的特点。

1)同一施工过程的流水节拍相等，不同施工过程之间的流水节拍不一定相等。

2)各施工过程之间的流水步距不一定相等。

(2)一般异节拍流水施工的组织特点。

1)一个施工过程成立一个专业施工班组(施工班组数等于施工过程数)。

2)各专业施工班组能够在不同的施工段上连续作业，工人无窝工。

3)不同专业工种按工艺关系对施工段不能连续施工，会出现作业面闲置现象。

(3)一般异节拍流水施工的流水步距计算。

$$K_{i,i+1}=t_i+t_j-t_d \quad (t_i \leqslant t_{i,i+1})$$
$$K_{i,i+1}=mt_i-(m-1)t_{i+1}+t_j-t_d \quad (t_i > t_{i,i+1})$$

(4)一般异节拍流水施工的工期计算。

$$T = \sum K_{i,i+1} + mt_n \tag{2-8}$$

式中，t_n 为最后一个施工过程的流水节拍。

【例2-6】某分部工程分为 A、B、C、D 四个施工过程，一个施工过程成立一个专业施工班组，分四段流水施工，各施工过程的流水节拍分别为：A 为 3 d、B 为 4 d、C 为 2 d、D 为 3 d。A 施工过程完成之后需有 1 d 技术间歇时间，C 施工过程每段施工可与 B 施工过程平行搭接 1 d 施工。试根据上述条件确定流水施工组织方法；求各施工过程之间的流水步距及该工程的工期，并绘制流水施工进度计划。

【解】

(1)按流水节拍的特征和成立施工班组的特点，可组织一般异节拍流水施工。

(2)计算流水步距。

$$K_{A,B}=t_A+t_j-t_d=3+1-0=4(d) \quad (t_A \leqslant t_B)$$
$$K_{B,C}=mt_B-(m-1)t_C+t_j-t_d=4\times4-(4-1)\times2+0-1=9(d) \quad (t_B > t_C)$$
$$K_{C,D}=t_C+t_j-t_d=2+0-0=2(d) \quad (t_C \leqslant t_D)$$

(3)计算工期。

$$T = \sum K_{i,i+1} + mt_n = (9+4+2)+4\times3 = 27 (d)$$

(4)绘制流水施工进度计划如图 2-14 所示。

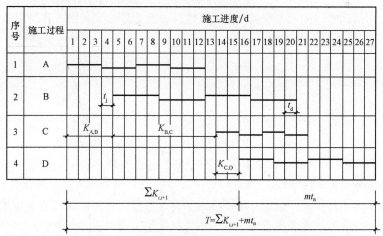

图 2-14　某分部工程一般异节拍流水施工进度计划

一般异节拍流水适用于平面形状规整，能均匀划分施工段的建筑工程，如单元住宅楼、矩形办公楼等。

2. 成倍节拍流水施工

在组织流水施工时常常遇到如下问题：如果某施工过程要求尽快完成或某施工过程的劳动量较小，这一施工过程的流水节拍就小；如果某施工过程劳动量很大，由于工作面受限制，一个施工段上又不能投入较多的人力或机械，这一施工过程的流水节拍就大。这就出现了各施工过程的流水节拍不能相等的情况，这时，若组织一般异节拍流水施工，可能工期太长。若在资源供应有保障的前提下，即可通过组织成倍节拍流水施工来缩短工期。

成倍节拍流水施工是指同一施工过程在各个施工段的流水节拍相等，不同施工过程之间的流水节拍不完全相等，各流水节拍之间存在最大公约数，流水节拍大的施工过程按最大公约数的倍数成立专业施工班组个数组织施工的流水施工方法。

从理论上来说，异节奏流水施工既可组织一般异节拍流水，又可组织成倍节拍流水。组织成倍节拍流水可大大缩短工期，但它受资源供应等因素的制约，施工管理的难度也相应增加。

(1)成倍节拍流水施工的特点。

1)同一施工过程在各施工段上的流水节拍彼此相等。

2)各施工过程的流水节拍均为它们之间最大公约数的整数倍。

(2)成倍节拍流水施工的组织特点。

1)同一专业工种连续逐渐转移施工，无窝工。

2)不同专业工种按工艺关系对施工段连续施工，无作业面闲置。

3)各流水步距均等于流水节拍的最大公约数，即 $K = t_{min}$。

4)流水节拍大的工序要成倍增加施工班组，专业施工班组数大于施工过程数。

$$b_i = t_i / t_{min}$$

式中　b_i——第 i 个施工过程所需的班组数；

　　　t_i——第 i 个施工过程的流水节拍；

　　t_{min}——所有流水节拍之间的最大公约数，一般为所有流水节拍中的最小流水节拍。

注意：上述第3)点中，K 为没有考虑技术、组织间歇时间和平行搭接时间的流水步距。若存在技术、组织间歇时间和平行搭接时间，实际流水步距必须考虑这些时间参数。

(3)成倍节拍流水施工的工期。

$$T = \sum K_{i,i+1} + \sum t_n = (n-1)K + m't_n \tag{2-9}$$

式中　t_n——最后一个施工过程的流水节拍；

　　　n——施工班组总数；

　　　m'——最后一个施工班组完成的施工段数(当 m 为最后一个施工过程施工班组数的倍数时)。

【例 2-7】某分部工程分为 A、B、C、D 四个施工过程，分六段组织流水施工，各施工过程的流水节拍分别为：A 为 1 周、B 为 3 周、C 为 1 周、D 为 2 周。假设该分部工程的资源供应能够满足要求，为加快施工进度，请问该分部工程可按何种流水施工方法组织施工？试计算该种流水施工组织方法的工期并绘制施工进度计划横道图。

【解】为加快工程施工进度，可组织成倍节拍流水施工。

(1)确定最大公约数和流水步距。

$$t_{min} = 1, \quad K = 1(周)$$

(2)确定各施工过程的班组数。

$$b_1 = \frac{t_1}{t_{min}} = \frac{1}{1} = 1(组) \quad b_2 = \frac{t_2}{t_{min}} = \frac{3}{1} = 3(组)$$

$$b_3 = \frac{t_3}{t_{min}} = \frac{1}{1} = 1(组) \quad b_4 = \frac{t_4}{t_{min}} = \frac{2}{1} = 2(组)$$

施工班组总数 $n = \sum b_i = b_1 + b_2 + b_3 + b_4 = 1 + 3 + 1 + 2 = 7(组)$。

(3)计算总工期。

$$T = (n-1)K + m't_4 = (7-1) \times 1 + 3 \times 2 = 6 + 6 = 12(周)$$

(4)绘制流水施工进度计划,如图 2-15 所示。

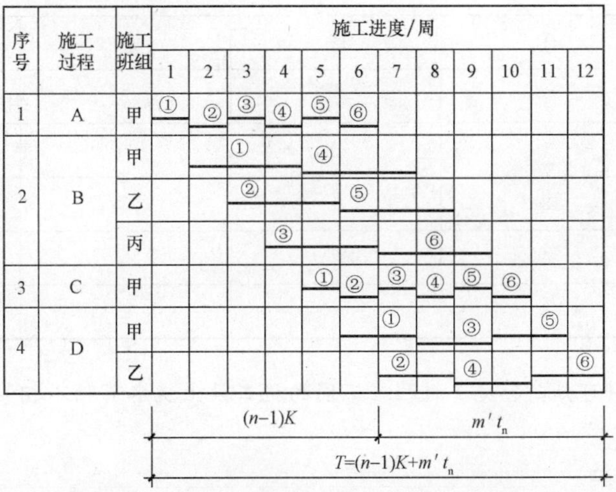

序号	施工过程	施工班组	施工进度/周											
			1	2	3	4	5	6	7	8	9	10	11	12
1	A	甲	①	②	③	④	⑤	⑥						
2	B	甲			①		④							
		乙				②		⑤						
		丙				③			⑥					
3	C	甲						①	②	③	④	⑤	⑥	
4	D	甲							①		③		⑤	
		乙								②		④		⑥

$$(n-1)K \qquad m't_n$$
$$T = (n-1)K + m't_n$$

图 2-15 某分部工程成倍节拍流水施工进度计划

2.3.2.3 无节奏流水施工

无节奏流水施工又称分别流水施工,是指同一施工过程在各施工段上的流水节拍不全相等,不同的施工过程之间的流水节拍也不全相等的一种流水施工。这种组织施工的方法,在进度安排上比较自由、灵活,是实际工程施工组织应用最为普遍的一种方法。

1. 无节奏流水施工的特点

(1)同一施工过程(工序)在各施工段上的流水节拍不全相等。

(2)不同施工过程(工序)之间的流水节拍也不全相等。

2. 无节奏流水施工的组织特点

(1)同一专业工种连续逐渐转移施工,无窝工。

(2)有作业面闲置。

(3)一个施工过程成立一个专业施工班组。

3. 流水步距的计算

组织无节奏流水施工时,为保证各施工专业队(组)连续施工,关键在于确定适当的流水步距,常用的方法是"累加错位相减取大差",即"累加数列、错位相减、取大差值",就是将每一施工过程在各施工段上的流水节拍累加成一个数列,两个相邻施工过程的累加数列错一位相减,在几个差值中取一个最大的,即是这两个相邻施工过程的流水步距。若存在技术组织、间歇或平行搭接时间,则其流水步距的值应为大差值加上 t_j,再减去 t_d。

4. 流水工期的计算

无节奏流水施工的工期可按式(2-6)计算。

【例 2-8】某工程项目,有Ⅰ、Ⅱ、Ⅲ、Ⅳ、Ⅴ五个施工过程,分四段施工,每个施工过程在各个施工段上的流水节拍见表 2-2,规定施工过程Ⅱ完成后,其相应施工段至少要养护 2 d;施工过程Ⅳ完成后,其相应施工段要留有 1 d 的准备时间,为了尽早完工,允许施工过程Ⅰ和施工过程Ⅱ之间搭接施工 1 d,试组织流水施工。

表 2-2　各施工过程在各施工段上的持续时间

施工过程	施工段			
	①	②	③	④
Ⅰ	3	2	2	1
Ⅱ	1	3	5	3
Ⅲ	2	1	3	5
Ⅳ	4	2	3	3
Ⅴ	3	4	2	1

【解】由所给资料可知：各施工过程在不同的施工段上流水节拍不相等，故可组织无节奏流水施工。

(1)计算流水步距。

1)$K_{Ⅰ,Ⅱ}$。

$$
\begin{array}{r}
3 \quad 5 \quad 7 \quad 8 \\
- \quad\ \ 1 \quad 4 \quad 9 \quad 12 \\
\hline
3 \quad 4 \quad 3 \quad -1 \quad -12
\end{array}
$$

$K_{Ⅰ,Ⅱ} = 4 + t_j - t_d = 4 + 0 - 1 = 3(d)$

2)$K_{Ⅱ,Ⅲ}$。

$$
\begin{array}{r}
1 \quad 4 \quad 9 \quad 12 \\
- \quad\ \ 2 \quad 3 \quad 6 \quad 11 \\
\hline
1 \quad 2 \quad 6 \quad 6 \quad -11
\end{array}
$$

$K_{Ⅱ,Ⅲ} = 6 + t_j - t_d = 6 + 2 - 0 = 8(d)$

3)$K_{Ⅲ,Ⅳ}$。

$$
\begin{array}{r}
2 \quad 3 \quad 6 \quad 11 \\
- \quad\ \ 4 \quad 6 \quad 9 \quad 12 \\
\hline
2 \quad -1 \quad 0 \quad 2 \quad -12
\end{array}
$$

$K_{Ⅲ,Ⅳ} = 2 + t_j - t_d = 2 + 0 - 0 = 2(d)$

4)$K_{Ⅳ,Ⅴ}$。

$$
\begin{array}{r}
4 \quad 6 \quad 9 \quad 12 \\
- \quad\ \ 3 \quad 7 \quad 9 \quad 10 \\
\hline
4 \quad 3 \quad 2 \quad 3 \quad -10
\end{array}
$$

$K_{Ⅳ,Ⅴ} = 4 + t_j - t_d = 4 + 1 - 0 = 5(d)$

(2)计算工期。

$T = \sum K_{i,i+1} + T_n = (3+8+2+5) + (3+4+2+1) = 28(d)$。

(3)绘制流水施工进度计划如图 2-16 所示。

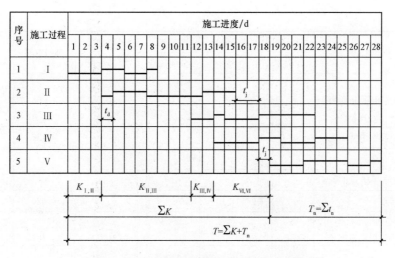

图 2-16　某工程无节奏流水施工进度计划

项目 2.4　流水施工应用实例

项目 2.3 中已阐述全等节拍、成倍节拍、一般异节拍和无节奏等四种流水施工方法。如何正确选用流水施工方法，须根据工程的具体情况而定。通常做法是将单位工程流水先分解为分部工程流水，然后根据分部工程的工期、各施工过程劳动量的大小、施工段的划分情况、提供的施工班组人数等来选择流水施工方法。下面用某高等职业院校建筑工程技术专业学生专业技能抽查考核试题 1 来阐述流水施工的应用(开、竣工日期有调整)。

实例概况：某住宅楼工程，平面为四个标准单元组合，位于湖南某市区，施工采用组合钢模板及钢管脚手架，垂直运输机械采用井字架。该工程为砖混结构，建筑面积 3 300 m²；建筑层数为 5 层；钢筋混凝土条形基础。主体工程：楼板及屋面板均采用预制空心板，设构造柱和圈梁。装修工程：铝合金窗、胶合板门，外墙面砖，规格为 150 mm×75 mm；内墙中级抹灰加 106 涂料。屋面工程：屋面板上做 20 mm 厚水泥砂浆找平层，再用热熔法做 SBS 防水层。

本工程开工日期为 2015 年 5 月 3 日，竣工日期为 2015 年 9 月 30 日(工期可以提前，但不能拖后)。

请按流水施工方法组织施工并绘制单位工程进度计划横道图。

其工程量、时间定额及劳动量见表 2-3。

表 2-3　某住宅楼工程工程量、时间定额及劳动量一览表

序号	分部分项工程名称	工程量			分项时间定额	时间定额	劳动量 /工日或台班
		单位	数量	分项数量			
一	基础工程						
1	人工挖基槽	m³	594.00			0.536	318.38
2	做垫层	m³	90.30			0.810	73.14
3	砌砖基础	m³	200.40			0.937	187.77

（续表）

序号	分部分项工程名称	工程量			分项时间定额	时间定额	劳动量/工日或台班
		单位	数量	分项数量			
4	做钢筋混凝土地圈梁	m³	19.80	160.00 1.5 19.8	1.97 10.8 1.79	4.200	83.16
5	基础及室内回填土	m³	428.50			0.182	77.99
二	主体工程						
6	搭拆脚手架、井字架						
7	砌砖墙	m³	1 504.10			1.020	1 534.18
8	做钢筋混凝土圈梁	m³	118.40	98.66 8 118.4	1.97 10.8 1.79	4.161	492.66
9	楼板安装、灌缝	块/m³	1 520/13.5				10(工日)/20.27(台班)
三	屋面工程						
10	做水泥砂浆找平层	10 m²	64.04			0.427	27.35
11	做 SBS 防水层	10 m²	64.04			0.200	12.81
四	装饰工程						
12	天棚抹灰	10 m²	320.20			1.270	406.65
13	内墙抹灰	10 m²	569.98			1.071	610.45
14	铝合金门/窗安装	樘	480.00	180 300	1.000 0.556	1.156	554.88
15	贴厨、厕瓷砖	10 m²	65.06			3.276	213.14
16	贴厨、厕地面马赛克	10 m²	28.00			3.470	97.16
17	楼地面铺贴地板砖	10 m²	265.14			2.233	592.06
18	天棚、内墙刷涂料	10 m²	890.15			0.500	445.08
19	贴外墙面砖	10 m²	266.64			4.873	1 299.34
20	散水、台阶压抹	10 m²	15.35	13.66 1.69	0.638 1.460	0.729	11.19
21	其他					15%劳动量	1 058.65
22	水、电、卫安装工程						

注：1. 钢筋混凝土地圈梁和圈梁均由支模板、扎钢筋和浇混凝土 3 个工序构成，其工程量单位分别为 10 m²、t 和 m³。

2. 井字架安装楼板产量定额为 75 块/台班，灌缝为 1.4 m³/工日。

本工程由基础工程、主体工程、屋面工程、装饰工程和水电安装工程组成。首先，应按各分部工程分别组织流水施工，即先分别组织各分部的流水施工，然后再考虑各分部之间的相互搭接施工，最后综合形成单位工程流水施工。因各施工过程之间的劳动量差异较大，不能组织等节拍流水施工；又因为本工程为单元住宅楼，可均衡划分施工段，能保证每个施工过程在各个施工段上的劳动量相等，因而可组织一般异节拍流水施工。下面就具体的组织方法和横道图编制步骤进行介绍。

（1）根据表 2-3 确定施工过程及其顺序，见图 2-17。本实例中，基础工程中的做钢筋混凝土地圈梁和主体工程中的做钢筋混凝土圈梁都是由支模板、扎钢筋和浇混凝土 3 个工序组成，考虑到各工序的劳动量较小，可合并为一个施工过程。楼板安装灌缝、散水和台阶等施工过程也是类似情况。

（2）划分施工段：基础工程划分为 2 个施工段施工；主体工程每层划分为 2 个施工段，共 10 个施工段，室内装饰工程一层一个施工段，从上往下施工；外墙装饰和屋面工程不分段，依次施工。

（3）计算每个施工过程的劳动量 P 和每个施工段的劳动量 P_i。

第 1 个施工过程为人工挖基槽，其工程量为 $Q=594.00$ m^3，时间定额 $H=0.536$ 工日/m^3，则其劳动量 $P=Q\times H=594.00\times 0.536=318.38$（工日）；其每段劳动量 $P_i=P/m=318.38/2=159.19$（工日）。

第 4 个施工过程为做钢筋混凝土地圈梁，有支模板、扎钢筋和浇混凝土 3 道工序，其各自的工程量分别为 160 m^2、1.5 t、19.8 m^3，其相应的时间定额分别为 1.97 工日/10 m^2、10.8 工日/t、1.79 工日/m^3，则地圈梁总的劳动量 $P=(160/10)\times 1.97+1.5\times 10.8+19.8\times 1.79=83.16$（工日）；其每段劳动量 $P_i=P/m=83.16/2=41.58$（工日）。

第 7 个施工过程为主体工程的砌砖墙，主体工程施工段为 10 段，其工程量 $Q=1504.10$ m^3，时间定额 $H=1.020$ 工日/m^3，则其劳动量 $P=Q\times H=1504.10\times 1.020=1534.18$（工日）；其每段劳动量 $P_i=P/m=1534.18/10=153.42$（工日）。

按上述方法完成全部施工过程的计算，其计算结果见图 2-17。

（4）按工期和经验设定 t_i（主要施工过程连续施工，其他可安排间断施工）。

工期确定：该工程要求工期日历天数为 151 d，计划工期提前天数控制在要求工期的 10%~15% 之间比较合适，因此计划工期可安排在 129~136 d 之间。横道图先按每个分部工程（基础、主体、屋面、装饰）工期试排，合适后再搭接组成单位工程横道图。

每个分部工程试排工期安排：基础工程 25 d 左右；主体工程 70 d 左右；装饰工程 35 d 左右；屋面工程 12 d 左右。注意，屋面工程水泥砂浆找平层施工完毕后可考虑安排 6 d 养护和干燥，应抓紧时间进行防水层施工。工期可以适当提前，但是不能延后。

根据上述条件和要求，本工程各施工过程的流水节拍依次设定为 $t_1=7$ d，$t_2=2$ d，$t_3=5$ d，$t_4=2$ d，$t_5=2$ d，$t_7=6$ d，$t_8=2$ d，$t_9=3$ d，$t_{12}=2$ d，$t_{13}=3$ d，$t_{14}=3$ d，$t_{15}=1$ d，$t_{16}=1$ d，$t_{17}=3$ d，$t_{18}=3$ d。其他施工过程为不分段依次施工。

室外装饰工程待外墙砌筑完成并间歇 14 d 以后开始从上往下施工，工期安排为 30 d。

（5）按设定的各个 t_i，试排各分部工程的进度，各分部工程工期初步满足要求后，试排单位工程进度，调整计算工期直至满足要求。

按上述设定的流水节拍试排后，工期满足要求，单位工程计划工期为 130 d，其中，基础工程为 25 d，主体工程为 66 d，屋面工程为 9 d，装饰工程为 31 d。其具体进度计划安排见图 2-17。

（6）确定工作班制 z_i，本工程一般可考虑一班制，根据 z_i、P_i 和 t_i，计算班组人数 R_i：

$$R_i=P_i/(t_i\times z_i)$$

如第 4 个施工过程做钢筋混凝土地圈梁班组人数 $R_4=P_4/(t_4\times z_4)=41.58/(2\times 1)=21$（人）。

其余各个班组人数安排见图 2-17。

（7）计算工作延续天数并填入施工进度计划表。该工程每项工作的延续天数为流水节拍与施工段数的乘积，即工作延续天数 $=t_i\times m$，具体见图 2-17。

（8）检查，调整，正式绘制单位工程进度计划。

该工程单位工程进度计划表见图 2-17。

施工进度计划/d

序号	分部分项工程名称	工程量 单位	工程量 数量	时间定额	劳动量/工日或台班	工作延续天数	每天工作班次	班组工人数
一	基础工程							
1	人工挖基槽	m³	594.00	0.536	318.38	14	1	23
2	做垫层	m³	90.30	0.810	73.14	4	1	18
3	砌砖基础	m³	200.40	0.937	188.77	10	1	19
4	商品混凝土地圈梁	m³	19.80	4.200	83.16	4	1	21
5	基础及室内回填土	m³	428.50	0.182	77.99	4	1	20
二	主体工程							
6	脚手架(落地、井字架)							
7	砌砖墙	m³	1 504.10	1.020	1 534.18	60	1	26
8	做钢筋混凝土圈梁	m³	118.40	4.161	492.66	20	1	25
	楼板安装、灌缝	块/m³	1 520/13.5	10工日/20立方/台班		30	1	12
三	屋面工程							
10	做水泥砂浆找平层	10 m²	64.04	0.427	27.35	2	1	14
11	做SBS防水层	10 m²	64.04	0.200	12.81	1	1	13
四	装饰工程							
12	天棚抹灰	10 m²	320.20	1.270	406.65	10	1	29
13	内墙抹灰	10 m²	569.98	1.071	610.45	15	1	41
14	铝合金门/窗安装	樘	480.00	1.156	554.88	15	1	37
15	贴墙、顶瓷砖	10 m²	65.06	3.276	213.14	5	1	43
16	楼梯、踏面与天沟	10 m²	28.00	3.470	97.16	5	1	20
17	爽面铺瓷地板砖	10 m²	265.14	2.233	592.06	15	1	40
18	天棚、内墙喷涂料	10 m²	890.15	0.500	445.08	15	1	30
19	贴外墙面砖	10 m²	266.64	4.873	1 299.34	30	1	43
20	散水、台阶与坡道	10 m²	15.35	0.729	11.19	1	1	12
21	其他			15%劳动量	1 058.65		1	
22	水、电、卫生设备工程							

施工进度计划横道图 时间刻度：5 10 15 20 25 30 35 40 45 50 55 60 65 70 75 80 85 90 95 100 105 110 115 120 125 130 135

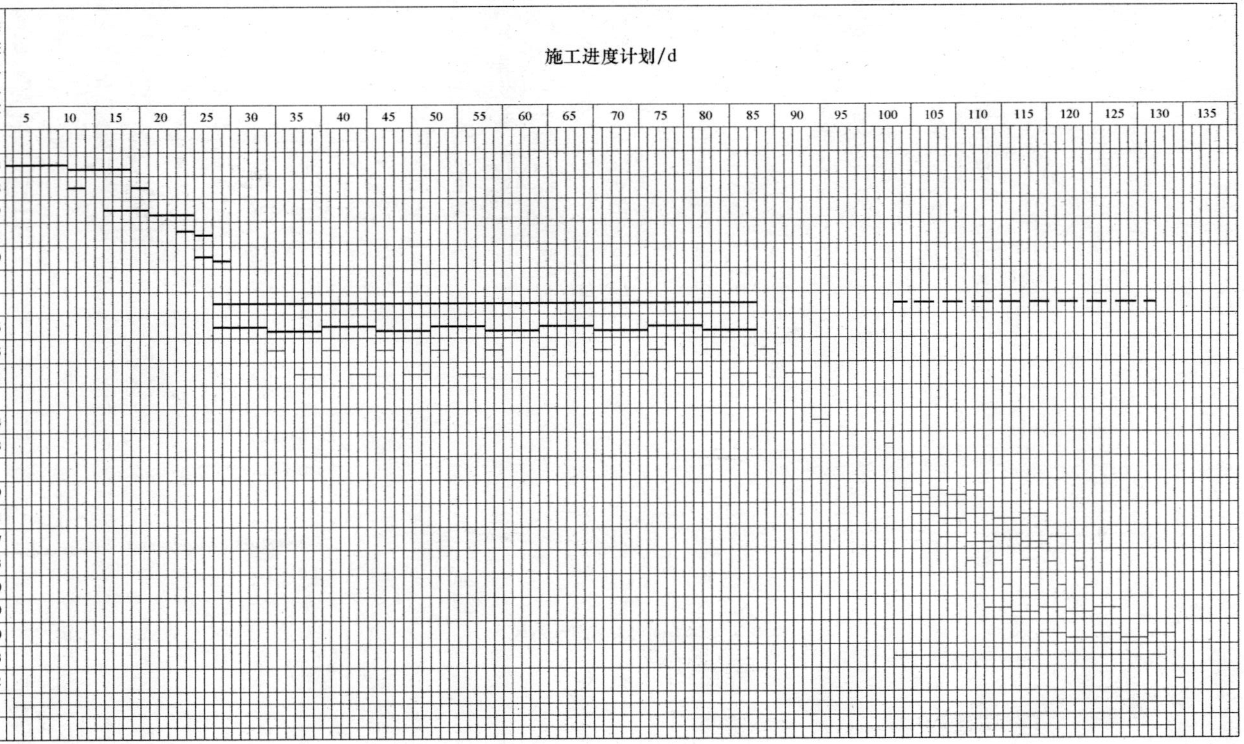

图2-17 某住宅楼工程流水施工进度计划

本模块通过依次施工、平行施工和流水施工三种施工组织方式的比较，引出流水施工的概念，介绍了流水施工的组织条件、表达方式；重点阐述了流水施工工艺参数、空间参数及时间参数的确定以及流水施工的组织方法，并且结合实例阐述了流水施工组织方法在实践中的应用步骤和方法。

组织建筑施工流水作业有以下5个条件：划分施工段；划分施工过程；成立专业施工班组；安排主要施工过程的施工班组进行连续、均衡的施工；不同施工过程按施工工艺要求，尽可能组织平行搭接施工。其中，划分施工段、划分施工过程、成立专业施工班组和安排主要施工过程的施工班组进行连续、均衡的施工是组织流水施工的必要条件，缺一不可。

建筑工程流水施工是连续、均衡、有节奏的施工。流水施工的节奏是由流水节拍决定的，按流水节拍的特征，通常可将流水施工划分为三种组织方法，即等节奏流水施工、异节奏流水施工和无节奏流水施工。

房屋建筑工程上应用最为广泛和普遍的施工组织方法是无节奏流水施工，而对于平面规整、可均匀划分施工段的工程，则应用一般异节拍流水施工组织方法。当工程的工期紧急，而又具备工作面足够和资源供应充足的条件时，可局部组织成倍节拍流水施工。

安排施工进度，绘制横道图进度线时务必考虑以下两点：

(1)同层同一施工段上，上一施工过程(工序)的完工，为下一施工过程(工序)的开工提供工作面；

(2)主体结构工程跨层施工时，下层的最后一个施工过程(工序)的完工，为上层对应施工段上的第一个施工过程(工序)的开工提供工作面。

知识巩固

一、单项选择题

1. 要保证各专业工作班组在跨层时连续、均衡施工，施工段数 m 与施工过程数 n 之间的关系应该是(   )。

   A. $m \geqslant n$ B. $m \leqslant n$ C. $m > n$ D. $m < n$

2. 在组织流水施工时，应划入流水施工过程的施工过程是(   )。

   A. 碎石进场   B. 制备砌筑砂浆

   C. 施工单位自己做预制过梁   D. 支模板

3. 流水施工中，相邻两个专业队相继投入工作的时间间隔称为(   )。

   A. 流水步距   B. 流水节拍

   C. 技术间歇   D. 组织间歇

4. (   )法能做到连续、均衡而有节奏地组织施工。

   A. 平行施工   B. 依次施工   C. 流水施工   D. 分阶段施工

5. 某工程砌墙劳动量为710工日，要求在20 d内完成，采用一班制施工，则每天需要的人数为（ ）。

    A. 35人   B. 34人   C. 36人   D. 33人

6. 某单位工程的屋面防水层施工可采取（ ）组织方式。

    A. 平行施工   B. 流水施工

    C. 流水施工或平行施工   D. 依次施工

7. 相邻两个施工过程进入流水施工的时间间歇称为（ ）。

    A. 流水节拍   B. 流水步距   C. 工艺间歇   D. 流水间歇

8. 所谓节奏性流水施工过程，即指施工过程（ ）。

    A. 在各个施工段上的持续时间相等   B. 之间的流水节拍相等

    C. 之间的流水步距相等   D. 连续、均衡施工

9. （ ）是建筑施工流水作业组织的最大特点。

    A. 划分施工过程   B. 划分施工段

    C. 组织专业工作队施工   D. 均衡、连续施工

10. 选择每日工作班次、每班工人数，是在确定（ ）时需要考虑的。

    A. 施工过程数   B. 施工段数   C. 流水步距   D. 流水节拍

11. 下列选项中（ ）为工艺参数。

    A. 施工过程数   B. 施工段数   C. 流水步距   D. 流水节拍

12. 某施工段的工程量为200 m³，施工队的人数为25人，日产量0.8 m³/人，则该队在该施工段的流水节拍为（ ）。

    A. 8 d   B. 10 d   C. 12 d   D. 15 d

13. 某工程划分4个流水段，由两个施工班组进行等节奏流水施工，流水节拍为4 d，则工期为（ ）。

    A. 16 d   B. 18 d   C. 20 d   D. 24 d

14. 工程流水施工的实质内容是（ ）。

    A. 分工协作   B. 大批量生产   C. 连续作业   D. 搭接适当

15. 在没有技术间歇和搭接时间的情况下，等节奏流水施工的（ ）与流水节拍相等。

    A. 工期   B. 施工段   C. 施工过程数   D. 流水步距

16. 某工程分三个施工段组织流水施工，若甲、乙施工过程在各施工段上的流水节拍分别为5 d、4 d、1 d和3 d、2 d、3 d，则甲、乙两个施工过程的流水步距为（ ）。

    A. 3 d   B. 4 d   C. 5 d   D. 6 d

17. 如果施工流水作业中的流水步距相等，则该流水作业（ ）。

    A. 必定是等节奏流水   B. 必定是异节奏流水

    C. 必定是无节奏流水   D. 以上都不对

18. 组织等节奏流水施工，首要的前提是（ ）。

    A. 使各施工段的工程量基本相等   B. 确定主导施工过程的流水节拍

    C. 使各施工过程的流水节拍相等   D. 调节各施工队的人数

19. 流水施工中，流水节拍是指（ ）。

    A. 两相邻工作进入流水作业的最小时间间隔

    B. 某个专业队在一个施工段上的施工作业时间

C. 某个工作队在施工段上作业时间的总和

D. 某个工作队在施工段上的技术间歇时间的总和

20. 试组织某分部工程的流水施工，已知 $t_1=t_2=t_3=2$ d，共计 3 层，其每层施工段及总工期分别为( )。

A. 3 段、10 d   B. 3 段、5 d   C. 2 段、8 d   D. 3 段、22 d

21. 某工程有 A、B、C 三个施工过程，各自的流水节拍分别为 6 d、4 d、2 d，则组织流水施工时，流水步距可为( )d。

A. 0   B. 2   C. 4   D. 6

22. 某工程有两个施工过程，技术上不准搭接，划分 4 个流水段，组织两个专业工作队进行等节奏流水施工，流水节拍为 4 d，则该工程的工期为( )d。

A. 18   B. 20   C. 22   D. 24

23. 流水施工的基本组织方法包括( )。

A. 无节奏流水施工、有节奏流水施工

B. 异节奏流水施工、等节奏流水施工

C. 无节奏流水施工、异节奏流水施工

D. 等节奏流水施工、无节奏流水施工

24. 流水施工的施工过程和施工过程数属于( )。

A. 技术参数   B. 时间参数   C. 工艺参数   D. 空间参数

25. 某工程有 6 个施工过程，各组织一个专业工作队，在 5 个施工段上进行等节奏流水施工，流水节拍为 5 d，其中第三、第五工作队完成后分别间歇了 2 d、3 d，则该工程的总工期为( )。

A. 35 d   B. 45 d   C. 55 d   D. 65 d

26. 建设工程组织流水施工时，其特点之一是( )。

A. 由一个专业工作队在各施工段上完成全部工作

B. 同一时间只能有一个专业队投入流水施工

C. 各专业工作队按施工顺序应连续、均衡地组织施工

D. 现场的组织管理简单，工期最短

27. 浇筑混凝土后需要保证一定的养护时间，这就可能产生流水施工的( )。

A. 流水步距   B. 流水节拍   C. 技术间歇   D. 组织间歇

28. 某项目由甲、乙、丙、丁共 4 个专业队在 5 个施工段上进行无节奏流水施工，各队的流水节拍分别是：甲队为 3 周、5 周、3 周、2 周、2 周，乙队为 2 周、3 周、1 周、4 周、5 周，丙队为 4 周、1 周、3 周、2 周、5 周，丁队为 5 周、3 周、4 周、2 周、1 周。该项目总工期为( )周。

A. 31   B. 30   C. 26   D. 24

29. 某工程在第 i 段上的第 j 过程采用了新技术，无现成定额，不便求得施工流水节拍。经专家估算，最短、最长、最可能的时间分别为 12 d、22 d、14 d，则该过程的期望时间应为( )d。

A. 14   B. 15   C. 16   D. 18

30. 建设工程组织非节奏流水施工时，其特点之一是( )。

A. 各专业队能够在施工段上连续作业，但工作面可能有空闲时间

B. 相邻施工过程的流水步距等于前一施工过程中第一个施工段的流水节拍

C. 各专业队能够在施工段上连续作业，施工段之间不可能有空闲时间

D. 相邻施工过程的流水步距等于后一施工过程中最后一个施工段的流水节拍

31. 等节奏流水施工在( )施工中可采用。
    A. 多层主体结构　　　　　　　　B. 高层主体结构
    C. 管道工程　　　　　　　　　　D. 房屋外装饰工程

32. 某只有一种户型的多层单元住宅楼工程，最适合组织( )流水施工。
    A. 成倍节拍　　　　　　　　　　B. 一般异节拍
    C. 等节奏　　　　　　　　　　　D. 无节奏流水

33. 某多层办公楼主体施工阶段划分为三个施工段，每个施工过程的劳动量分布情况为 $P_1 = P_3 \neq P_2$（P_i 表示第 i 段劳动量），则该工程最适合组织( )流水施工。
    A. 成倍节拍　　　　　　　　　　B. 一般异节拍
    C. 等节奏　　　　　　　　　　　D. 无节奏

34. 某道路工程分 3 个施工过程，划分为 12 个施工段施工，工期紧急，其流水节拍分别为 $t_1 = 4$ d，$t_2 = 6$ d，$t_3 = 2$ d，则该工程最适合组织( )流水施工。
    A. 成倍节拍　　　　　　　　　　B. 一般异节拍
    C. 等节奏　　　　　　　　　　　D. 无节奏流水

二、多项选择题

1. 通常采用的施工组织方式有三种，它们分别是( )。
   A. 流水施工　　B. 等节奏流水施工　　C. 平行施工　　D. 成倍节拍流水施工
   E. 依次施工

2. 流水施工的组织方法有( )。
   A. 等节奏流水施工　　B. 异节奏流水施工　　C. 无节奏流水施工　　D. 流水施工
   E. 平行施工

3. 划分施工段应注意( )。
   A. 组织等节奏流水施工
   B. 合理搭接
   C. 有利于结构整体性
   D. 分段多少与施工过程相协调
   E. 分段大小与劳动组织和工作面相适应

4. 组织流水施工时，确定流水步距应满足的基本要求是( )。
   A. 流水步距的最小长度必须使主要施工班组进场以后，不发生停工、窝工现象
   B. 相邻专业工作队在满足连续施工的条件下，能最大限度地实现合理搭接
   C. 流水步距数应等于施工过程数
   D. 流水步距的值应等于流水节拍值中的最大值
   E. 满足施工工艺的要求

5. 关于组织流水施工中时间参数，下列叙述正确的有( )。
   A. 流水节拍是某个专业工作队在一个施工段上完成任务的施工时间
   B. 主导施工过程中的流水节拍应是各施工过程流水节拍的平均值
   C. 流水步距是两个相邻的工作队先后进入流水作业的最小时间间隔
   D. 工期是指第一个专业队投入流水施工开始到最后一个专业队完成流水施工止的延续时间

E. 流水步距的最大长度必须保证专业队进场后不发生停工、窝工现象

6. 流水施工作业中的主要参数有（　　）。

A. 工艺参数　　　　B. 时间参数　　　　C. 流水参数　　　　D. 空间参数

E. 技术参数

7. 施工进度计划的表达方式有（　　）。

A. 横道图　　　　B. 网络图　　　　C. 斜道图　　　　D. 直方图

E. 正态分布图

8. 施工过程持续时间的确定方法有（　　）。

A. 累加数列法　　B. 经验估算法　　C. 定额计算法　　D. 查表法

E. 工期倒排法

9. 建设工程组织依次施工时，其特点包括（　　）。

A. 没有充分地利用工作面进行施工，工期长

B. 如果按专业成立工作队，则各专业队不能连续作业

C. 施工现场的组织管理工作比较复杂

D. 单位时间内投入的资源量较少，有利于资源供应的组织

E. 相邻两个专业工作队能够最大限度地搭接作业

10. 建设工程组织流水施工时，相邻施工班组之间的流水步距不尽相等，但施工
班组数等于施工过程数的流水施工方法有（　　）。

A. 一般异节拍流水施工

B. 无节奏流水施工

C. 成倍节拍流水施工

D. 搭接时间和间歇时间都为零的等节奏流水施工

E. 存在搭接时间或间歇时间的等节奏流水施工

三、思考题

1. 什么是流水节拍？如何确定流水节拍？

2. 什么是施工段？划分施工段的原则是什么？

3. 如何组织一般异节拍流水施工？如何组织成倍节拍流水施工？

4. 流水施工常用的组织方法有哪些？阐述它们各自的适用范围。

5. 一座房屋的土建工程施工按施工部位一般可分为哪几个分部工程？它们各自适
合采用哪种施工组织方式？

技能训练

1. 某三层住宅楼室内装饰工程划分为天棚内墙抹灰(A)、门窗安装(B)、地面和
墙面贴瓷砖(C)、天棚内墙涂刷(D)四个施工过程，每个施工过程均按一层一段划分为
3 个施工段，设 $t_A = 2$ 周，$t_B = 1$ 周，$t_C = 3$ 周，$t_D = 2$ 周，试分别组织依次施工、平行
施工和流水施工，绘出各自的横道图施工进度计划，并确定工期。

2. 已知某工程任务划分为 A、B、C、D、E 五个施工过程，四个施工段进行流水
施工，流水节拍均为 3 d，在 A 施工过程结束后有 2 d 技术、组织间歇时间，C 与 D 施
工过程平行搭接 1 d 施工。试组织流水施工，计算工期并绘制横道图。

3. 某分部工程，已知施工过程 $n = 4$，施工段数 $m = 4$，各施工过程在各施工段的

流水节拍如表2-4所示，且在基础和土方回填之间要求技术间歇为2 d。试组织流水施工，计算流水步距和工期，并绘制横道图。

表 2-4 各施工段流水节拍

序号	工序	施工段			
		①	②	③	④
1	挖土方	3	3	3	3
2	做垫层	1	1	1	1
3	做基础	4	4	4	4
4	回填土	2	2	2	2

4. 某两层现浇钢筋混凝土框架结构工程，框架平面尺寸为 17.4 m×144 m，沿长度方向每隔 48 m 留一道伸缩缝。主体结构施工分支模板、扎钢筋、浇混凝土 3 个施工过程，一个施工过程成立一个专业班组，已知 $t_{楼}=4$ d，$t_{筋}=2$ d，$t_{混凝土}=2$ d，层间间歇时间为 4 d，试组织流水施工，计算工期并绘制横道图。

5. 某混凝土道路工程长 900 m，宽 15 m，每 50 m 长为一个施工段，要求先挖去表层土 0.2 m 并压实一遍，再用砂石三合土回填 0.3 m 并压实两遍；上面为强度等级 C25 的混凝土路面，厚 0.20 m。设该工程可分为挖土方、回填土、浇混凝土 3 个施工过程，其时间定额及流水节拍分别为：挖土方 0.197 工日/m³，$t_1=2$ d，回填土 0.333 工日/m³，$t_2=4$ d，浇混凝土 1.429 工日/m³，$t_3=6$ d。试组织成倍节拍流水施工并绘制横道图和劳动力动态变化曲线图。

6. 某分部工程，各施工过程在各施工段的流水节拍如表 2-5 所示，试组织流水施工，计算流水步距和工期，并绘制横道图。

表 2-5 各施工段流水节拍

序号	工序	施工段				
		①	②	③	④	⑤
1	A	3	3	6	6	3
2	B	1	1	2	2	1
3	C	2	2	4	4	2
4	D	1	1	2	2	1

技能考核

横道图绘制技能考核试题 1

1. 题目：绘制某住宅楼主体工程横道图。

2. 完成时间：2 小时。

3. 设计条件及要求。

(1)某单元式住宅，平面为四个标准单元组合；建筑层数为三层；结构类型为砖混结构；楼板及屋面板均采用预制空心板，建筑面积 1 980 m²，位于湖南××市区，施工采用钢模板及钢管脚手架,垂直运输机械采用井字架。场外交通便利,现场设混凝土搅拌站。

(2)本工程主体施工开工日期为 2015 年 7 月 8 日,竣工日期为 2015 年 8 月 30 日(工期可以提前 10％以内,但不能拖后)。

(3)主体工程必须采用流水施工方式组织施工。

(4)采用 AutoCAD 软件(或天正建筑软件)绘制主体工程横道图进度计划,A3 号图幅。

(5)可自带《建筑施工组织》教材一本,每人可带 A4 白纸 2 张。

4. 主体工程工程量及时间定额如表 2-6 所示。

表 2-6　主体工程工程量及时间定额

序号	分部分项工程名称	工程量		时间定额	劳动量/工日或台班	工作延续天数/d	每天工作班数	每班工人数
		单位	数量					
二	主体工程							
1	搭拆脚手架、井字架							
2	砌砖墙	m³	902.46	1.020				
3	做钢筋混凝土圈梁	支模板	10 m²	59.20	1.97			
		扎钢筋	t	5	10.08			
		浇混凝土	m³	71	1.79			
4	楼板安装/灌缝	块/m³	912/8.1					

注:井字架安装楼板产量定额为 75 块/台班,灌缝为 1.4 m³/工日。

5. 考核内容及评分标准:评分总表见表 2-7。

抽查项目的评价包括职业素养与操作规范(评分表见表 2-8)、作品(评分表见表 2-9)两个方面,总分为 100 分。其中,职业素养与操作规范占该项目总分的 0.5,作品占该项目总分的 0.5。职业素养与操作规范、作品两项考核均合格,总成绩才能评定为合格。

表 2-7　评分总表

职业素养与操作规范得分 (权重系数 0.5)	作品得分 (权重系数 0.5)	总分

表 2-8　职业素养与操作规范评分表

考核内容	评分标准	标准分	得分	备注
职业素养与操作规范	清查给定的资料是否齐全,检查计算机运行是否正常,检查软件运行是否正常,做好工作前准备	20		出现明显失误造成计算机、图纸、工具书和记录工具严重损坏等,严重违反考场纪律,造成恶劣影响的,本大项记 0 分
	文字、图表作业应字迹工整、填写规范	20		
	严格遵守考场纪律	20		
	不浪费材料和不损坏考试工具及设施	20		
	任务完成后,整齐摆放图纸、工具书、记录工具、凳子,整理工作台面等	20		
总分				

表 2-9 作品评分表

序号	考核内容	评分标准与要求	标准分	得分	备注
1	劳动量计算	计算准确，每错一项扣2分	15		
2	施工过程持续时间	计算准确，每错一项扣2分	20		
3	工艺顺序及逻辑关系	工艺顺序正确、逻辑关系合理，每错一项扣2分	25		没有完成总工作量的60%以上，本大项记0分
4	工期	满足要求，否则无分	10		
5	劳动力动态图	均衡、正确、满足要求，否则无分	10		
6	图形绘制	图形清楚、表达规范、比例协调，不清楚和不规范每处扣1分	10		
7	工效	在规定时间内完成，否则本项无分	10		
总分					

横道图绘制技能考核试题 2

1. 题目：绘制某办公楼主体工程横道图。

2. 完成时间：2 小时。

3. 设计条件及要求。

(1)某工程为三层办公楼，平面呈一字形，对称建筑，建筑面积 2 148 m²，柱下钢筋混凝土独立基础，现浇框架结构，现浇楼板及屋面板，工程位于湖南某地级市市区，场外交通便利，施工采用竹胶合板模板，落地式钢管扣件脚手架，垂直运输机械采用龙门架，现场设混凝土搅拌站。

(2)本工程主体施工开工日期为 2015 年 6 月 6 日，竣工日期为 7 月 31 日(工期可以提前 10% 以内，但不能拖后)。

(3)主体工程必须采用流水施工方式组织施工。

(4)采用 AutoCAD 软件(或天正建筑软件)绘制主体工程横道图进度计划，A3 号图幅。

(5)可自带《建筑施工组织》教材一本，每人自带 A4 白纸 2 张。

4. 主体工程劳动量如表 2-10 所示。

表 2-10 主体工程劳动量

序号	分部分项工程名称	劳动量/工日	工作延续天数	每天工作班数	每班工人数
二	主体结构工程				
1	搭脚手架、井字架				
2	现浇柱钢筋施工	65			
3	做柱、梁板、梯模板	912			
4	现浇柱混凝土施工	109			
5	现浇梁板梯钢筋施工	300			
6	现浇梁板梯混凝土施工	439			
7	砌填充墙	869			

5. 考核内容及评分标准：评分总表见表2-11。

抽查项目的评价包括职业素养与操作规范(评分表见表2-8)、作品(评分表见表2-11)两个方面，总分为100分。其中，职业素养与操作规范占该项目总分的0.5，作品占该项目总分的0.5。职业素养与操作规范、作品两项考核均合格，总成绩才能评定为合格。

表2-11　作品评分表

序号	考核内容	评分标准与要求	标准分	得分	备注
1	施工过程持续时间	计算准确，每错一项扣2分	25		
2	工艺顺序及逻辑关系	工艺顺序正确、逻辑关系合理，每错一项扣2分	30		没有完成总工作量的60%以上，本大项记0分
3	工期	满足要求，否则无分	15		
4	劳动力动态图	均衡、正确、满足要求，否则无分	10		
5	图形绘制	图形清楚、表达规范、比例协调，不清楚和不规范每处扣1分	10		
6	工效	在规定时间内完成，否则本项无分	10		
	总分				

模块 3
网络计划技术

》》》 项目 3.1 网络计划技术概述

3.1.1 网络计划技术的相关概念

1. 网络图、网络计划、网络计划技术

(1)网络图：是由节点和箭线组成的、表示工作流程的有向、有序的网状图。一个网络图表示一项计划任务。网络图的绘制是网络计划技术的基础工作。

(2)网络计划：是在网络图上加注工作名称及时间参数等而成的进度计划。它是根据既定的施工方法，按统筹安排的原则而编成的一种计划形式。

(3)网络计划技术：是网络计划对任务工作进度进行安排和控制，以保证实现预定目标的科学的计划管理技术。

2. 逻辑关系、工艺关系、组织关系

(1)逻辑关系：是指工作之间的先后顺序关系，包括工艺关系和组织关系。

(2)工艺关系：是指生产工艺上客观存在的先后顺序关系，或者是非生产性工作之间由工作程序决定的先后顺序关系。如图 3-1 所示，砖墙1、构造柱圈梁1、安空心板1之间的关系为工艺关系。

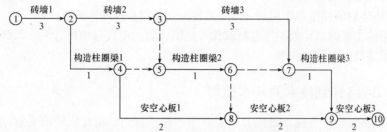

图 3-1　某砖混结构主体工程双代号网络图

(3) 组织关系：是指在不违反工艺关系的前提下，由于组织安排需要或资源(劳动力、原材料、施工机具等)调配需要而人为规定的工作之间的先后顺序关系。如图 3-1 所示，砖墙1、砖墙2、砖墙3之间的关系为组织关系。

3. 紧前工作、紧后工作、平行工作

(1)紧前工作：紧排在分析的某个工作之前的工作叫某个工作的紧前工作。如图 3-1 所示，砖墙1是构造柱圈梁1和砖墙2的紧前工作。

(2)紧后工作：紧排在分析的某个工作之后的工作叫某个工作的紧后工作。如图 3-1 所示，构造柱圈梁2是构造柱圈梁1和砖墙2的紧后工作。

(3)平行工作：与分析的某个工作同时进行的工作叫某个工作的平行工作。如图 3-1 所示，砖墙2和构造柱圈梁1是平行工作，砖墙3和构造柱圈梁2也是平行工作。

4. 线路和线路段

(1)线路：网络图中从起点节点开始，沿箭线方向连续通过一系列箭线与节点，最后到达终点节点所经过的通路叫线路。

线路可依次用该线路上的节点代号来记述，也可依次用该线路上的工作名称来记述，如图 3-1 所示的线路共有 1→2→3→7→9→10，1→2→3→5→6→7→9→10，1→2→3→5→6→8→9→10，1→2→4→5→6→7→9→10，1→2→4→5→6→8→9→10，1→2→4→8→9→10 六条；或为"砖墙1→砖墙2→砖墙3→构造柱圈梁3→安空心板3"等六条。

(2)线路段：网络图中线路的一部分叫线路段。如图 3-1 所示的"砖墙1→砖墙2→砖墙3"和"砖墙1→构造柱圈梁1→安空心板1"等为线路段。

5. 先行工作和后续工作

(1)先行工作：线路上自起点节点起至分析的某个工作之前进行的所有工作叫该工作的先行工作。紧前工作是先行工作，但先行工作不一定是紧前工作。

(2)后续工作：线路上在分析的某个工作之后进行的所有工作叫该工作的后续工作。紧后工作是后续工作，但后续工作不一定是紧后工作。

3.1.2 网络计划的分类

网络计划的种类很多，可以从不同角度进行分类，具体分类方法如下：

(1)按工作在网络图中的表示方法不同划分为双代号网络计划和单代号网络计划。

(2)按工作持续时间的肯定与否划分为肯定型网络计划和非肯定型网络计划。

(3)按终点节点个数的多少划分为单目标网络计划和多目标网络计划。

(4)按网络计划的工程对象不同和使用范围的大小划分为分部工程网络计划、单位工程网络计划和群体工程网络计划。

(5)按网络计划的性质和作用划分为实施性网络计划和控制性网络计划。

我国常用的工程网络计划类型包括双代号网络计划、单代号网络计划、双代号时标网络计划和单代号搭接网络计划四类。

3.1.3 网络计划技术的基本原理

(1)理清某项工程中各施工过程的开展顺序和相互制约、相互依赖的关系，正确绘出网络图。

(2)通过对网络图中各时间参数进行计算，找出关键工作和关键线路。

(3)利用优化原理，改进初始方案，寻求最优网络计划方案。

(4)在计划执行过程中，通过信息反馈进行监督与控制，以保证达到预定的计划目标，确保以最少的消耗，获得最佳的经济效果。

3.1.4 工程网络计划技术的应用

工程网络计划技术在工程项目领域广泛应用于各单项工程、群体工程，特别是应用于大型、复杂、协作广泛的项目。它能提供工程项目管理所需的多种信息，有利于加强工程管理。因此，在工程管理中提高应用工程网络计划技术的水平，必能提高工程管理的水平。

根据《网络计划技术　第3部分：在项目管理中应用的一般程序》(GB/T 13400.3—2009)的规定，工程网路计划技术的应用程序分为7个阶段18个步骤，见表3-1。

表3-1　网络计划技术在项目管理中应用的阶段和步骤

序号	阶段	步骤
1	准备	确定网络计划目标
		调查研究
		项目分析
		工作方案设计
2	绘制网络图	逻辑关系分析
		网络图构图
3	计算参数	计算工作持续时间和搭接时间
		计算其他时间参数
		确定关键线路
4	编制可行网络计划	检查与修正
		可行网络计划编制

序号	阶段	步骤
5	确定正式网络计划	网络计划的优化
		网络计划的确定
6	网络计划的实施与控制	网络计划的贯彻
		检查和数据采集
		控制与调整
7	收尾	分析
		总结

▷▷ 项目 3.2　双代号网络计划

3.2.1　双代号网络图的基本概念

双代号网络图是以一条箭线及带编号的两端节点来表示一项工作的网络图，如图 3-2 所示。

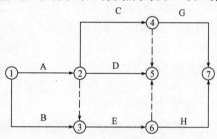

图 3-2　双代号网络图

1. 工作及其表示

（1）工作的含义。网络图中的工作是计划任务按需要粗细程度划分而成的消耗时间同时也消耗资源的一个子项目或子任务。一项工作可以是一个单位工程、分部工程、分项工程，或是一个具体的施工过程。

网络图中的某一项工作就是横道图中某一个施工段上的某个施工过程（工序）。对于只消耗时间而不消耗资源的工作，如混凝土的养护和砖墙粉刷前必要的间歇时间，也作为一项工作考虑。

（2）工作的表示。用一条箭线和其两端带编号的节点来表示一项工作。箭线的箭尾节点表示该工作的开始点，箭头节点表示该工作的结束点，将工作的名称标注于箭线上方，工作持续的时间标注于箭线的下方，如图 3-3 所示。

箭线的走向应保持从左往右，可以水平、垂直或斜向绘制，也可以折线绘制。

2. 节点

在双代号网络图中，应用"○"代表节点。节点表示一项工作的开始时刻或结束时刻，同时它是工作与工作之间的连接点。

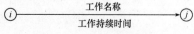

图 3-3　双代号网络图中表示一项工作的基本形式

（1）节点的分类。一项工作，箭线指向的节点是工作的完成节点；引出箭线的节点是工作的开始节点。一项网络计划的第一个节点称为该项网络计划的起点节点，它是整个项目计划的开始节点；一项网络计划的最后一个节点称为终点节点，表示一项计划任务的结束；其余节点称为中间节点。

（2）节点的编号。为了便于网络图的检查和计算，需对网络图各节点进行编号。编号顺序由起点节点顺箭线方向至终点节点。要求每一项工作的开始节点号码小于结束节点号码，以不同的编码代表不同的工作；不重号，不漏编。可采用不连续编号方法，以备网络图调整时留出备用节点号。

3. 虚工作及其作用

双代号网络图中，只表示相邻的前后工作之间的先后顺序关系，既不消耗时间也不消耗资源的虚拟工作，称为虚工作。

（1）虚工作的表示。将工作表示形式中的实箭线用虚箭线代替，就表示了一项虚工作，如图 3-4 所示。当虚工作的箭线很短不易用虚线表示时，可用实箭线表示，但应标注持续时间为零。

（2）虚工作的作用。在双代号网络图中，虚工作一般起着区分、联系和断路的作用。

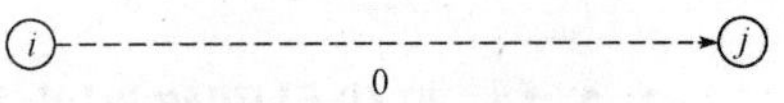

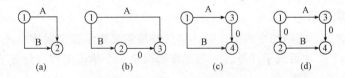

**图 3-4 双代号网络图中
虚工作的表示形式**

1）区分作用。双代号网络图中，两个节点之间只能有一根箭线，对于同时开始，同时结束的两个平行工作的表达，需引入虚工作以示区分，如图 3-5 中，工作 A 和工作 B 是需同时开始的两项平行工作，如在混凝土施工中的预埋件和钢筋安装都起始于模板安装，结束后开始浇混凝土，但不能表示为图（a）的形式，此时就需使用虚工作将工作 A 与工作 B 区分开来，如图（b）和（c）所示。但虚工作也不能滥用，图（d）的表达方式也是不正确的，因为出现了多余的节点和虚工作。

2）联系作用。引入虚工作，将有组织联系或工艺联系的相关工作用虚箭线连接起来，确保逻辑关系的正确。如图 3-6 中的虚工作 3—5 将挖 2 和垫 2 联系起来，虚工作 6—8 将垫 2 和砖基 2 联系起来。

图 3-5 虚工作的区分作用

（a）、（d）—错误的；（b）、（c）—正确的

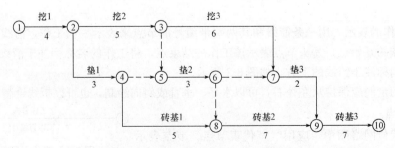

图 3-6 虚工作的联系和断路作用

3)断路作用。引入虚工作,在线路上隔断无逻辑关系的各项工作。如图 3-6 中的虚工作 4—5 将挖 2 和砖基 1 断开,虚工作 6—8 将挖 3 和砖基 2 断开,以保证正确表达双代号网络计划的逻辑关系。

3.2.2 双代号网络图绘制

1. 双代号网络图的绘制规则

绘制双代号网络图最基本的要求是明确地表达出工作的内容,正确地表达出各项工作之间既定的逻辑关系,并且使所绘出的图形条理清楚,布局合理,易于识读和操作。具体绘制规则如下:

(1)一项工作应只有唯一的一条箭线和相应的一对节点。节点应用圆圈表示并应编号,箭尾的节点编号应小于箭头的节点编号。节点编号可不连续但严禁重复。图 3-7 是错误的,因为有两条箭线对应是一项工作。

(2)网络图必须按照已定的逻辑关系绘制。各工作之间逻辑关系的表示方法见表 3-2。

表 3-2　各工作之间逻辑关系的表示方法

序号	各工作之间的逻辑关系	双代号表示方法
1	A、B、C 依次进行	
2	A 完成后进行 B 和 C	
3	A 和 B 完成后进行 C	
4	A 完成后同时进行 B、C,B 和 C 完成后进行 D	
5	A、B 完成后进行 C 和 D	
6	A 完成后进行 C,A、B 完成后进行 D	
7	A、B 分成三段进行流水施工	

57

（3）双代号网络图中应只有一个起点节点；在单目标网络计划中，应只有一个终点节点。图 3-8 是错误的，因为起点节点和终点节点均不唯一。

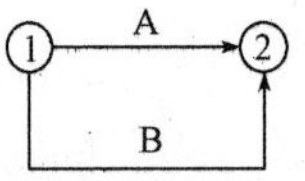

图 3-7　两条箭线对应一项工作

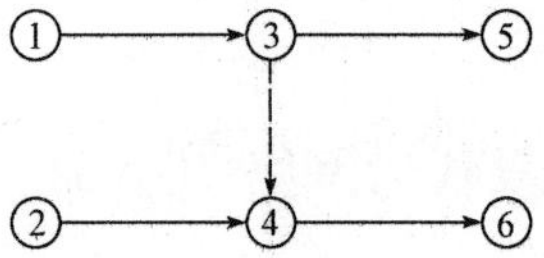

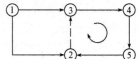

图 3-8　起点节点和终点节点均不唯一

（4）网络图中严禁出现循环回路。图 3-9 是错误的，因为图中出现循环回路。

（5）网络图中的箭线和虚箭线应保持自左向右的方向，不应出现箭头指向左方的水平箭线和箭头偏向左方的斜向箭线。

图 3-9　出现循环回路

（6）双代号网络图中，严禁在中间节点间的工作箭线上引入或引出箭线，如图 3-10 所示。

图 3-10　在箭线上引入或引出箭线的错误画法

（7）双代号网络图中，严禁出现无箭头和双向箭头的连线，如图 3-11 所示。

（8）双代号网络图中，严禁出现没有箭头节点和没有箭尾节点的箭线，如图 3-12 所示。

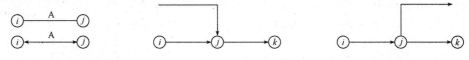

图 3-11　无箭头和双向箭头　　　**图 3-12　没有箭头节点和箭尾节点的箭线**

（9）绘制双代号网络图时，应尽量避免箭线交叉。当交叉不可避免时，可用过桥法或指向法表示，如图 3-13 和图 3-14 所示。

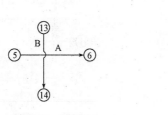

图 3-13　过桥法

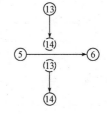

图 3-14　指向法

（10）当网络图的起点节点有多条外向箭线（有多项开始工作），或终点节点有多条内向箭线（有多项结束工作）时，在不违反"一项工作应只有唯一的一条箭线和相应的一对节点"的前提下，可使用母线法绘图（一般有四个或四个以上开始或结束工作时采用母线法）。但特殊型的箭线，如粗箭线、双箭线、虚箭线，彩色箭线等，应单独自起点节点绘出或单独引入终点节点，如图 3-15 所示。

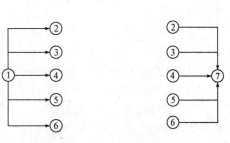

图 3-15　母线画法

(11)分段绘制。对于一些大的建设项目，由于工序多，施工周期长，网络图可能很大，为使绘图方便，可将网络图划分成几个部分工程分别绘制，再拼接起来。

2. 双代号网络图的绘制要求

绘制双代号网络图最基本的要求是明确表达出工作的内容，正确表达出各项工作之间既定的逻辑关系，并且使所绘出的图形条理清楚，布局合理，易于识读和操作。可概括为以下三个方面：

(1)必须正确表达各工作之间的逻辑关系。

(2)必须遵守网络图的绘制规则。

(3)要选择恰当的图形排列方式(按施工过程排列或按施工段排列)。

工程网络计划常用如下两种排列方式：

1)按施工过程排列，即按一个施工过程排成一行绘制网络计划，每一个施工过程划分为几个施工段，每一行就有几个工作，如图 3-1 所示。

2)按施工段排列，即按一个施工段排成一行绘制网络计划，每一个施工段划分为几个施工过程，每一行就有几个工作，如图 3-16 所示。

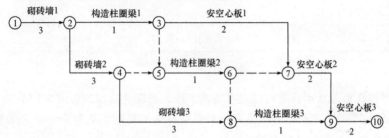

图 3-16　按施工段排列的网络图

3. 双代号网络图的绘制方法与步骤

(1) 找出各项工作之间的逻辑关系。按既定的施工方案和施工方法划分施工过程和施工段，确定各种工艺关系和组织关系。

(2) 绘制双代号网络图草图。

1)绘制起点节点和开始工作。绘制起点节点(一项计划任务只有一个起点节点)和开始工作的工作箭线，若有 4 个以上开始工作，可用母线法引出全部开始工作的工作箭线，并在箭线后绘制各开始工作的完成节点，再在箭线上方标注工作名称。

2)绘制当前工作(正在绘制的工作叫当前工作，下同)。当前工作的绘制方法应由其紧前工作的个数来决定：

①若当前工作只有一个紧前工作，则可在该紧前工作完成节点之后，直接绘制工作箭线和完成节点。

②若当前工作有多个紧前工作，则应先将多个紧前工作的完成节点合并至一个节点。若违反"两个节点之间只有一条工作箭线"规则，则应引入虚工作；若不满足其他逻辑关系，也应引入虚工作，将多个紧前工作合并至一个节点，此节点即为当前工作的开始节点，再在其后绘制工作箭线和完成节点，并标注工作名称。

③绘制终点节点。一项计划任务只能有一个终点节点。若有 4 个以上结束工作，应用母线将全部结束工作箭线引入终点节点。

④按网络图编号规则进行节点编号。

(3) 检查修正草图。主要检查三大内容：检查是否满足逻辑关系；检查是否有多余的节点和虚工作；检查是否违反网络图的绘图规则。

（4）绘制正式网络图。在满足上述各项要求和功能的前提下，尽可能使布图美观大方，绘制正式网络图。

绘制实际工程双代号网络图的技巧：

实际工程双代号网络图的第一行和最后一行不含虚工作，中间行都是一个工作间一个虚工作排列。绘第一行（第一个施工过程或第一个施工段）的工作时，其工作箭线的长度应是中间行工作箭线长度的2倍（不含开始工作）；绘中间行时，按"一实一虚"，即一实工作后面紧跟一横向虚工作绘制，这样绘出每一个施工过程（或施工段），注意图形排列时应根据逻辑关系从左往右错动（因为每一行的起点应是上一行第一个工作的完成点），再按逻辑关系用竖向虚工作将上下各紧前、紧后工作联系起来。

【例3-1】网络图资料如表3-3所示，试绘制双代号网络图。

表3-3　网络图资料

本工作	A	B	C	D	E	F	G
紧前工作	—	—	A	A、B	C	C、D	D
紧后工作	C、D	D	E、F	F、G	—	—	—

【解】

（1）按表3-3找出各项工作之间的逻辑关系，绘制逻辑关系图，如图3-17所示。

（2）根据图3-17所表达的逻辑关系，按双代号网络图的绘制规则和方法，绘制网络图草图，标注工作名称，编号，并检查修正。

（3）正式绘制双代号网络图，如图3-18所示。

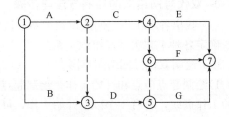

图3-17　各项工作之间的逻辑关系图　　　　图3-18　双代号网络图

【例3-2】网络图资料如表3-4所示，试绘制双代号网络图。

表3-4　网络图资料

工作	A	B	C	D	E	G	H
紧前工作	—	—	—	—	A、B	B、C、D	C、D

【解】

（1）按表3-4找出各项工作之间的逻辑关系，绘制逻辑关系图，如图3-19所示。

（2）根据图3-19所表达的逻辑关系，按双代号网络图的绘制规则和方法，绘制网络图草图，标注工作名称，编号，并检查修正。

（3）正式绘制双代号网络图，如图3-20和图3-21所示。

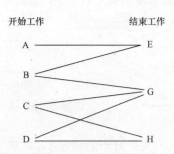

图 3-19 各项工作之间的逻辑关系图

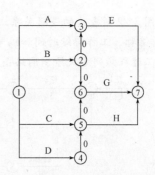

图 3-20 仅有竖向虚工作的双代号网络图

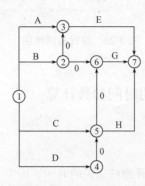

图 3-21 有水平虚工作的双代号网络图

【例 3-3】某基础工程划分成三个施工段施工，各工序在各施工段上的持续时间如表 3-5 所示。试绘制此基础工程的双代号网络图。

表 3-5 某基础工程资料   d

施工段 工序	①	②	③
挖土方	5	5	5
垫层	1	1	1
砌砖基础	4	4	4
回填土	2	2	2

【解】

(1)按表 3-5 找出各项工作之间的逻辑关系，绘制逻辑关系图，如图 3-22 所示。

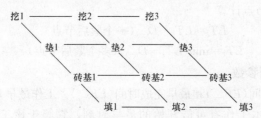

图 3-22 各项工作之间的逻辑关系图

（2）根据图3-22所表达的逻辑关系，按双代号网络图的绘制规则和方法，绘制网络图草图，标注工作名称、工作持续时间和编号，并检查修正。

（3）按施工过程排列方式绘制网络图，如图3-23所示。

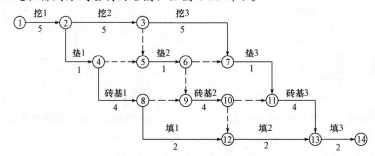

图3-23　双代号网络图

3.2.3　双代号网络计划的时间参数计算

3.2.3.1　时间参数的概念

1. 工作持续时间

工作持续时间是指一项工作从开始到完成的时间，用 D_{i-j} 表示。工作持续时间 D_{i-j} 的计算，可采用公式计算法、三时估计法、倒排计划法等方法计算。

2. 工期

（1）计算工期，是指通过计算求得的网络计划的工期，用 T_c 表示。

（2）要求工期，是指任务委托人所提出的指令性工期，如施工合同中所规定的工期，用 T_r 表示。

（3）计划工期，是指根据要求工期和计算工期所确定的作为实施目标的工期，用 T_p 表示。通常，$T_c \leqslant T_p$，$T_p \leqslant T_r$。

3. 节点时间

（1）节点最早时间（ET_i）：以该节点为结束节点的所有工作全部完成后，以该节点为开始节点的各项工作有可能开始的最早时间。一项网络计划，各节点最早时间的计算，顺箭线方向，由起点节点往终点节点计算。

计算方法：
$$ET_j = ET_i + D_{i-j}（一个紧前节点） \tag{3-1}$$
$$ET_j = \max(ET_i + D_{i-j})（多个紧前节点） \tag{3-2}$$

（2）节点最迟时间（LT_i）：节点最迟时间是在不影响计划总工期的前提下，以该节点为结束节点的各项工作最迟必须完成的时间。一项网络计划各节点最迟时间的计算，逆箭线方向，由终点节点往起点节点计算。

计算方法：
$$LT_i = LT_j - D_{i-j}（一个紧后节点） \tag{3-3}$$
$$LT_i = \min(LT_j - D_{i-j})（多个紧后节点） \tag{3-4}$$

4. 工作的六个时间参数

（1）工作最早开始时间（ES_{i-j}）和最早完成时间（EF_{i-j}）。工作最早开始时间是指在其所有紧前工作全部完成后，本工作有可能开始的最早时刻，它等于该工作开始节点的最早时间，即

$$ES_{i-j} = ET_i \tag{3-5}$$

工作最早完成时间是指在其所有紧前工作全部完成后，本工作有可能完成的最早时刻。工作的最早完成时间等于该工作最早开始时间与工作持续时间之和。

$$EF_{i-j} = ES_{i-j} + D_{i-j} \quad\quad\quad (3-6)$$

（2）工作最迟完成时间（LF_{i-j}）和工作最迟开始时间（LS_{i-j}）。工作最迟完成时间是指在不影响整个计划任务按期完成的前提下，本工作必须完成的最迟时刻。工作最迟完成时间等于该工作结束节点的最迟时间。

$$LF_{i-j} = LT_j \quad\quad\quad (3-7)$$

工作最迟开始时间是指在不影响整个计划任务按期完成的前提下，本工作必须开始的最迟时刻。工作最迟开始时间等于该工作最迟完成时间与工作持续时间之差。

$$LS_{i-j} = LF_{i-j} - D_{i-j} \quad\quad\quad (3-8)$$

（3）总时差（TF_{i-j}）和自由时差（FF_{i-j}）。工作总时差是指在不影响总工期的前提下，本工作可能利用的机动时间。

注意：某项工作总时差的大小与该工作所在线路上其他工作总时差的利用情况有关。

工作自由时差是指在不影响其紧后工作最早开始时间的前提下，本工作可以利用的机动时间。

TF_{i-j}与FF_{i-j}的关系：$FF_{i-j} \leqslant TF_{i-j}$。

当某项工作的总时差为零时，其自由时差必然为零。

5. 关键线路

（1）关键工作。在网络计划中，当 $T_c = T_p$ 时，没有任何机动时间即时差为零的工作称为关键工作，其工作的拖延会造成计划工期的拖延。其余工作则称为非关键工作。

（2）关键线路。在网络计划中，由若干关键工作连接而成的线路，称为关键线路。关键线路是对计划工期具有控制作用的线路。关键线路具有如下特点：

1）关键线路上全部工作的持续时间之和即为该网络计划的工期。

2）关键线路上的工作均为关键工作，当计算工期等于计划工期（$T_c = T_p$）时，关键线路总时差为零的工作为关键工作；当计算工期小于计划工期（$T_c < T_p$）时，总时差最小的工作为关键工作。

3）一个网络计划中有一条或多条关键线路。若有多条关键线路，则各条线路上的工作持续时间之和均相等，且等于计划工期。

4）非关键工作若利用了时差，其所在线路可能转化为关键线路，非关键工作也就转换成了关键工作。

关键线路是网络计划法的核心。

（3）确定关键线路的方法。把所有总时差为零（$T_c = T_p$ 时）的工作或所有总时差最小（$T_c < T_p$ 时）的工作连接起来形成的线路就是关键线路。但要注意，关键线路上各工作持续时间之和应最大。

在网络计划中，一般以双箭线、粗箭线或彩色箭线表示关键线路。

6. 相邻工作的时间间隔（LAG）

相邻工作的时间间隔是指本工作的最早完成时间与其紧后工作的最早开始时间之间可能存在的差值。

3.2.3.2　双代号网络计划时间参数的计算

双代号网络计划的绘制对拟建工程项目的施工做出了进度安排，而进行时间参数的计算，可以进一步确定关键线路和关键工作，找出非关键工作的机动时间，从而为网络计划的调整、优化打下基础，起到指导或控制工程施工进度的作用。

网络计划时间参数的计算方法主要有分析计算法、图上计算法、表上计算法、矩阵计算法、电算计算法等。较为简单的网络计划可采用人工计算；大型复杂的网络计划则采用计算机程序进行绘制与计算。

《工程网络计划技术规程》(JGJ/T 121—2015)采用了工作计算法和节点计算法两种方法计算时间参数。下面采用图上计算法的形式，分别介绍工作计算法和节点计算法。图上计算法是在按图计算时间参数的同时，将时间参数的计算结果逐一标注在图上的一种计算方法。

1. 工作计算法计算时间参数

工作计算法就是以网络计划中的工作的持续时间为对象直接计算工作的六个时间参数，并将计算结果标注在箭线上方，如图 3-24 所示。

【例 3-4】双代号网络图如图 3-25 所示，$T_p = 10$ d，试用工作计算法计算各工作的时间参数，确定工期并标出关键线路。

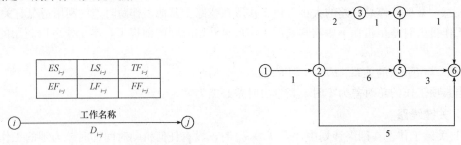

图 3-24　按工作计算法的标注内容　　　　图 3-25　双代号网络图

【解】采用图上计算法，将计算结果逐一标注在图上，其计算结果如图 3-26 所示。其计算方法和步骤如下：

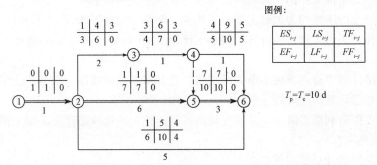

图 3-26　双代号网络计划计算结果

1. 计算 ES_{i-j} 与 EF_{i-j}

(1) 计算 ES_{i-j}：应从网络计划的开始节点开始，顺箭线方向开始计算。

令 $ES_{1-i} = 0$：则该工作最早开始时间，等于其紧前工作最早完成时间的大值，即

$$ES_{i-j} = \max(ES_{h-i} + D_{h-i}) = \max(EF_{h-i}) \tag{3-9}$$

(2) 计算 EF_{i-j}：计算公式为 $EF_{i-j} = ES_{i-j} + D_{i-j}$。

2. 计算网络计划的工期

网络计划的工期等于以终点节点为完成节点的最早完成时间的最大值，即

$$T_c = \max(EF_{i-n}) \tag{3-10}$$

3. 计算 LF_{i-j} 与 LS_{i-j}

(1)计算LF_{i-j}：应从网络计划的终点节点开始，逆箭线方向开始计算。所有结束工作的最迟完成时间不应超过网络计划的计算工期，可取其最大值，即

令$LF_{i-n}=T_p$，工作$j-k$的紧前工作$i-j$的最迟完成时间为

$$LF_{i-j}=\min(LF_{j-k}-D_{j-k})=\min(LS_{j-k}) \tag{3-11}$$

(2)计算LS_{i-j}：计算公式为$LS_{i-j}=LF_{i-j}-D_{i-j}$。

4. 计算TF_{i-j}与EF_{i-j}

(1)计算TF_{i-j}：根据总时差的定义，有

$$TF_{i-j}=LF_{i-j}-EF_{i-j}=LS_{i-j}-ES_{i-j} \tag{3-12}$$

(2)计算FF_{i-j}：结束工作的自由时差计算公式为

$$FF_{i-n}=T_p-EF_{i-j} \tag{3-13}$$

其他工作的自由时差，由自由时差的定义可得

$$FF_{i-j}=\min(ES_{j-k}-EF_{i-j}) \tag{3-14}$$

上面各个公式中，$i-j$为当前工作；$h-i$为工作$i-j$的紧前工作；$j-k$为工作$i-j$的紧后工作；$1-i$为网络计划的开始工作；$i-n$为网络计划的结束工作。

5. 确定关键工作和关键线路

关键工作的判定：若$T_c=T_p$，则时差为0的工作为关键工作；若$T_c<T_p$，则总时差最小的工作为关键工作。从结束节点开始，逆箭线方向连接总时差为0或总时差最小的工作（关键工作），至开始节点，形成的线路就是关键线路。

关键线路可用双箭线、彩色箭线或是粗箭线表示。

2. 节点计算法计算时间参数

节点计算法就是先计算网络计划中各节点的最早和最迟时间，然后根据节点时间计算各项工作的时间参数和网络计划的工期，并将计算结果标注在节点处和箭线上方，如图3-27所示。

图3-27　节点计算法的标注内容

【例3-5】按节点计算法计算例3-4中的各工作的时间参数，确定工期并标出关键线路。网络图如图3-25所示。

【解】采用图上计算法，将计算结果逐一标注在图上，其计算方法和步骤如下。

1. 计算各节点最早时间与最迟时间

(1)计算ET_i：从网络计划的开始节点开始，顺箭线方向开始计算。规定开始节点的最早时间为零，即$ET_1=0$，则其他节点按式(3-1)和式(3-2)计算。

(2)计算LT_i：从网络计划的结束节点开始，逆箭线方向开始计算。网络计划的工期等于其结束节点的最迟时间，即

$$LT_n=T_p(当缺T_p时，令LT_n=T_c=ET_n)$$

其他节点的最迟时间按式(3-3)和式(3-4)计算。

本例计算结果如图3-28(a)所示。

2. 根据节点的最早和最迟时间计算工作的六个时间参数

(1)工作的最早开始时间ES_{i-j}按式(3-5)计算。

(2)工作的最早完成时间EF_{i-j}按式(3-6)计算。

(3)工作的最迟完成时间LF_{i-j}按式(3-7)计算。

(4)工作的最迟开始时间LS_{i-j}按式(3-8)计算。

(5)工作的总时差TF_{i-j}与自由时差EF_{i-j}分别按式(3-12)、式(3-13)和式(3-14)计算。

本例计算结果如图 3-28(b)所示。

3. 确定关键工作和关键线路

从结束节点开始，逆箭线方向连接时差为 0 的工作，至开始节点，形成的线路就是关键线路。

关键线路可用双箭线、彩色箭线或是粗箭线表示。

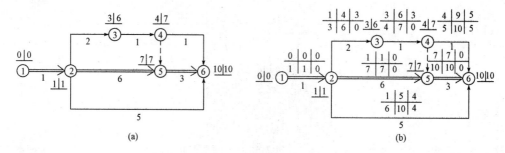

图 3-28　双代号网络计划计算结果

(a)各节点最早时间与最迟时间；(b)工作的六个时间参数

3. 标号法

标号法是一种快速寻求网络计划计算工期和关键线路的方法。它利用节点计算法的基本原理，先是对网络计划中的每一个节点进行标号，然后利用标号结果来确定网络计划的计算工期和关键线路。其步骤和方法是：

(1)确定起点节点的标号值并标号。设定起点节点的标号值为零即 $b_1 = 0$。

(2)计算其他节点的标号值并标号。其他节点的标号值根据下式按照节点编号由小到大的顺序逐个计算：

$$b_j = \max(b_i + D_{i-j}) \tag{3-15}$$

式中　b_j——工作 $i-j$ 的完成节点的标号值；

b_i——工作 $i-j$ 的开始节点的标号值；

D_{i-j}——工作 $i-j$ 的持续时间。

标号方法：当计算出节点标号值后，即用其标号值及其起源节点(用来确定本节点标号值的节点)对该节点进行双标号。

(3)确定网络计划的工期。终点节点的标号值即为该网络计划的计算工期。

(4)确定关键线路。从网络计划的终点节点开始，逆箭线方向溯起源节点，即可确定关键线路。

下面以例 3-6 来说明标号法的应用过程。

【例 3-6】已知某分部工程的双代号网络图如图 3-29 所示。请用标号法快速确定该分部工程的计算工期和关键线路。

【解】

(1)确定起点节点的标号值并标号。

设 $b_1 = 0$，其标号如图 3-30 所示。

(2)计算其他节点的标号值并标号。

根据式(3-15)按照节点编号由小到大的顺序逐个计算：

$b_2 = b_1 + D_{1-2} = 0 + 3 = 3$；$b_3 = b_2 + D_{2-3} = 3 + 3 = 6$；$b_4 = b_2 + D_{2-4} = 3 + 4 = 7$；$b_5 = \max(b_3 + D_{3-5}, \ b_4 + D_{4-5}) = \max(6 + 0, \ 7 + 0) = 7$；$b_6 = b_5 + D_{5-6} = 7 + 4 = 11$；$b_7 = \max(b_3 + D_{3-7}, \ b_6$

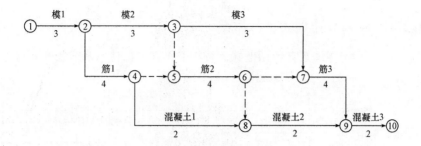

图 3-29 某分部工程双代号网络图

$+D_{6-7})=11$；$b_8=\max(b_4+D_{4-8}，b_6+D_{6-8})=11$；$b_9=\max(b_7+D_{7-9}，b_8+D_{8-9})=15$；$b_{10}=$
$b_9+D_{9-10}=15+2=17$。

各节点的标号如图 3-30 所示。

(3)确定网络计划的工期。$T_c=b_{10}=17$ d。

(4)确定关键线路。从网络计划的终点节点开始，逆着箭线方向溯起源节点，该任务的关键线路为：①→②→④→⑤→⑥→⑦→⑨→⑩。用双箭线标示于图 3-30 上。

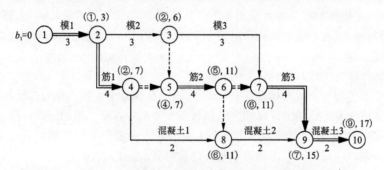

图 3-30 双代号网络计划计算结果(标号法)

3.3.1　双代号时标网络计划的概念和特点

双代号时标网络计划是以时间坐标为尺度表示工作时间的双代号网络计划，简称时标网络计划。时间坐标(简称时标)可位于网络计划的顶部或底部或同时位于顶、底部。时标的时间单位可以是小时、天、周、月或季度等。

时标网络计划的特点：

(1)以实箭线在时标轴上的正投影长度表示该工作的持续时间。

(2)不能出现竖向工作和横向虚工作。

(3)以波形线表示工作与其紧后工作之间的时间间隔。

时标网络计划的优越性：它能将网络计划的时间参数直观地表达出来，一目了然，兼具网络计划和横道图的优点。正是因为它的这种优越性，目前，时标网络计划已经成为施工进度计划的普遍形式。

3.3.2 时标网络计划的坐标体系

时标网络计划的坐标体系有计算坐标体系、工作日坐标体系和日历坐标体系三种,如图3-31所示。

计算坐标体系	0	1	2	3	4	5	6	7	8	9	10	11	12
日历坐标体系	3月4日	3月5日	3月6日	3月7日	3月8日	3月11日	3月12日	3月13日	3月14日	3月15日	3月18日	3月19日	
	星期一	星期二	星期三	星期四	星期五	星期一	星期二	星期三	星期四	星期五	星期一	星期二	
工作日坐标体系	1	2	3	4	5	6	7	8	9	10	11	12	

图3-31 时标网络计划的三种坐标体系

(1)计算坐标体系主要用于网络计划时间参数的计算,与双代号网络计划的时间参数计算结果相对应。如网络计划中开始工作的最早开始时间为零。

计算坐标体系中工期的计算:计算工期 T_c 等于网络计划终点节点的时标值减去起点节点的时标值。

(2)工作日坐标体系可明确表示出各项工作在整个工程开工后第几天(上班时刻)开始和第几天(下班时刻)完成,但不能表示出整个工程的开工日期和完工日期,以及各项工作的开始日期和完成日期。

计算坐标体系与工作日坐标体系的转换:

坐标体系中各项工作的开始日期+1=工作日坐标体系中各项工作的开始日期

坐标体系中各项工作的完成日期=工作日坐标体系中各项工作的完成日期

(3)日历坐标体系可以明确表示出整个工程的开工日期和完工日期以及各项工作的开始日期和完成日期,同时还可考虑扣除节假日休息时间。

3.3.3 时标网络计划绘制

时标网络计划的绘制方法有以下两种:

(1)间接绘制法:在双代号网络计划草图上计算出网络计划的时间参数,再根据时间参数转换为时标网络计划的绘制方法。

(2)直接绘制法:根据网络计划草图直接绘制时标网络计划的方法。

下面仅介绍直接绘制法。

从绘网络计划的起点节点开始,根据各项工作的最早开始时间和最早完成时间,按节点号从小到大的顺序,直接绘制时标网络计划。

用直接绘制法绘制时标网络图的两个关键问题:

(1)确定节点位置。

1)若该节点前只有一个紧前工作,则该紧前工作箭线的右端点(该紧前工作的最早完成点)即为该节点位置;

2)若该节点前有多个紧前工作,则其节点位置应由工作箭线右端点最右(工作的最早完成时间最迟)的那个紧前工作决定,其余工作箭线长度不足的部分用波形线补足。

可按上述两个原则确定节点位置后,再完成与此节点相关的工作和虚工作的绘制。

绘制节点时应注意:应将时标网络计划的起点节点圆心定位在时标网络计划的起始刻度线上;其他节点的圆心应与决定该节点位置的工作的最早完成时间所对应的时标刻度线

对齐。

(2)竖向绘制虚工作，不足部分用波形线补足。竖向绘制虚工作的技巧：当虚工作的两个节点不在同一竖线上时，应将两个节点位置一上一下错开绘制，再竖向绘出虚箭线，水平绘出波形线。

下面以例3-7来说明时标网络计划的绘制过程。

【例3-7】已知某工程任务的双代号网络图如图3-32所示。试用直接绘制法绘制该任务的双代号时标网络图。

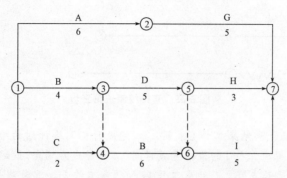

图3-32 双代号网络图

【解】首先绘制好双代号网络计划草图(图3-32)和时标轴(图3-33)，再按下列步骤绘制时标网络计划。

(1)绘起点节点和开始工作A、B、C，将起点节点圆心与计算时标的0刻度线对齐，如图3-33所示。

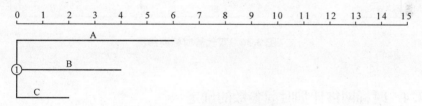

图3-33 直接绘制法第一步

(2)绘制节点②、③、④和虚工作3—4。因为节点②和节点③前面分别只有一个紧前工作A和工作B，可根据工作A和工作B的最早完成时间，直接绘制在其工作箭线的右端点处；因为节点④前面有两个紧前工作B和C，且工作B最早完成时间(工作箭线右端点)迟于(右于)工作C，因而节点④的位置应定在工作B箭线的右端点处，而工作C箭线长度不够④节点位置，即用波形线补足，再竖向连接虚工作3—4，如图3-34所示。

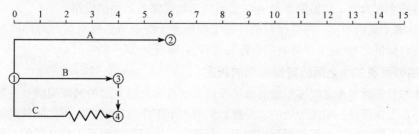

图3-34 直接绘制法第二步

(3)绘制节点⑤、⑥，工作D、E和虚工作5—6。因为⑤节点前只有一个紧前工作D，因而根据工作D的最早完成时间直接绘制节点⑤和工作D；因为⑥节点前有两个紧前工作D和E，且工作E最早完成时间（工作箭线右端点）迟于（右于）工作D，因而节点⑥的位置应定在工作E箭线的右端点处，而虚工作5—6因为其⑤节点和⑥节点不在同一时间刻度上，应竖向绘出虚工作，不足部分用波形线补足，如图3-35所示。

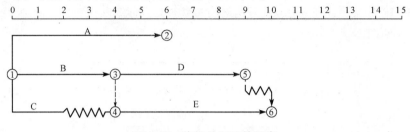

图3-35 直接绘制法第三步

(4)绘制终点节点⑦和结束工作G、H、I，完成时标网络计划的绘制。因为终点节点⑦有3个紧前工作，且结束工作I的最早完成时间（工作箭线右端点）最迟，因而节点⑦的位置应定在工作I箭线的右端点处，而结束工作G和结束工作H，其箭线长度不够⑦节点位置，即用波形线补足。最后得到双代号时标网络图，如图3-36所示。

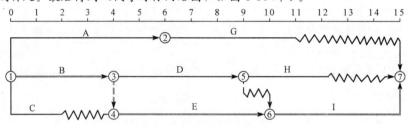

图3-36 双代号时标网络图

3.3.4 时标网络计划时间参数的确定

时标网络计划时间参数和关键线路的确定过程，实际上也是一个阅读时标网络计划的过程。下面以图3-36为例来说明。

1. 关键线路和计算工期的判定

(1)关键线路的判定。从网络计划的终点节点开始，逆着箭线方向进行判定。凡自始至终不出现波形线的线路即为关键线路。因为不出现波形线，就说明在这条线路上相邻两项工作之间的时间间隔全部为零，也就是在计算工期等于计划工期的前提下，这些工作的总时差和自由时差全部为零，例如图3-36中双箭线所示的线路就是关键线路。

(2)计算工期的判定。网络计划的计算工期应等于终点节点所对应的时标值与起点节点所对应的时标值之差（对于计算时间坐标轴而言），即 $T_c = 15 - 0 = 15$。

2. 相邻两项工作之间的时间间隔的判定

工作与其紧后工作之间波形线的水平投影长度表示它们之间的时间间隔，一般分两种情况：其一，工作箭线右端波形线的水平投影长度表示工作与其紧后工作之间的时间间隔；其二，虚工作上的波形线水平投影长度则表示与该虚工作相邻的前后工作之间的时间间隔。例如图3-36中，工作C与E之间的时间间隔为2，工作D与I之间的时间间隔为1，其余工作之间的时间间隔都为 0。

3. 工作六个时间参数的判定

(1)工作最早开始时间与最早完成时间的判定。

工作最早开始时间：工作箭线左端节点中心所对应的时标值为该工作最早开始时间。

工作最早完成时间：当工作箭线不存在波形线时，其右端节点中心所对应的时标值即为最早完成时间；当工作箭线存在波形线时，其箭线部分右端点所对应的时标值为最早完成时间。图 3-36 中各项工作的最早开始时间与最早完成时间判定结果见表 3-6。

表 3-6　图 3-36 所示时标网络计划的时间参数表

工作代号	工作名称	时间参数							
		工作持续时间(D)	最早开始时间(ES)	最早完成时间(EF)	自由时差(FF)	总时差(TF)	最迟开始时间(LS)	最迟完成时间(LF)	关键工作
1—2	A	6	0	6	0	4	4	10	否
1—3	B	4	0	4	0	0	0	4	是
1—4	C	2	0	2	2	2	2	4	否
3—5	D	5	4	9	0	1	5	10	否
4—6	E	6	4	10	0	0	4	10	是
2—7	G	5	6	11	4	4	10	15	否
5—7	H	3	9	12	3	3	12	15	否
6—7	I	5	10	15	0	0	10	15	是

(2)工作自由时差的判定。以终点节点为完成节点的结束工作，其自由时差应等于计划工期与工作最早完成时间之差，即

$$FF_{i-n} = T_p - EF_{i-n}$$

式中　FF_{i-n}——结束工作的自由时差；

T_p——网络计划的计划工期；

EF_{i-n}——结束工作的最早完成时间。

当网络计划的计划工期等于计算工期时，结束工作波形线的水平投影长度即为该工作的自由时差。

其他工作的自由时差等于其与其紧后工作之间时间间隔的最小值，即

$$FF_{i-j} = \min(LAG_{i-j,j-k}) \tag{3-16}$$

图 3-36 中各项工作的自由时差的判定结果见表 3-6。

(3)工作总时差的判定。工作总时差的判定应从网络计划的终点节点开始，逆着箭线方向依次进行。

以终点节点为箭头节点的工作，其总时差应等于计划工期与本工作最早完成时间之差，即

$$TF_{i-n} = T_p - EF_{i-n}$$

式中　TF_{i-n}——以网络计划终点节点为完成节点的结束工作的总时差；

T_p——网络计划的计划工期；

EF_{i-n}——以网络计划终点节点 n 为完成节点的结束工作的最早完成时间。

当网络计划的计划工期等于计算工期时，结束工作波形线的水平投影长度即为该工作的总时差。

其他工作的总时差等于其紧后工作的总时差加本工作与该紧后工作之间的时间间隔所得之和的最小值，即

$$TF_{i-j} = \min(TF_{j-k} + LAG_{i-j,j-k}) \tag{3-17}$$

式中　TF_{i-j}——工作 $i-j$ 的总时差；

TF_{j-k}——工作 $i-j$ 的紧后工作 $j-k$(不包括虚工作)的总时差；

$LAG_{i-j,j-k}$——工作 $i-j$ 与其紧后工作 $j-k$(不包括虚工作)之间的时间间隔。

图 3-36 中各项工作的总时差计算结果见表 3-6。

(4)工作最迟开始时间和最迟完成时间的判定。

工作最迟开始时间等于本工作的最早开始时间与其总时差之和，即

$$LS_{i-j}=ES_{i-j}+TF_{i-j} \tag{3-18}$$

工作最迟完成时间等于本工作的最早完成时间与其总时差之和，即

$$LF_{i-j}=EF_{i-j}+TF_{i-j} \tag{3-19}$$

图 3-36 中各项工作的最迟开始时间和最迟完成时间计算结果见表 3-6。

3.3.5　形象进度计划表

形象进度计划表是建设工程进度计划的一种表达方式。它包括工作日形象进度计划表和日历形象进度计划表。

1. 工作日形象进度计划表

工作日形象进度计划表是一种根据带有工作日坐标体系的时标网络计划编制的工程进度计划表。根据图 3-37 所示时标网络计划编制的工作日形象进度计划表见表 3-7。

2. 日历形象进度计划表

日历形象进度计划表是一种根据带有日历坐标体系的时标网络计划编制的工程进度计划表，其形式见表 3-8。请根据图 3-37 所示的时标网络图，将表 3-8 填写完整。

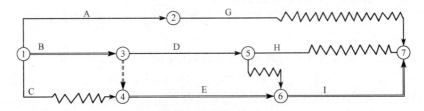

图 3-37　双代号时标网络图

表 3-7　工作日形象进度计划表

工作代号	工作名称	工作持续时间	最早开始时间	最早完成时间	自由时差	总时差	最迟开始时间	最迟完成时间	关键工作
1—2	A	6	1	6	0	4	5	10	否
1—3	B	4	1	4	0	0	1	4	是
1—4	C	2	1	2	2	2	3	4	否
3—5	D	5	5	9	0	1	6	10	否
4—6	E	6	5	10	0	0	5	10	是
2—7	G	5	7	11	4	4	11	15	否
5—7	H	3	10	12	3	3	13	15	否
6—7	I	5	11	15	0	0	11	15	是

表 3-8　日历形象进度计划表

工作代号	工作名称	工作持续时间	最早开始日期	最早完成日期	自由时差	总时差	最迟开始日期	最迟完成日期	关键工作
1—2	A	6	3月4日	3月11日	0	4	3月8日	3月15日	否
1—3	B	4							
1—4	C	2							
3—5	D	5							
4—6	E	6							
2—7	G	5							
5—7	H	3							
6—7	I	5							

项目 3.4　单代号网络计划

3.4.1　单代号网络图的基本概念

以一个带编号的节点表示一项工作，以箭线表示工作之间的逻辑关系的网络图称为单代号网络图。在单代号网络图中加注工作名称和持续时间就形成单代号网络图，如图 3-38 所示。

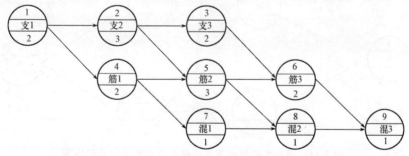

图 3-38　单代号网络图

单代号网络图的基本组成要素为节点、箭线和线路。

1. 节点

单代号网络图中，用一个节点表示一项工作。节点一般用圆圈或方框表示，工作的名称、持续时间及工作的代号标注于节点内，如图 3-39 所示。

2. 箭线

单代号网络图中的箭线表示相邻工作之间的逻辑关系。单代号网络图只有实箭线，没有虚箭线。

3. 线路

与双代号网络图中线路的含义相同，单代号网

图 3-39　单代号网络图中工作的表示法

络图的线路是指从起点节点至终点节点，沿箭线方向顺序经过一系列箭线与节点所形成的若干条通路。其中持续时间最长的线路为关键线路，其余的线路称为非关键线路。

3.4.2 单代号网络图绘制

1. 单代号网络图的绘制规则

(1)网络图的节点宜用圆圈或矩形表示。单代号网络图的节点所表示的工作代号应标注在节点内。

(2)当有多项工作同时开始或有多项工作同时结束时，应在网络图的两端分别设置一项虚拟工作，作为该网络图的起点节点或终点节点，即开始虚工作或结束虚工作，如图3-40所示。但当只有一项起始工作或一项结束工作时，就不应设置开始虚工作或结束虚工作，如图3-41所示。

其余绘制规则与双代号网络图绘制规则相同。

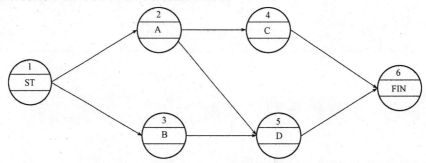

图3-40 具有虚拟起点节点或终点节点的单代号网络图

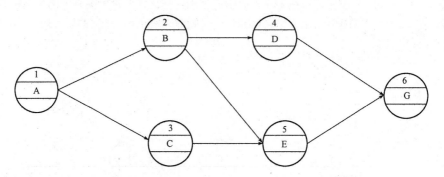

图3-41 没有虚拟起点节点或终点节点的单代号网络图

2. 单代号网络图的绘制方法和步骤

(1)当开始工作有多项时，应增设一个开始虚工作作为网络图的起始节点。

(2)当结束工作有多项时，应增加一个结束虚工作作为网络图的结束节点。

其余与双代号网络图相似。

单代号网络图与双代号网络图只是表现形式不同，它们所表达的内容则完全一样。

【例3-8】已知网络图的资料同例3-1，试绘制单代号网络图。

【解】从例3-1的图3-17(各项工作的逻辑关系图)中可知，该网络计划有两项开始工作，因而应引入一个开始虚工作；有三项结束工作，因而应引入一个结束虚工作。根据其逻辑关系绘得其单代号网络图如图3-42所示。

对比图3-18与图3-42可知，它们表达的是同一项计划内容，只不过采用了不同的表达方式。

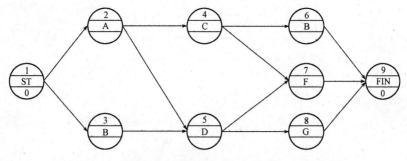

图 3-42 例 3-8 单代号网络图

3.4.3 单代号网络计划时间参数的计算

1. 单代号网络计划时间参数的表示

单代号网络计划时间参数的概念同双代号网络计划。

(1)工作最早开始时间用 ES_i 表示，且规定 $ES_1=0$。

(2)工作最早完成时间用 EF_i 表示。

(3)工作最迟开始时间用 LS_i 表示。

(4)工作最迟完成时间用 LF_i 表示，且规定：

1)若没有规定计划工期 T_p，则终点节点的最迟时间等于计算工期 T_c，即 $LF_n=T_c$。

2)若有规定计划工期 T_p，则终点节点的最迟时间等于规定计划工期 T_p，即 $LF_n=T_p$。

(5)工作的总时差用 TF_i 表示。

(6)工作的自由时差用 FF_i 表示。

(7)相邻工作的时间间隔用 $LAG_{i,j}$ 表示。

2. 单代号网络计划时间参数的计算方法

这里仍然用图上计算来介绍单代号网络计划时间参数的计算过程，其图上表示方法如图 3-43 所示。

下面通过例 3-9 来说明单代号网络计划时间参数的计算方法和步骤。

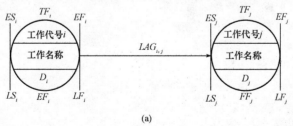

(a)

(b)

图 3-43 单代号网络计划时间参数的标注形式

(a)表示方法(一)；(b)表示方法(二)

【例 3-9】试计算图 3-44 所示单代号网络图的时间参数，确定工期并标出关键线路。

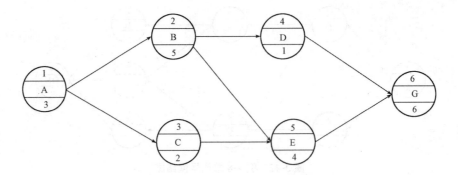

图 3-44 单代号网络图

【解】本例可采用图上计算法，将计算结果逐一标注在图上。其计算方法和步骤如下：

(1)计算 ES_i 与 EF_i。从开始节点开始，顺箭线方向计算：

令 $ES_1 = 0$，则

$$ES_j = \max(ES_i + D_i) = \max(EF_i) \tag{3-20}$$

$$EF_i = ES_i + D_i \tag{3-21}$$

$$T_c = EF_n$$

本例中：开始工作 A 的最早开始时间 $ES_1 = 0$；最早完成时间 $EF_1 = 0 + 3 = 3$。

其他工作的 ES_j 和 EF_i 按式(3-19)和式(3-20)，如工作 E 的最早开始时间和最迟完成时间分别为 $ES_5 = \max(EF_2, EF_3) = \max(8, 5) = 8$，$EF_5 = ES_5 + D_5 = 8 + 4 = 12$。

计算工期 $T_c = EF_n = EF_6 = 18$。

(2)计算相邻工作之间的时间间隔 $LAG_{i,j}$。

$$LAG_{i,j} = ES_j - EF_i \tag{3-22}$$

本例中，$LAG_{3,5} = ES_5 - EF_3 = 8 - 5 = 3$；$LAG_{4,6} = ES_6 - EF_4 = 12 - 9 = 3$；其他工作之间的时间间隔为 0。

(3)确定网络计划的计划工期。若缺，则令 $T_p = T_c$。

本例中 $T_p = T_c = 18$。

(4)计算 TF_i 与 FF_i。

TF_i：从结束节点开始，逆箭线方向计算。

结束工作的总时差 TF_n：

$$TF_n = T_p - T_c \tag{3-23}$$

其他工作的总时差 TF_i：

$$TF_i = \min(LAG_{i,j} + TF_j) \tag{3-24}$$

FF_{i-j}：

结束工作：

$$FF_n = T_p - EF_n$$

其他工作：

$$FF_i = \min(LAG_{i,j}) \tag{3-25}$$

本例中，结束工作的总时差和自由时差分别为

$$TF_n = TF_6 = T_p - EF_6 = 18 - 18 = 0 = FF_n = FF_6$$

其他工作的总时差和自由时差按公式(3-23)和式(3-24)计算，如工作 B 的总时差和自由时差分别为

$$TF_2 = \min(LAG_{i,j} + TF_j) = \min(LAG_{2,4} + TF_4, LAG_{2,5} + TF_5) = \min(0 + 3, 0 + 0) = 0$$

$$FF_2 = \min\{LAG_{i,j}\} = \min\{LAG_{2,4}, LAG_{2,5}\} = \min\{0, 0\} = 0$$

(5)计算 LF_i 与 LS_i。

1)根据总时差计算：

$$LF_i = TF_i + EF_i \tag{3-26}$$

$$LS_i = TF_i + ES_i \tag{3-27}$$

本例中，工作D的最迟时间完成和最迟开始时间分别为

$$LF_4 = TF_4 + EF_4 = 3 + 9 = 12; \quad LS_4 = TF_4 + ES_4 = 3 + 8 = 11$$

2）根据计划工期计算：

由 $LF_n = T_p$ 得
$$LS_i = LF_i - D_i \tag{3-28}$$

$$LF_i = \min(LF_j - D_j) = \min(LS_j) \tag{3-29}$$

（6）确定关键工作和关键线路。

关键工作的判定：若 $T_c = T_p$，则时差为0的工作为关键工作；若 $T_c < T_p$，则总时差最小的工作为关键工作。

关键线路的判定：

1）利用关键工作确定关键线路。从结束节点开始，递箭线方向连接总时差为0或总时差最小的工作（关键工作），至开始节点，形成的线路就是关键线路。

2）利用相邻工作之间的时间间隔确定关键线路。从网络计划的终点结点开始，递箭线方向找出相邻两项工作之间时间间隔为0的路线就是关键线路。

本例计算结果如图3-45所示。

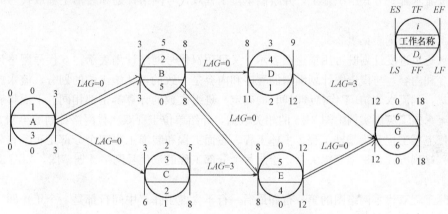

图3-45　单代号网络计划时间参数计算

3.4.4　单代号网络计划的优点

（1）单代号网络图绘制方便，不必增加虚工作。这一点弥补了双代号网络图的不足，所以，在国外，特别是欧洲新发展起来的几种形式的网络计划，如决策网络计划（DCPM）、图示评审技术（GERT）等都是采用单代号表示法表示的。

（2）根据使用者反映，单代号网络图具有便于说明，容易被非专业人员所理解和易于修改的优点。这对于推广应用统筹法编制工程进度计划，进行全面科学管理是有益的。

（3）在应用电子计算机进行网络计算和优化的过程中，人们认为：双代号网络图更为简便，这主要是由于双代号网络图中用两个节点代表一项工作，这样可以自然地直接反映出其紧前工作或紧后工作的关系，而单代号网络图就必须按工作逐个列出其直接紧前或紧后工作，也即采用所谓自然排序的方法来检查其紧前、紧后工作关系，需在计算机中占用更多的存储单元。但是，通过已有的计算程序计算，两者的运算时间和费用的差额是很小的。

既然单代号网络图具有上述优点，为什么人们还要继续使用双代号网络图呢？这主要是因为一个"习惯问题"。人们首先接受和采用的是双代号网络图，其推广时间较长，这是其原

因之一；另一个重要原因是用双代号时标网络计划表示工程进度比用单代号网络计划更为直观形象。

》》项目 3.5　网络计划应用实例

实例概况同项目 2.4：某住宅楼工程，平面为四个标准单元组合，位于湖南某市区，施工采用组合钢模板及钢管脚手架，垂直运输机械采用井字架。工程概况如下：砖混结构，建筑面积 3 300 m²；建筑层数为 5 层；钢筋混凝土条形基础；主体工程，楼板及屋面板均采用预制空心板，设构造柱和圈梁；装修工程，铝合金窗、胶合板门，外墙面砖，规格为 150 mm×75 mm；内墙中级抹灰加 106 涂料；屋面工程，屋面板上做 20 mm 厚水泥砂浆找平层，再用热熔法做 SBS 防水层。

本工程开工日期为 2015 年 5 月 3 日，竣工日期为 2015 年 9 月 30 日（工期可以提前，但不能拖后）。

请按流水施工方式组织施工，并绘制单位工程双代号网络计划和装饰工程双代号时标网络计划。

其工程量一览表见表 2-3。

流水施工进度计划既可用横道图表示，又可用双代号网络计划表示。双代号网络计划编制的程序和内容，与横道图计划编制的程序和内容是一致的，从施工段的划分，流水施工的组织方式，到流水节拍（工作持续时间）的确定、班组人数的计算等全都相同。下面将利用项目 2.4 流水施工应用实例中图 2-16 的相关数据，介绍单位工程双代号网络计划的绘制方法。

该住宅楼工程分为基础工程、主体工程、屋面工程和装饰工程四个分部工程。首先，按施工过程排列方式，根据逻辑关系，绘制每个分部工程的双代号网络计划草图，如图 3-46 至图 3-48 所示。

实际工程双代号网络图的第一行和最后一行不含虚工作，中间行都是一个工作间一个虚工作排列。绘第一行（第一个施工过程或第一个施工段）的工作时，其工作箭线的长度应是中间行工作箭线长度的 2 倍（不含开始工作）；绘中间行时，按"一实一虚"，即一实工作后面紧跟一横向虚工作绘制，这样绘出每一个施工过程（或施工段），注意图形排列时应根据逻辑关系从左往右错动，再按逻辑关系用竖向虚工作将上下各个紧前紧后工作联系起来。

其次，将正确的各分部工程网络计划草图按逻辑关系进行搭接，形成单位工程双代号网络计划。在连接的过程中，要注意不要有多余的节点和虚工作，两个节点间也不应出现两条箭线。在保证网络计划准确无误后，最后再按"从左至右，从上至下，节点编号由小到大"的原则给网络计划各节点统一编号。某住宅楼工程双代号网络计划如图 3-49 所示。

按直接绘制法绘制装饰工程双代号时标网络图，如图 3-50 所示。

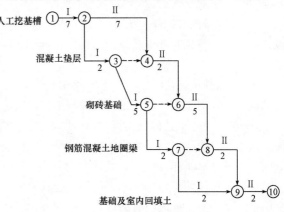

图 3-46　某住宅楼基础工程双代号网络计划草图

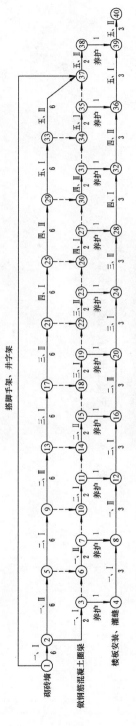

图 3-47 某住宅楼主体工程双代号网络计划草图

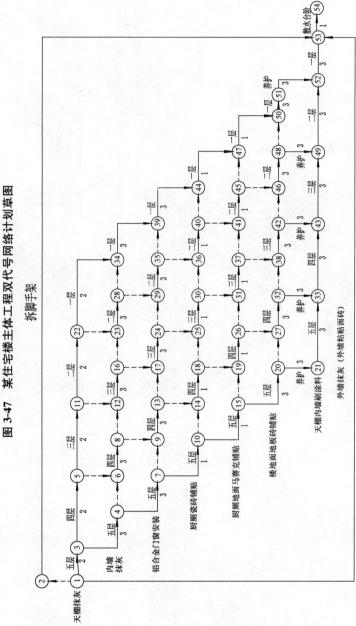

图 3-48 某住宅楼装饰工程双代号网络计划草图

30

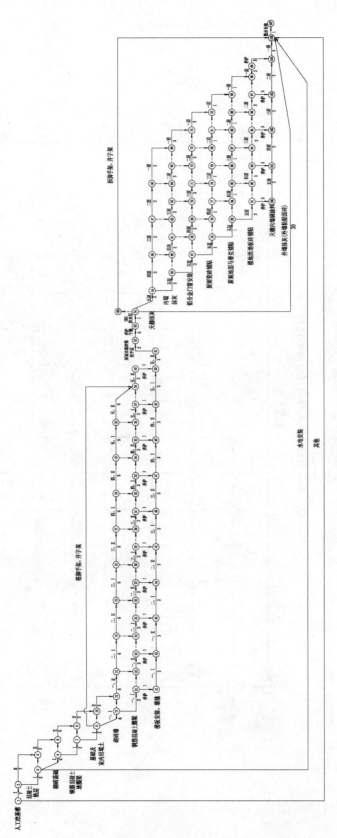

图 3-49　某住宅楼工程双代号网络计划草图

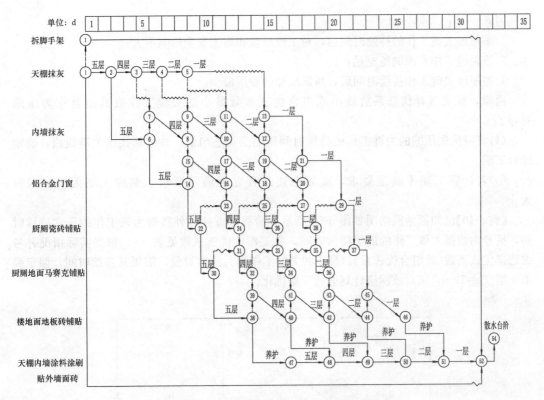

图 3-50 某住宅楼装饰工程双代号时标网络图

>>> **项目 3.6　网络计划的优化**

网络计划的优化是指在一定的约束条件下，按照既定目标对网络计划进行不断的调整和完善，直到寻找出满意的结果。根据既定目标的不同，网络计划的优化分为工期优化、资源优化和费用优化三类。

3.6.1　工期优化

1. 工期优化的基本原理

工期优化就是通过压缩计算工期，以达到既定工期目标，或在一定约束条件下，使工期最短的过程。

工期优化一般是通过压缩关键线路（关键工作）的持续时间来满足工期要求的。在优化过程中，要保证被压缩的关键工作不能变为非关键工作，压缩后使之仍能控制住工期。当出现多条关键线路且需压缩关键线路支路上的关键工作时，必须将各支路上对应关键工作的持续时间同步压缩某一数值。

2. 工期优化的方法与步骤

(1) 找出关键线路，求出计算工期 T_c。

(2) 根据要求工期 T_r，计算出应缩短的时间 $\Delta T = T_c - T_r$。

(3) 缩短关键工作的持续时间。在选择应优先压缩工作持续时间的关键工作时，须考虑下列因素：

  1)缩短该关键工作的持续时间后，对工程质量和施工安全影响不大；

  2)该关键工作资源储备充足；

  3)缩短该关键工作持续时间后，所需增加的费用最少。

  通常，优先选择优选系数最小或组合优选系数最小的关键工作或其组合作为压缩对象。

  (4)将应优先压缩的关键工作的持续时间压缩至某适当值，并重新找出关键线路，确定计算工期。

  (5)若计算工期不满足要求，重复上述过程直至满足要求工期或工期无法再缩短为止。

  【例3-10】已知原始网络图如图3-51所示。箭线下方括号外数据为该工作的正常持续时间，括号内数据为该工作的最短持续时间，各工作的优选系数见表3-9。根据实际情况并考虑选择优选系数(或组合优选系数)最小的关键工作作为压缩对象，缩短其持续时间。假定要求工期 $T_r = 19\ d$ ，试对该网络计划进行工期优化。

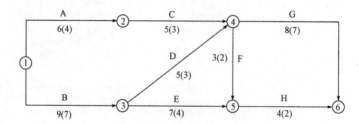

图 3-51 原始网络图

表格 3-9　各工作的优选系数

工作	A	B	C	D	E	F	G	H
优选系数	7	8	5	2	6	4	1	3

  【解】

  (1)确定关键线路和计算工期。

  原始网络计划的关键线路和工期 $T_c = 22\ d$ ，如图3-52所示。

  (2)计算应缩短工期。

$$\Delta T = T_c - T_r = 22 - 19 = 3(d)$$

  (3)第一轮压缩：所有压缩方案中，只有工作G的优选系数最小，因而将工作G作为压缩对象，其持续时间压缩1 d，找出关键线路和工期，如图3-53所示， $T_c = 21\ d$ ，不满足既定工期目标，应继续压缩。

  (4)第二轮压缩：所有压缩方案中，除工作G外，只有工作D的优选系数最小，因而将工作D作为压缩对象，从理论上来说，其持续时间可压缩2 d，但压缩2 d后发现，关键工作D所在的线路不再是关键线路，原来的关键工作D成为非关键工作，这与工程现实情况不符，因而将工作D的持续时间压缩1 d，压缩结果如图3-54所示， $T_c = 20\ d$ ，仍不满足既定工期目标，应继续压缩。

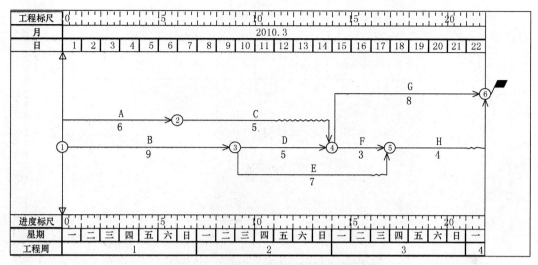

图 3-52 原始网络计划的关键线路和工期

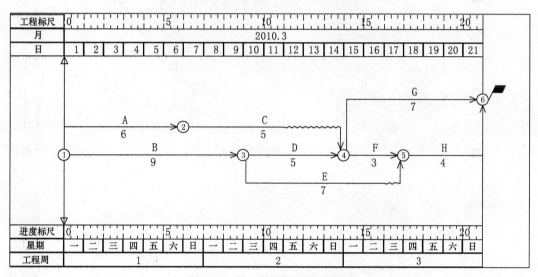

图 3-53 第一轮压缩后的网络图

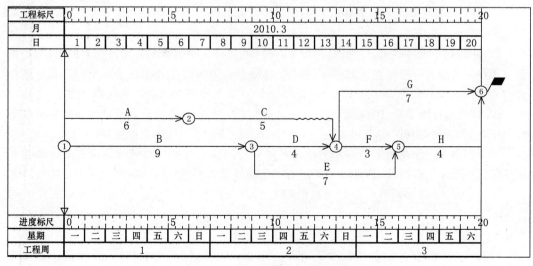

图 3-54 第二轮压缩后的网络图

(5)第三轮压缩：所有压缩方案中，最优压缩方案应为将工作 D、H 同步压缩 1 d，压缩结果如图 3-55 所示，$T_c=19$ d，满足满足要求工期。最终优化结果见图 3-55。

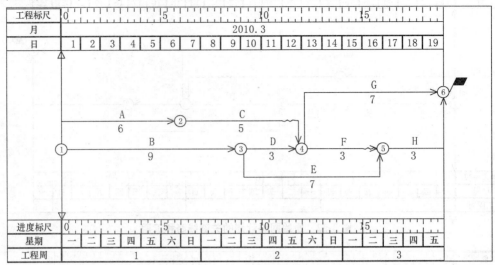

图 3-55　工期优化后的网络图

3.6.2　资源优化

在进度计划执行过程中所需的人力、材料、机械设备和资金等统称为资源。资源优化的目标是通过调整进度计划中某些工作的开始时间和完成时间，使资源按照时间的分布满足优化目标。

在通常情况下，网络计划的资源优化分为两种，即资源有限-工期最短的优化和工期固定-资源均衡的优化。

1. 资源有限-工期最短的优化

资源有限-工期最短的优化是指在满足资源限制的条件下，通过调整某些工作的作业开始时间，使工期不延误或延误最少。

优化步骤如下：

(1)按照各项工作的最早开始时间安排进度计划，并计算网络计划每个时间单位的资源需用量。

(2)从计划开始日期起，逐个检查每个时段(每个时间单位资源需用量相同的时间段)资源需用量是否超过资源限量。如果某个时段的资源需用量超过资源限量，则须进行计划的调整。

(3)分析超过资源限量的时段。如果在该时段内有几项工作平行作业，则采取将一项工作安排在与之平行的另一项工作之后进行的方法，以降低该时段的资源需用量。

对于两项平行作业的工作 m 和工作 n 来说，为了降低相应时段的资源需用量，现将工作 n 安排在工作 m 之后进行(图 3-56)，则网络计划的工期增量为

$$\Delta T_{m,n}=EF_m+D_n-LF_n$$
$$=EF_m-(LF_n-D_n)$$
$$=EF_m-LS_n \tag{3-30}$$

这样，在有资源冲突的时段中，对平行作业的工作进行两两排序，即可得出若干个

$\Delta T_{m,n}$，选择其中最小的 $\Delta T_{m,n}$，将相应的工作 n 安排在工作 m 之后进行，既可降低该时段的资源需用量，又使网络计划的工期增量最小。

(4)对调整后的网络计划安排重新计算每个时间单位的资源需用量。

(5)重复上述(2)～(4)步，直至网络计划任意时间单位的资源需用量均不超过资源限量。

【例 3-11】已知某工程双代号时标网络计划如图 3-57 所示，图中箭线上方( )内数字为工作的资源强度，箭线下方数字为工作持续时间。假定资源限量 $R_a = 12$，试对其进行资源有限-工期最短的优化。

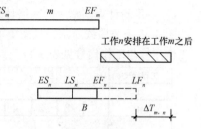

图 3-56　工作 n 安排在工作 m 之后

【解】

(1)计算网络计划每个时间单位的资源需用量，绘出资源需用量分布曲线，即图 3-57 下方所示曲线。

(2)从计划开始日期起，经检查发现第一个时段[1, 3]存在资源冲突，即资源需用量超过资源限量，故应首先对该时段进行调整。

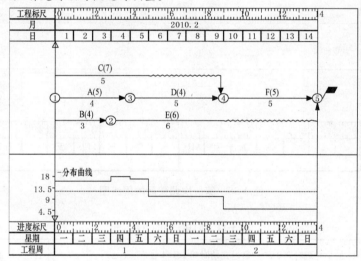

图 3-57　初始网络图

(3)在时段[1, 3]有工作 C、工作 A 和工作 B 三项工作平行作业，利用式(3-30)计算 ΔT 值，其计算结果见表 3-10。

表 3-10　在时段[1, 6]中计算 ΔT 值

工作名称	工作序号	最早完成时间 EF	最迟开始时间 LS	$\Delta T_{1,2}$	$\Delta T_{1,3}$	$\Delta T_{2,1}$	$\Delta T_{2,3}$	$\Delta T_{3,1}$	$\Delta T_{3,2}$
C	1	5	4	5	0				
A	2	4	0			0	−1		
B	3	3	5					−1	3

由表 3-10 可知，工期增量 $\Delta T_{2,3} = \Delta T_{3,1} = -1$ 最小，说明将 3 号工作(工作 B)安排在 2 号工作(工作 A)之后或将 1 号工作(工作 C)安排在 3 号工作(工作 B)之后工期不延长。但从资

源强度来看，应以选择将 3 号工作(工作 B)安排在第 2 号工作(工作 A)之后进行为宜。因此，将工作 B 安排在工作 A 之后，调整后的网络图如图 3-58 所示，工期不变。

(4)重新计算调整后的网络计划每个时间单位的资源需用量，绘出资源需用量分布曲线，如图 3-58 下方曲线所示。从图中可知，在第二个时段[5]存在资源冲突，故应该调整该时段。工作序号与工作代号见表 3-11。

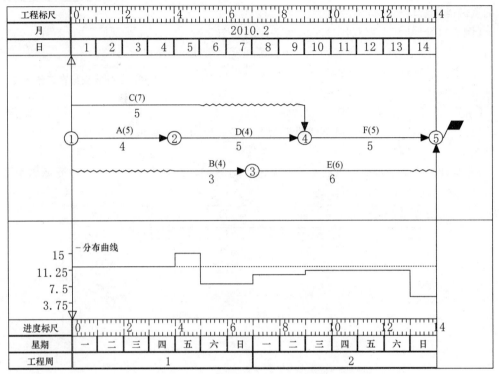

图 3-58　第一次调整后的网络图

表 3-11　时段[5]的 $\Delta T_{m,n}$ 表

工作代号	工作序号	最早完成时间 EF	最迟开始时间 LS	$\Delta T_{1,2}$	$\Delta T_{1,3}$	$\Delta T_{2,1}$	$\Delta T_{2,3}$	$\Delta T_{3,1}$	$\Delta T_{3,2}$
C	1	5	4	1	0				
D	2	9	4			5	4		
B	5	7	5					3	3

(5)在时段[5]有工作 C、D 和工作 B 三项工作平行作业。对平行作业的工作进行两两排序，可得出 $\Delta T_{m,n}$ 的组合数为 $3 \times 2 = 6$ 个，见表 3-11。选择其中最小的 $\Delta T_{m,n}$，即 $\Delta T_{1,3} = 0$，故将相应的工作 B 移到工作 C 后进行，因 $\Delta T_{1,3} = 0$，工期不延长，如图 3-59 所示。

(6)重新计算调整后的网络计划每个时间单位的资源需要量，并绘出资源需用量分布曲线，如图 3-59 下方曲线所示。由于此时整个工期范围内的资源需用量均未超过资源限量，因此图 3-59 所示网络计划即为优化后的最终网络计划，其最短工期为 14 d。

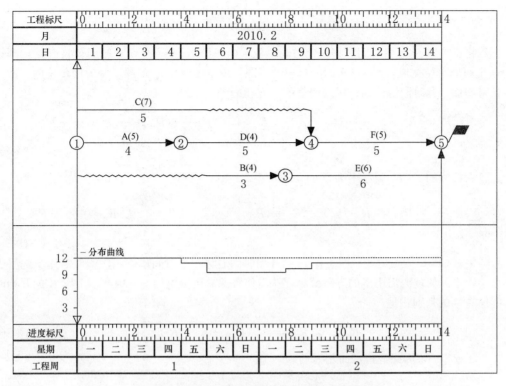

图 3-59　第二次调整后的网络图(最终优化结果)

2. 工期固定-资源均衡的优化

在工期保持不变的条件下，尽量使资源需用量保持均衡。这样既有利于工程施工组织与管理，又有利于降低工程施工费用。

工期固定-资源均衡的优化方法有多种，这里仅介绍方差值最小法。

(1)方差值最小法。对于某已知网络计划的资源需用量，其方差为

$$\sigma^2 = \frac{1}{T} \sum_{t=1}^{T} (R_t - R_m)^2 \qquad (3\text{-}31)$$

式中　σ^2——资源需用量方差；

　　　T——网络计划的计算工期；

　　　R_t——第 t 个时间单位的资源需用量；

　　　R_m——资源需用量的平均值。

对式(3-31)进行简化可得

$$\sigma^2 = \frac{1}{T} \sum_{t=1}^{T} (R_t - R_m)^2$$
$$= \frac{1}{T} \sum_{t=1}^{T} R_t^2 - R_m^2 \qquad (3\text{-}32)$$

分析：若要使资源需用量尽可能均衡，必须使 σ^2 为最小。而工期 T 和资源需用量的平均值 R_m 均为常数，故而可以得出 $\sum_{t=1}^{T} R_t^2$ 为最小。

对于网络计划中某项工作 K 而言，其资源强度为 γ_K。在调整计划前，工作 K 从第 i 个时间单位开始，到第 j 个时间单位完成，则此时网络计划资源需用量的平方和为

$$\sum_{t=1}^{T} R_{t0}^2 = R_1^2 + R_2^2 + \cdots R_i^2 + R_{i+1}^2 + \cdots + R_j^2 + R_{j+1}^2 + \cdots + R_T^2 \tag{3-33}$$

若将工作 K 的开始时间右移一个时间单位，即工作 K 从第 $i+1$ 个时间单位开始，到第 $j+1$ 个时间单位完成，则第 i 个时间单位的资源需用量将减少，第 $j+1$ 个时间单位的资源需用量将增加。此时网络计划资源需用量的平方和为

$$\sum_{t=1}^{T} R_{t1}^2 = R_1^2 + R_2^2 + \cdots (R_i - \gamma_K)^2 + R_{i+1}^2 + \cdots + R_j^2 + (R_{j+1} + \gamma_K)^2 + \cdots + R_T^2 \tag{3-34}$$

将右移后的 $\sum\limits_{t=1}^{T} R_{t1}^2$ 减去移动前的 $\sum\limits_{t=1}^{T} R_{t0}^2$ 得

$$\sum_{t=1}^{T} R_{t1}^2 - \sum_{t=1}^{T} R_{t0}^2 = (R_i - \gamma_K)^2 - R_i^2 + (R_{j+1} + \gamma_K)^2 - R_{j+1}^2 = 2\gamma_K(R_{j+1} + \gamma_K - R_i) \tag{3-35}$$

如果式(3-35)为负值，说明工作 K 的开始时间右移一个时间单位能使资源需用量的平方和减小，也就使资源需用量的方差减小，从而使资源需用量更均衡。因此，工作 K 的开始时间能够右移的判别式是

$$\sum_{t=1}^{T} R_{t1}^2 - \sum_{t=1}^{T} R_{t0}^2 = 2\gamma_K(R_{j+1} + \gamma_K - R_i) \leqslant 0 \tag{3-36}$$

由于 $\gamma_K > 0$，因此上式可简化为

$$\Delta = (R_{j+1} + \gamma_K - R_i) \leqslant 0 \tag{3-37}$$

式中 Δ——资源变化值 $\left[\left(\sum\limits_{t=1}^{T} R_{t1}^2 - \sum\limits_{t=1}^{T} R_{t0}^2 \right) / 2\gamma_K \right]$。

在优化过程中，使用判别式(3-36)的时应注意以下几点：

①如果工作右移 1 个单位时间的资源变化值 $\Delta \leqslant 0$，即 $(R_{j+1} + \gamma_K - R_i) \leqslant 0$，说明可以右移；

②如果工作右移 1 个单位时间的资源变化值 $\Delta > 0$，即 $(R_{j+1} + \gamma_K - R_i) > 0$，并不说明工作不可以右移，可以在时差范围内尝试继续右移 n 个单位时间：

a. 当右移第 n 个单位时间的资源变化值 $\Delta_n < 0$ 且总资源变化值 $\sum \Delta \leqslant 0$，即 $(R_{j+1} + \gamma_K - R_i) + (R_{j+2} + \gamma_K - R_{i+1}) + \cdots + (R_{j+n} + \gamma_K - R_{i+n-1}) \leqslant 0$ 时，可以右移 n 个单位时间。

b. 当右移 n 个单位时间的过程中始终是总资源变化值 $\sum \Delta > 0$，即 $\sum \Delta > 0$ 时，不可以右移。

(2)工期固定-资源均衡优化步骤。

1)绘制时标网络计划，计算资源需用量。

2)计算资源均衡性指标，用均方差值来衡量资源均衡程度。

3)从网络计划的终点节点开始，按非关键工作最早开始时间的后先顺序进行调整。

4)绘制调整后的网络计划。

【例 3-12】已知某工程初始双代号时标网络图如图 3-60 所示，图中箭线上方()内数字为工作的资源强度，箭线下方数字为工作持续时间。试对其进行工期固定-资源均衡的优化。

【解】为了清晰地说明工期固定-资源均衡优化的应用方法，这里通过表格来反映优化过程，如表 3-12 所示。

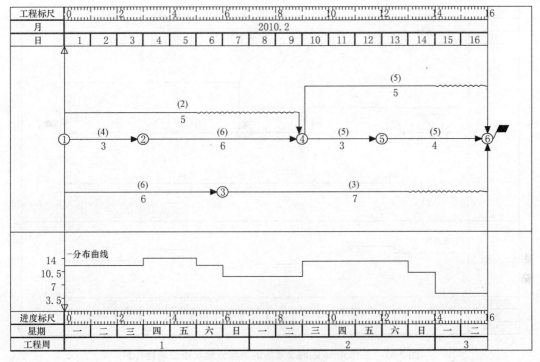

图 3-60　初始时标网络图

表 3-12　优化过程

工作	计算参数	判别式结果	能否右移
4—6	$R_{j+1}=R_{14+1}=5$ $\gamma_{4,6}=5$ $R_i=R_{10}=13$	$\Delta_1=5+5-13<0$	可右移 1 d
	$R_{j+1}=R_{15+1}=5$ $\gamma_{4,6}=5$ $R_i=R_{11}=13$	$\Delta_2=5+5-13<0$	可右移 1 d
结论	该工作可右移 2 d		

工作 4—6 右移 2 d 后的优化结果如图 3-61 所示。

同理，对于其他工作，可判别结果如下：

工作 3—6 不可移动，网络计划不变化，仍如图 3-61 所示；

工作 1—4 可右移 4 d，结果如图 3-62 所示。

第一轮优化结束后，可以判断不再有工作可以移动，优化完毕，图 3-62 即为最终的优化结果。

最后，比较优化前、后的方差值。

$$R_m=(12\times3+14\times2+12\times1+9\times3+13\times4+10\times1+5\times2)/16=10.9$$

优化前

$$\sigma^2=\frac{1}{T}\sum_{t=1}^{T}R_t^2-R_m^2$$

$$=(12^2\times3+14^2\times2+12^2\times1+9^2\times3+13^2\times4+10^2\times1+5^2\times2)/16-10.9^2$$

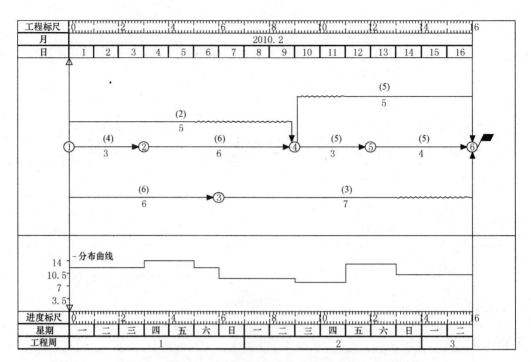

图 3-61　工作 4—6 右移 2 d 后的进度计划及资源消耗计划

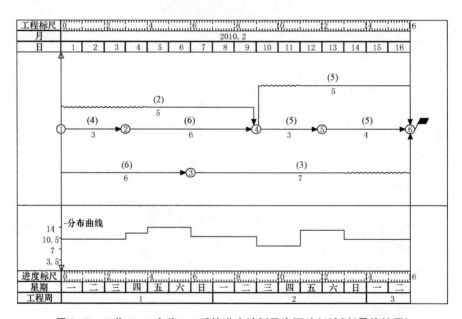

图 3-62　工作 1—4 右移 4 d 后的进度计划及资源消耗计划(最终结果)

$$=127.31-118.81$$
$$=8.5$$

优化后

$$\sigma^2 = \frac{1}{T}\sum_{t=1}^{T} R_t^2 - R_m^2$$

$$=(10^2\times3+12^2\times1+14^2\times2+11^2\times3+8^2\times2+13^2\times2+10^2\times3)/16-10.9^2$$

$$=112.81-118.81$$

$$=4.0$$

$$方差降低率=\frac{8.5-4.0}{8.5}\times100\%=52.9\%。$$

3.6.3 费用优化

1. 费用优化的概念

费用优化又称工期成本优化,按优化目标可分为两大类:

(1)寻求工程总成本费用最低的工期安排,即寻求最合理工期的计划安排。

(2)寻求要求工期下成本费用最低的计划安排。

一项工程的总费用包括直接费用和间接费用。在一定范围内,直接费用随工期的延长而减少,而间接费用则随工期的延长而增加,总费用最低点所对应的工期就是最合理工期,一般也就是费用优化所要追求的最优工期。

2. 费用优化的步骤

(1)确定正常作业条件下工程网络计划的工期、关键线路和总直接费、总间接费及总费用。

(2)计算各项工作的直接费费率。直接费费率的计算式为

$$\Delta D_{i-j}=\frac{CC_{i-j}-CN_{i-j}}{DN_{i-j}-DC_{i-j}} \tag{3-38}$$

式中 ΔD_{i-j}——工作 $i-j$ 的直接费费率;

 CC_{i-j}——工作 $i-j$ 的持续时间为最短时,完成该工作所需直接费;

 CN_{i-j}——在正常条件下,完成工作 $i-j$ 所需直接费;

 DC_{i-j}——工作 $i-j$ 的最短持续时间;

 DN_{i-j}——工作 $i-j$ 的正常持续时间。

(3)选择直接费费率(或组合直接费费率)最小并且不超过工程间接费费率的关键工作作为被压缩对象。

(4)将被压缩关键工作的持续时间适当压缩,当被压缩对象为一组工作(工作组合)时,将该组工作压缩同一数值,并重新找出关键线路。

(5)重新确定网络计划的工期、关键线路和总直接费、总间接费、总费用。

(6)重复上述(3)~(5),直至找不到直接费费率或组合直接费费率不超过工程间接费费率的压缩对象为止。此时即求出总费用最低的最合理工期(最优工期)。若优化目标为第二类,要求工期短于最合理工期,则优先选取总费用增加最少的工作(或工作组合)作为压缩对象,直至压缩至要求工期,则此时所需要的费用就是要求工期下对应的最低费用。

(7)绘制优化后的网络计划。

【例 3-13】根据表 3-13 所示资料求最低成本与相应最优工期。间接费:工期在 25 d 内完成为 60 万元,若工期超过 25 d,每天增加 5 万元。

表 3-13 某网络计划的基本资料表

工序	正常工作时间		极限工作时间	
	持续时间/d	直接费/万元	持续时间/d	直接费/万元
1—2	20	60	17	72
1—3	25	20	20	30

（续表）

工序	正常工作时间		极限工作时间	
	持续时间/d	直接费/万元	持续时间/d	直接费/万元
2—3	10	30	8	44
2—4	12	40	6	70
3—4	5	30	2	42
4—5	10	30	5	60

【解】

（1）计算各工作直接费费用率，见表 3-14。

表 3-14 各工作直接费费用率计算表

工序	正常工作时间		极限工作时间		费用率 ΔC_{i-j} /(万元·d^{-1})
	持续时间/d D_N	直接费/万元 C_N	持续时间/d D_M	直接费/万元 C_M	
1—2	20	60	17	72	4
1—3	25	20	20	30	2
2—3	10	30	8	44	7
2—4	12	40	6	70	5
3—4	5	30	2	42	4
4—5	10	30	5	60	6

（2）分别找出正常作业时间和最短持续时间网络计划中的关键线路并求出相应的计算工期，分别见图 3-63 和图 3-64。

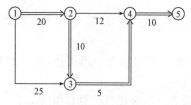

图 3-63 正常持续时间网络图

$$\sum C_N = 60 + 20 + 30 + 40 + 30 + 30$$
$$= 210（万元）$$
$$T_{CN} = 45（\text{d}）$$

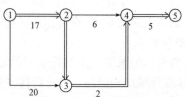

图 3-64 最短持续时间网络图

$$\sum C_M = 72 + 30 + 44 + 70 + 42 + 60$$
$$= 318（万元）$$
$$T_{CM} = 32（\text{d}）$$

（3）进行工期压缩，选直接费费率最少的关键工作优先压缩。

从表 3-11 可以看出：关键工作中 1—2 和 3—4 工作的直接费费率最小，故选其中一个工作进行压缩。若压缩 1—2 工作 3 d，则工期变为 $T_{CN1} = 45 - 3 = 42（\text{d}）$，增加的直接费 $\Delta C_1 = 4 \times 3 = 12（万元）$，总直接费 $\sum C_{N1} = 210 + 12 = 222（万元）$，第一次压缩后的网络图如图 3-65 所示。

（4）由图 3-65 可知第一次压缩后关键线路没有发生变化，在余下的关键线路中 3—4 工作的直接费用率取小，故压缩 3—4 工作 3 d，则工期变为 $T_{CN2} = 42 - 3 = 39（\text{d}）$，增加的直接费 $\Delta C_2 = 4 \times 3 = 12（万元）$，总直接费 $\sum C_{N2} = 222 + 12 = 234（万元）$，第二次压缩后的网络图如图 3-66 所示。

(5)由图 3-66 可知，第二次压缩后增加了一条关键线路，故应进行方案组合：

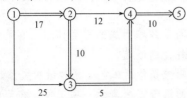
图 3-65　第一次压缩后的网络图

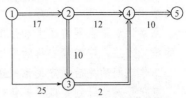
图 3-66　第二次压缩后的网络图

1)压缩 2—3 和 2—4 工作，组合费用率为 $7+5=12$（万元/d）；

2)压缩 4—5 工作，费用率为 6 万元/d；

故选方案(2)，即压缩 4—5 工作 5 d，则工期变为 $T_{CN3}=39-5=34$(d)，增加的直接费 $\Delta C_3=6\times5=30$（万元），总直接费 $\sum C_{N3}=234+30=264$（万元），第三次压缩后的网络图如图 3-67 所示。

(6)由图 3-67 可知第三次压缩后关键线路没有发生变化，只有一个方案可压缩，即压缩 2—3 和 2—4 工作各 2 d，则工期变为 $T_{CN4}=34-2=32$(d)，已经达到了最短工期，故网络图不能再压缩，第四次压缩增加的直接费 $\Delta C_4=12\times2=24$（万元），总直接费 $\sum C_{N4}=264+24=288$（万元），第四次压缩后的网络图如图 3-68 所示。

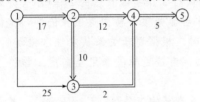
图 3-67　第三次压缩后的网络图

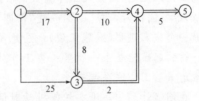
图 3-68　第四次压缩后的网络图
（最后优化结果）

(7)上述工期与费用汇总表如表 3-15 所示。

表 3-15　工期与费用汇总表

工期/d	直接费/万元	间接费/万元	总费用/万元
45	210	$60+20\times5=160$	370
42	222	$60+17\times5=145$	367
39	234	$60+14\times5=130$	364
34	264	$60+9\times5=105$	369
32	288	$60+7\times5=95$	383

由表 3-5 可知：总费用最低时所对应的总工期为 39 d，即最优工期为 39 d；若工期共缩短 $45-32=13$(d)，增加的直接费为 $288-210=78$（万元），而全部采用最短持续时间的工期也为 32 d，但所需的直接费为 318 万元，采用优化方案所需直接费为 288 万元，可节约 $318-288=30$（万元）。

模块小结

本模块阐述了网络计划技术的相关概念，双代号网络计划、双代号时标网络计划和单代号网络计划的绘制规则和方法，时间参数的计算方法，网络计划优化的类型和优化的基本方法。

网络图是由节点和箭线组成的、用来表示工作流程的有向、有序的网状图形。一个网络图表示一项计划任务。

网络计划是在网络图上加注工作名称及时间参数等而成的进度计划。它是根据既定的施工方法，按统筹安排的原则而编成的一种计划形式。

工作之间的先后顺序关系叫逻辑关系。逻辑关系包括工艺关系和组织关系。

双代号网络计划是以一条箭线及带编号的两端节点来表示一项工作，在箭线上方标注工作名称，在箭线下方标注工作持续时间的网络计划；双代号时标网络计划是以时间坐标为尺度表示工作的持续时间的双代号网络计划；单代号网络计划是以一个带编号的节点表示一项工作，以箭线表示工作之间的逻辑关系的网络计划。

工程网络计划常用如下两种排列方式：

(1)按施工过程排列，即按一个施工过程排成一行绘制网络计划，每一个施工过程划分为几个施工段，每一行就有几个工作。

(2)按施工段排列，即按一个施工段排成一行绘制网络计划，每一个施工段上划分为几个施工过程，每一行就有几个工作。

绘制实际工程双代号网络计划的技巧：双代号网络计划的第一行和最后一行不含虚工作，中间行都是一个工作间一个虚工作排列。绘第一行(第一个施工过程或第一个施工段)的工作时，其工作箭线的长度应是中间行工作箭线长度的2倍(不含开始工作)；绘中间行时，按"一实一虚"，即一实工作后面紧跟一横向虚工作绘制，这样绘出每一个施工过程(或施工段)，注意图形排列时应根据逻辑关系从左往右错动(因为每一行的起点应是上一行第一个工作的完成点)，再按逻辑关系用竖向虚工作将上下各紧前紧后工作联系起来。

在网络计划中，没有任何机动时间，即时差为零的工作(当 $T_c = T_p$ 时)，其工作的拖延都会造成计划工期的拖延，这样的工作称为关键工作。由若干关键工作连接而成的线路通路，称为关键线路。关键线路上全部工作的持续时间之和即为该网络计划的工期。一个网络计划中有一条或多条关键线路。关键线路是网络计划法的核心。把所有总时差为零($T_c = T_p$ 时)的工作或所有总时差最小($T_c < T_p$ 时)的工作连接起来形成的线路就是关键线路，一般以双箭线、粗箭线或彩色箭线表示关键线路。

时标网络计划有如下特点：以实箭线在时标轴上的正投影长度表示该工作的持续时间；不能出现竖向工作和横向虚工作；以波形线表示工作与其紧后工作之间的时间间隔。

时标网络计划兼具网络计划和横道图的优点，目前，它已经成为我国施工进度计划的普遍形式。

时标网络计划的坐标体系有计算坐标体系、工作日坐标体系和日历坐标体系三种。在工程项目施工中编制时标网络图进度计划时，常将后两种坐标体系配合起来使用。

我国常用的工程网络计划类型包括双代号网络计划、单代号网络计划、双代号时标网络计划和单代号搭接网络计划四类。

网络计划的优化是指在一定的约束条件下，按照既定目标对网络计划进行不断的调整和完善，直到寻找出满意的结果。根据既定目标的不同，网络计划的优化分为工期优化、资源优化和费用优化三类。

一、单项选择题

1. 双代号时标网络计划中不会出现( )。

    A. 竖向工作   B. 竖向虚工作   C. 时标轴   D. 波形线

2. 表达一项计划任务的双代号网络计划可以存在( )。

    A. 波形线   B. 时标轴

    C. 多个起点节点   D. 水平虚工作

3. 某工程任务由4个项目工作组成，工作A的紧后工作是工作C和工作D，工作D的紧前工作是工作A和工作B，则在图3-69中，此工程任务的双代号网络图正确的应是( )。

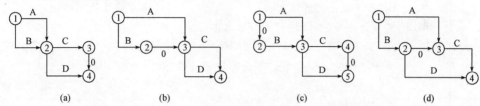

图3-69 第3题图

    A. (a)   B. (b)   C. (c)   D. (d)

4. 网络图中由于技术间歇所引起的"等待"也可以称作一项工作，不过它( )。

    A. 只消耗时间，不消耗资源   B. 不消耗时间，不消耗资源

    C. 不消耗时间，只消耗资源   D. 既消耗时间，又消耗资源

5. 网络计划的优化中，工程成本由直接费用及间接费用两部分组成，如果缩短工期，它们与工期的关系是( )。

    A. 直接费用的增加和间接费用的增加

    B. 直接费用的增加和间接费用的减少

    C. 直接费用的减少和间接费用的增加

    D. 直接费用的减少和间接费用的减少

6. 网络计划中，工作往后推移而不影响总工期的机动时间称为( )。

    A. 相邻工作的时间间隔   B. 工作的时间间隔

    C. 自由时差   D. 总时差

7. 网络计划中，工作往后推移而不影响紧后工作最早开始时间的机动时间称为( )。

    A. 相邻工作的时间间隔   B. 工作的时间间隔

    C. 自由时差   D. 总时差

8. 网络计划中，紧后工作最早开始时间与本工作的最早完成时间的差值称为( )。

    A. 相邻工作的时间间隔   B. 工作的时间间隔

    C. 自由时差   D. 总时差

9. 工期是指完成某项目工程或任务所需要的时间。它分为要求工期（合同工期）(T_r)、计划工期(T_p)和计算工期(T_c)，关于三者之间的关系，正确的是( )。

A. $T_c \leqslant T_p$，$T_p \geqslant T_r$ B. $T_c \leqslant T_p$，$T_p \leqslant T_r$

C. $T_c \geqslant T_p$，$T_p \geqslant T_r$ D. $T_c \geqslant T_p$，$T_p \leqslant T_r$

10. 双代号网络计划中，从某一节点开始的所有各项工作可能开始工作的最早时刻，称为（　　）。

    A. 节点最早时间   B. 节点最迟时间

    C. 工作最早时间   D. 工作最迟时间

11. 双代号网络计划中，以某一节点为结束点的所有各项工作必须全部完成的最迟时间，称为（　　）。

    A. 节点最早时间   B. 节点最迟时间

    C. 工作最早时间   D. 工作最迟时间

12. 在不影响整个任务按期完成的前提下，本工作必须完成的最迟时刻称为（　　）。

    A. 工作最早开始时间   B. 工作最迟开始时间

    C. 工作最早完成时间   D. 工作最迟完成时间

13. 网络计划中，总时间（TF）与自由时差（FF）之间的关系，正确的是（　　）。

    A. $TF \leqslant FF$ B. $TF < FF$ C. $FF \leqslant TF$ D. $FF > TF$

14. 关于工作的时间参数，下列表述正确的是（　　）。

    A. 工作最早开始时间是指在其所有紧前工作全部完成后，本工作必须开始的最早时刻

    B. 工作最迟开始时间是指在不影响整个任务按期完成的前提之下，本工作必须开始的最迟时刻

    C. 工作最早完成时间是指在不影响整个任务按期完成的前提之下，本工作最早必须完成的时刻

    D. 工作最迟完成时间是指在其所有紧前工作全部完成后，本工作有可能完成的最迟时刻。

15. 关于工作的总时差与自由时差，下列表述正确的是（　　）。

    A. 自由时差是指在不影响总工期的前提，本工作可以利用的机动时间

    B. 自由时差等于其紧后工作最早开始时间与本工作最早完成时间的差值

    C. 总时差是指在不影响紧后工作最早开始时间前提下，本工作可以利用的机动时间

    D. 总时差是指在不影响总工期的前提下，本工作可以利用的机动时间。

16. 双代号时标网络计划中，虚工作绘成（　　）。

    A. 水平虚箭线   B. 波浪线   C. 竖直虚箭线   D. 斜虚箭线

17. 某分部工程双代号网络计划如图 3-70 所示，其关键线路有（　　）条。

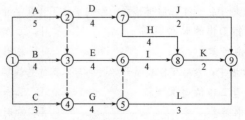

图 3-70　第 17 题图

    A. 2   B. 3   C. 4   D. 5

18. 工程网络计划中工作的自由时差和总时差均表示工作所具有的机动时间，如果计划工期等于计算工期，则（   ）。

    A. 自由时差等于总时差

    B. 自由时差大于总时差

    C. 自由时差不会超过总时差

    D. 自由时差可能大于也可能小于总时差

19. 在某工程双代号时标网络计划中，除以终点节点为完成节点的工作外，工作箭线的波形线长度表示（   ）。

    A. 工作的总时差

    B. 工作与其紧前工作之间的时间间隔

    C. 工作的持续时间

    D. 工作与其紧后工作之间的时间间隔

20. 某工程双代号时标网络计划如图 3-71 所示，其中浇板 2 的总时差为（   ）。

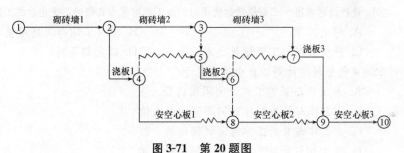

图 3-71　第 20 题图

    A. 3　　　　　　　　B. 2　　　　　　　　C. 1　　　　　　　　D. 0

21. 单代号网络计划中的（   ）。

    A. 箭线表示工作及其进行的方向，节点表示工作之间的逻辑关系

    B. 节点表示工作，箭线表示工作进行的方向

    C. 箭线表示工作及其进行的方向，节点表示工作的开始或结束

    D. 节点表示工作，箭线表示工作之间的逻辑关系

22. 当工程网络计划中某项工作的实际进度偏差影响到总工期而需要通过缩短某些工作的持续时间调整进度计划时，这些工作是指（   ）的可被压缩的工作。

    A. 关键线路和超过计划工期的非关键线路上

    B. 关键线路上资源消耗量比较少

    C. 关键线路上持续时间比较长

    D. 施工工艺及采用技术比较简单

23. 建设工程常用网络计划中，双代号网络图中虚箭线表示（   ）。

    A. 自由时差关系　　　　　　　　B. 工作持续时间

    C. 工作之间的逻辑关系　　　　　　D. 消耗时间但不消耗资源的工作

24. 当关键线路的实际进度比计划进度拖后时，应在尚未完成的关键工作中选择（   ）的工作缩短其持续时间，并重新计算未完成部分的时间参数，将其作为一个新计划实施。

A. 资源强度小或费用低   B. 直接费用高

C. 资源占用量大   D. 工作时间长

25. 关于单代号网络图的绘图规则，表述不正确的是（   ）。

     A. 单代号网络图中，不能出现双向箭线或无箭头的箭线

     B. 单代号网络图中，不能出现没有箭尾节点的箭线和没有箭头节点的箭线

     C. 单代号网络图中，不允许出现循环回路

     D. 单代号网络图中的 1 项工作，必须用 1 个圆形节点表示

26. 自由时差指的是在不影响紧后工作（   ）的前提下，本工作可以利用的机动时间。

     A. 最早开始时间   B. 最迟开始时间

     C. 最早完成时间   D. 最迟完成时间

27. 工作的自由时差（   ）。

     A. 不影响其紧后工作最早开始时间

     B. 影响其紧后工作最早开始时间，但不影响其紧后工作最迟开始时间

     C. 影响紧后工作的最迟开始时间

     D. 影响整个工程的工期

28. 进行资源有限—工期最短的优化时，当工期增量为负值时，优化后的工期等于（   ）。

     A. 原有工期   B. 原有工期与工期增量之和

     C. 原有工期与工期增量之差   D. 以上都不对

29. 单代号网络计划的自由时差等于（   ）。

     A. 本工作与紧前工作时间间隔的最大值

     B. 本工作与紧后工作时间间隔的最大值

     C. 本工作与紧前工作时间间隔的最小值

     D. 本工作与紧后工作时间间隔的最小值

30. 在某工程单代号网络计划中，下列说法错误的是（   ）。

     A. 关键线路只有一条

     B. 在计划实施过程中，关键线路可以改变

     C. 关键工作的机动时间最少

     D. 相邻关键工作之间的时间间隔为零

二、多项选择题

1. 图 3-72 所示双代号网络图表达正确的是（   ）。

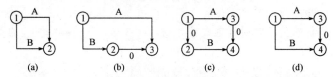

图 3-72   第 1 题图

     A. (a)   B. (b)   C. (c)   D. (d)

2. 在各种进度计划中，（   ）的工程进度线与时间坐标相对应。

     A. 形象进度计划   B. 横道图进度计划

     C. 双代号网络计划   D. 单代号网络计划

     E. 双代号时标网络计划

3. 双代号时标网络图的突出优点是（   ）。

A. 可以确定合同工期　　　　B. 可以据图进行资源优化和调整

C. 可以确定工作开始和完成时间　　D. 时间参数一目了然

E. 可以不标注工作持续时间而直接在图上反映

4. 在建设工程网络计划中，工作之间的逻辑关系包括(　　)。

A. 搭接关系　　　B. 工艺关系　　　C. 平行关系　　　D. 组织关系

E. 先后关系

5. 当计算工期超过计划工期时，可压缩关键工作的持续时间以满足要求。在确定缩短持续时间的关键工作时，宜选择(　　)。

A. 有多项紧前工作的工作

B. 缩短持续时间而不影响质量和安全的工作

C. 有充足备用资源的工作

D. 缩短持续时间所增加的费用相对较少的工作

E. 单位时间消耗资源量大的工作

6. 关于关键线路和关键工作的说法，正确的是(　　)。

A. 关键线路上相邻工作的时间间隔为零

B. 关键工作的总时差一定为零

C. 关键工作的最早开始时间等于最迟开始时间

D. 关键线路上各工作持续时间之和最长

E. 关键线路可能有多条

7. 某双代号时标网络计划如图 3-73 所示，则下列时间参数正确的是(　　)。

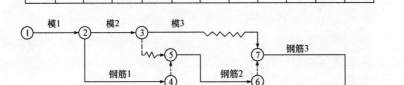

图 3-73　第 7 题图

A. 计算工期 12 d，模 2 的 TF 为 1　　B. 模 2 与筋 2 的 LAG 为 1

C. 混凝土 1 的 ES 和 LF 分别 6 和 8　　D. 混凝土 2 的 EF 和 LS 分别为 9 和 10

E. 模 3 的 TF 和 FF 者为 2

8. 某双代号网络计划如图 3-74 所示，则时间参数正确的是(　　)。

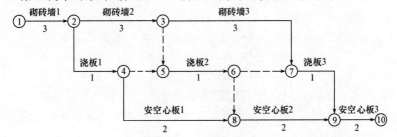

图 3-74　第 8 题图

A. 计算工期12 d，现浇板2的 TF 为0

B. 砌砖墙2的 EF 和 LF 都为6

C. 安空心板2的 ES 为7，FF 为1

D. 安空心板1为关键工作

E. 砌砖墙3为关键工作

9. 费用优化包括（　　）。

A. 在要求工期内寻求最合理的资源安排

B. 在要求工期下寻求最低成本

C. 寻求工程总成本费用最低的工期安排

D. 寻求最短工期以实现效益最大化

E. 寻求最短工期下的最低成本

10. 当计划工期等于计算工期时，确定关键线路的依据是（　　）。

A. 从起点节点开始到终点节点为止，各工作的自由时差都为零

B. 从起点节点开始到终点节点为止，各工作的总时差都为零

C. 从起点节点开始到终点节点为止，线路时间最长

D. 从起点节点开始到终点节点为止，各工作的总时差最小

E. 从起点节点开始到终点节点为止，各工作的自由时差最小

11. 在工程网络计划中，关键工作是（　　）的工作。

A. 总时差最小　　　　　　　　　　B. 关键线路上

C. 持续时间最长　　　　　　　　　D. 自由时差为零

E. 两端节点均为关键节点

12. 网络图可以（　　）。

A. 按施工段排列　　　　　　　　　B. 按施工单位排列

C. 按楼层排列　　　　　　　　　　D. 按工作重要程度排列

E. 按施工过程排列

三、思考题

1. 工作和虚工作有什么不同？虚工作有哪些作用？试举例说明。

2. 简述双代号和单代号网络图的绘制规则。

3. 试说明绘制工程双代号网络图的技巧。

4. 用直接绘制法绘制双代号时标网络图应把握哪几个关键问题？

技能训练

1. 按下列工作的逻辑关系，分别绘制其双代号网络图。

(1)A、B均完成后做C、D，C完成后做E，D、E完成后做F。

(2)A、B均完成后做C，B、D均完成后做E，C、E完成后做F。

(3)A、B、C均完成后做D，B、C完成后做E，D、E完成后做F。

(4)A完成后做B、C、D，C、D完成后做E，C、D完成后做F。

2. 按表3-16所示各项工作的逻辑关系，绘制双代号网络图，并进行时间参数的计算，确定关键线路和工期。

表 3-16 工作逻辑关系(一)

施工过程	A	B	C	D	E	F	G	H	I	J	K
紧前工作	—	A	A	B	B	E	A	C、D	E	F、G、H	I、J
紧后工作	B、C、G	D、E	H	H	F、I	J	J	J	K	K	—
持续时间	3	4	5	2	3	4	2	2	1	6	3

3. 表 3-17 所示各项工作的逻辑关系,绘制双代号网络图,并进行时间参数的计算,确定关键线路和工期。

表 3-17 工作逻辑关系(二)

施工过程	A	B	C	D	E	F	G	H	I
紧前工作	—	—	—	B	B	A、D	A、D	A、C、D	E、F
持续时间	4	3	6	2	4	7	6	8	3

4. 按表 3-18 所示各项工作的逻辑关系,绘制双代号时标网络计划,并读图确定其关键线路和时间参数。

表 3-18 工作逻辑关系(三)

本工作	A	B	C	D	E	G	H
持续时间	9	4	2	5	6	4	5
紧前工作	—	—	—	B	B、C	D	D、E
紧后工作	—	D、E	E	G、H	H	—	—

5. 请根据上述第 2、3、4 题所示各项工作的逻辑关系,分别绘出其单代号网络计划。

技能考核

网络图绘制技能考核试题 1

1. 题目:绘制某住宅楼主体工程双代号网络图。

2. 完成时间:2 小时。

3. 设计条件及要求。

(1)某单元式住宅,平面为四个标准单元组合;建筑层数为三层;结构类型为砖混结构;楼板及屋面板均采用预制空心板,建筑面积为 1 980 m²,位于湖南××市区,施工采用钢模板及钢管脚手架,垂直运输机械采用井字架。场外交通便利,现场设混凝土搅拌站。

(2)本工程主体施工开工日期为 2015 年 7 月 8 日,竣工日期为 2015 年 8 月 30 日(工期可以提前 10% 以内,但不能拖后)。

(3)主体工程必须采用流水施工方式组织施工。

(4)采用 AutoCAD 软件(或天正建筑软件)绘制主体工程横道图进度计划,A3 号图幅。

(5)可自带《建筑施工组织》教材一本,每人自带 A4 白纸 2 张。

4. 主体工程工程量及时间定额见表 3-19。

表 3-19　主体工程工程量及时间定额

序号	分部分项工程名称		工程量		时间定额	劳动量/工日或台班	工作延续天数/d	每天工作班数	每班工人数
			单位	数量					
二	主体工程								
1	搭拆脚手架、井字架								
2	砌砖墙		m³	902.46	1.020				
3	钢筋混凝土圈梁	支模板	10 m²	59.20	1.97				
		扎钢筋	t	5	10.08				
		浇混凝土	m³	71	1.79				
4	楼板安装/灌缝		块/m³	912/8.1					

注：井字架安装楼板产量定额为 75 块/台班，灌缝为 1.4 m³/工日。

5. 考核内容及评分标准：评分总表见表 2-7。

抽查项目的评价包括职业素养与操作规范(评分表见表 2-8)、作品(评分表见表 3-20)两个方面，总分为 100 分。其中，职业素养与操作规范占该项目总分的 50%，作品占该项目总分的 50%。职业素养与操作规范、作品两项考核均合格，总成绩才能评定为合格。

表 3-20　作品评分表

序号	考核内容	评分标准与要求	标准分	得分	备注
1	劳动量计算	计算准确，每错一项扣 2 分	15		
2	施工过程持续时间	计算准确，每错一项扣 2 分	20		
3	工艺顺序及逻辑关系	工艺顺序正确、逻辑关系合理，每错一项扣 2 分	30		没有完成总工作量的 60% 以上，本大项记 0 分
4	工期	满足要求，否则无分	10		
5	图形绘制	图形清楚、表达规范、比例协调，不清楚和不规范每处扣 1 分	15		
6	工效	在规定时间内完成，否则本项无分	10		
总分					

网络图绘制技能考核试题 2

1. 题目：绘制某办公楼主体工程双代号网络图。

2. 完成时间：2 小时。

3. 设计条件及要求。

(1)某工程为三层办公楼，平面呈一字形，对称建筑，建筑面积 2 148 m²，柱下钢筋混凝土独立基础，现浇框架结构，现浇楼板及屋面板，工程位于湖南某地级市市区，场外交通便利，施工采用竹胶合板模板，落地式钢管扣件脚手架，垂直运输机械采用龙门架，现场设混凝土搅拌站。

(2)本工程主体施工开工日期为 2015 年 6 月 6 日，竣工日期为 7 月 31 日(工期可以提前10%以内,但不能拖后)。

(3)主体工程必须采用流水施工方式组织施工。

(4)采用 AutoCAD 软件(或天正建筑软件)绘制主体工程横道图进度计划,A3 号图幅。

(5)可自带《建筑施工组织》教材一本,每人自带 A4 白纸 2 张。

4. 主体工程劳动量见表 3-21。

表 3-21 主体工程劳动量

序号	分部分项工程名称	劳动量/工日	工作延续天数	每天工作班数/d	每班工人数
二	主体结构工程				
1	搭脚手架、井字架				
2	现浇柱钢筋	65			
3	柱梁板梯模板	912			
4	柱混凝土	109			
5	现浇梁板梯钢筋	300			
6	现浇梁板梯混凝土	439			
7	砌填充墙	869			

5. 考核内容及评分标准:评分总表见表 2-7。

抽查项目的评价包括职业素养与操作规范(评分表见表 2-8)、作品(评分表见表 3-22)两个方面,总分为 100 分。其中,职业素养与操作规范占该项目总分的 50%,作品占该项目总分的 50%。职业素养与操作规范、作品两项考核均合格,总成绩才能评定为合格。

表 3-22 作品评分表

序号	考核内容	评分标准与要求	标准分	得分	备注
1	施工过程持续时间	计算准确,每错一项扣 2 分	25		没有完成、总工作量的 60% 以上,本大项记 0 分
2	工艺顺序及逻辑关系	工艺顺序正确、逻辑关系合理,每错一项扣 2 分	35		
3	工期	满足要求,否则无分	15		
4	图形绘制	图形清楚、表达规范、比例协调,不清楚和不规范每处扣 1 分	15		
5	工效	在规定时间内完成,否则本项无分	10		
总分					

网络图绘制技能考核试题 3

1. 题目:绘制某住宅楼主体工程双代号时标网络图。

2. 完成时间:4 小时。

3. 设计条件及要求。

(1)某单元式住宅,平面为四个标准单元组合;建筑层数为三层;结构类型为砖混结构；楼板及屋面板均采用预制空心板，建筑面积为 1 980 m²，位于湖南省××市区，施工采用钢模板及钢管脚手架，垂直运输机械采用井字架。场外交通便利，现场设混凝土搅拌站。

（2）本工程主体施工开工日期为 2015 年 7 月 8 日，竣工日期为 2015 年 8 月 30 日（工期可以提前 10% 以内，但不能拖后）。

（3）主体工程必须采用流水施工方式组织施工。

（4）采用 AutoCAD 软件（或天正建筑软件）绘制主体工程横道图进度计划，A3 号图幅。

（5）可自带《建筑施工组织》教材一本，每人自带 A4 白纸 2 张。

4. 主体工程工程量及时间定额见表 3-23。

表 3-23 主体工程工程量及时间定额

序号	分部分项工程名称		工程量		时间定额	劳动量/工日或台班	工作延续天数/d	每天工作班数	每班工人数
			单位	数量					
二	主体工程								
1	搭拆脚手架、井字架								
2	砌砖墙		m³	902.46	1.020				
3	钢筋混凝土圈梁	支模板	10 m²	59.20	1.97				
		扎钢筋	t	5	10.08				
		浇混凝土	m³	71	1.79				
4	楼板安装/灌缝		块/m³	912/8.1					

注：井字架安装楼板产量定额为 75 块/台班，灌缝为 1.4 m³/工日。

5. 考核内容及评分标准：评分总表见表 2-7。

抽查项目的评价包括职业素养与操作规范（评分表见表 2-8）、作品（评分表见表 3-24）两个方面，总分为 100 分。其中，职业素养与操作规范占该项目总分的 50%，作品占该项目总分的 50%。职业素养与操作规范、作品两项考核均合格，总成绩才能评定为合格。

表 3-24 作品评分表

序号	考核内容	评分标准与要求	标准分	得分	备注
1	劳动量计算	计算准确，每错一项扣 2 分	10		没有完成总工作量的 60% 以上，本大项记 0 分
2	施工过程持续时间	计算准确，每错一项扣 2 分	20		
3	工艺顺序及逻辑关系	工艺顺序正确、逻辑关系合理，每错一项扣 2 分	30		
4	工期	满足要求，否则无分	10		
5	图形绘制	图形清楚、表达规范、比例协调，不清楚和不规范每处扣 1 分	20		
6	工效	在规定时间内完成，否则本项无分	10		
	总分				

网络图绘制技能考核试题 4

1. 题目：绘制某办公楼主体工程双代号时标网络图。
2. 完成时间：4 小时。
3. 设计条件及要求。

(1)某工程为三层办公楼，平面呈一字形，对称建筑，建筑面积为 2 148 m²，柱下钢筋混凝土独立基础，现浇框架结构，现浇楼板及屋面板，工程位于湖南某地级市市区，场外交通便利，施工采用竹胶合板模板，落地式钢管扣件脚手架，垂直运输机械采用龙门架，现场设混凝土搅拌站。

(2)工程主体施工开工日期为 2015 年 6 月 6 日，竣工日期为 7 月 31 日(工期可以提前 10% 以内，但不能拖后)。

(3)主体工程必须采用流水施工方式组织施工。

(4)采用 AutoCAD 软件(或天正建筑软件)绘制主体工程横道图进度计划，A3 号图幅。

(5)可自带《建筑施工组织》教材一本，每人自带 A4 白纸 2 张。

4. 主体工程劳动量见表 3-25。

表 3-25　主体工程劳动量

序号	分部分项工程名称	劳动量/工日	工作延续天数/d	每天工作班数	每班工人数
二	主体结构工程				
1	搭脚手架、井字架				
2	现浇柱钢筋	65			
3	做柱、梁、板、梯模板	912			
4	浇柱混凝土	109			
5	现浇梁、板、梯钢筋	300			
6	现浇梁、板、梯混凝土	439			
7	砌填充墙	869			

5. 考核内容及评分标准：评分总表见表 2-7。

抽查项目的评价包括职业素养与操作规范(评分表见表 2-8)、作品(评分表见表 3-26)两个方面，总分为 100 分。其中，职业素养与操作规范占该项目总分的 50%，作品占该项目总分的 50%。职业素养与操作规范、作品两项考核均合格，总成绩才能评定为合格。

表 3-26　作品评分表

序号	考核内容	评分标准与要求	标准分	得分	备注
1	施工过程持续时间	计算准确，每错一项扣 2 分	20		
2	工艺顺序及逻辑关系	工艺顺序正确、逻辑关系合理，每错一项扣 2 分	40		没有完成总工作量的 60% 以上，本大项记 0 分
3	工期	满足要求，否则无分	15		
4	图形绘制	图形清楚、表达规范、比例协调，不清楚和不规范每处扣 1 分	15		
5	工效	在规定时间内完成，否则本项无分	10		
	总分				

模块 4
建筑施工准备

>>> 项目 4.1 施工准备工作概述

施工准备工作是指为了保证工程顺利开工和施工活动正常进行而事先要做好的各项准备工作。它是施工程序中的重要环节,不仅存在于开工之前,而且贯穿于整个施工过程之中。为了保证工程项目顺利地进行施工,必须做好施工准备工作。

4.1.1 施工准备工作的意义

现代化的建筑工程施工是一项十分复杂的生产活动,须事先做好统筹安排和准备,否则将会造成施工混乱，无法保证进度、质量等各方面要求。因此，施工人员必须对施工准备工作有足够的重视。具体来说，做好施工准备工作具有以下重要意义。

1. 使施工人员遵循建筑施工程序

"做好施工准备工作，提前开工报告"是建筑施工程序中的一个重要阶段，而建筑施工程序又是施工过程中必须遵循的客观规律。只有做好施工准备工作，才能保证工程顺利开工和施工的正常进行，才能保证质量，按期交工，取得预期的投资效果。

2. 降低施工风险

由于建筑产品特有的施工特点，很多因素为不可预见因素，其施工受外界干扰、自然因素影响较大，因而施工中可能遇到的风险就多。施工准备工作是根据周密的科学分析和多年施工经验来确定的，具有一定的预见性，因而，做好施工准备工作，采取科学预防措施，加强应变能力，才能有效降低施工风险。

3. 创造工程开工和顺利施工的条件

建筑工程项目施工需要投入大量的人力、物力和财力，开工前应做好劳动力及各项资源准备工作，组织好材料、构配件、半成品的运输、存放等工作；做好现场的通水、通电、通路等准备工作，为拟建工程按时开工创造有利条件。

4. 提高企业经济效益

认真做好各项准备工作，能够充分调动各方面的积极因素，合理利用各方面资源，做到人尽其才、物尽其用，从而加快施工进度，提高工程质量，降低施工成本，提高企业经济效益和社会效益。

实践证明，施工准备工作的好坏，将直接影响建筑产品生产的全过程，只有认真细致地做好各项施工准备工作，积极为工程创造有利条件，才能取得施工主动权，从而好、快、省、安全地完成施工任务。如果违背施工程序，不重视施工准备工作，仓促开工，必然给工程施工带来麻烦，甚至使施工无法进行。这样虽有加快施工进度的主观愿望，但往往造成事与愿违的客观后果，欲速则不达，反而造成了不必要的经济损失。

4.1.2 施工准备工作的分类

1. 施工准备工作按范围不同分类

(1)全场性施工准备。它是以一个建筑工地为对象而进行的各项施工准备，目的是为全场性施工服务，也兼顾单位工程施工条件准备。

(2)单位工程施工条件准备。它是以一个建筑物为对象而进行的施工准备，目的是为该单位工程施工服务，也兼顾分部(项)工程施工作业条件准备。

(3)分部(项)工程作业条件准备。它是以一个分部分项工程或冬、雨期施工工程为对象而进行的作业条件准备。

2. 施工准备工作按拟建工程所处的施工阶段不同分类

(1)开工前的施工准备。它是在拟建工程正式开工前所进行的一切施工准备，目的是为工程正式开工创造必要的施工条件。

(2)各施工阶段前的施工准备。它是在拟建工程开工后各个施工阶段正式开始之前所进行的施工准备。

4.1.3 施工准备工作的内容

施工准备工作的内容一般可归纳为以下 6 个方面：

(1)施工资料收集；

(2)技术资料准备；

(3)施工现场准备；

(4)施工人员准备；

(5)施工物资准备；

(6)季节性施工准备。

4.1.4 施工准备工作的实施

1. 编制施工准备工作计划

施工准备工作既是单位工程的开工条件，又是施工中的一项重要工作。它既是为单位工程开工创造条件，又是为开工后的作业创造条件。施工准备工作应有计划地进行，为便于检查和监督其进展情况，使各项施工准备工作有明确的分工，有专人负责，并规定期限，可在施工进度计划编制完成后，根据施工的要求，编制施工准备工作计划。单位工程施工准备工作计划一般包括的内容主要有施工准备工作的工作内容、对各项施工准备工作的要求、各项施工准备工作的责任部门或责任人、要求各项施工准备工作的开始时间、完成时间及其他需要说明的地方。可以列表的方式编制施工准备工作计划，见表4-1。

表 4-1　施工准备工作计划表

序号	施工准备工作内容	要求	责任部门或责任人	时间安排	备注
1					
2					

各项准备工作之间有相互依存关系，单纯用表有时难以表达明白，故可以编制横道图计划或网络计划，以明确各项施工准备工作之间的相互依赖、相互制约关系，找出关键的施工准备工作，便于检查和调整，使各项工作有组织、有计划、分阶段、有步骤地进行。

2. 制订严格的施工准备工作保证措施

(1)建立施工准备工作责任制。施工准备工作的范围广、项目多、时间跨度大，因此必须有严格的责任制度，把施工准备工作的责任落实到有关部门和个人。现场施工准备工作应由工程项目部全权负责。

(2)建立施工准备工作检查制度。在施工准备工作实施的过程中，应定期进行检查，可按周、半月、月度检查。检查的目的是观察施工准备工作计划的执行情况，如果没有完成计划要求，应进行分析，找出原因，协调施工准备工作进度或调整施工准备工作计划。检查的方法：实际与计划进行对比或召集相关单位或人员在一起开会，检查施工准备工作情况，当场分析产生误差的原因，提出解决问题的办法。后一种方法见效快，解决问题及时，应多予采用。

3. 坚持按基本建设程序办事，严格执行开工报告和审批制度

当施工准备工作完成到具备开工条件时，工程项目部应提出开工报告，企业领导审批后方可开工。实行建设监理的工程，企业还应将开工报告报送监理工程师审批，由监理工程师签发开工通知书，在限定时间内开工、不得拖延。单位(子单位)工程开工报告如表4-2所示。

表 4-2　单位(子单位)工程开工报告

工程名称			工程地址		
建设单位			施工单位		
监理单位			结构类型		
预算造价/万元			计划总投资		
建筑面积/m²		开工日期		合同工期	
资料与文件		准备(落实)情况			
批准的建设立项文件或年度计划					
征用土地批准文件及红线图					
规划许可证					
设计文件及施工图审查报告					
投标、中标文件					
施工许可证					
施工合同协议书					
资金落实情况的文件资料					
四通一平的文件资料					
施工方案及现场平面布置图					
主要材料、设备落实情况					
申请开工意见					
			施工单位：(公章) 项目经理： 　　年　月　日		
监理单位审批意见					
			监理单位：(公章) 总监理工程师： 　　年　月　日		
建设单位审批意见					
			建设单位：(公章) 项目负责人： 　　年　月　日		

4. 施工准备工作必须贯穿于施工全过程

工程开工以后，要随时做好作业条件的施工准备工作。施工顺利与否，取决于施工准备工作的及时性和完善性。因此，企业各职能部门要面向施工现场，像重视施工活动一样重视施工准备工作，及时解决施工准备工作中的技术、机械设备、材料、人力、资金、管理等各种问题，以提供工程施工的保证条件。项目经理应十分重视施工准备工作，加强施工准备工作的计划性，及时做好协调、平衡工作。

5. 争取协作单位的支持

由于施工准备工作涉及面广，因此，除了施工单位自身的努力外，还要取得建设单位、监理单位、设计单位、供应单位、银行及其他协作单位的大力支持，分工协作，统一步调，共同做好施工准备工作。

项目 4.2　施工资料收集

建筑工程施工涉及的单位多、内容广、情况多变、问题复杂。对一项工程所涉及的自然条件和技术经济条件等施工资料进行调查研究与收集整理，是施工准备工作的一项重要内容，也是编制施工组织设计的重要依据。尤其是当施工单位进入一个新的城市或地区，此项工作显得更加重要，它关系到施工单位全局的部署与安排。调查研究与收集资料的工作应有计划有目的地进行，事先要拟定详细的调查提纲。其调查的范围、内容和要求等应根据拟建工程的规模、性质、复杂程度、工期及施工企业对当地的熟悉程度确定。调查时，除向建设单位、勘察设计单位、当地气象台站及有关部门和单位收集资料外，还应到实地勘测，并向当地居民了解情况。应对调查、收集得来的资料进行分析研究、归纳整理，对其中特别重要的资料，必须复查其数据的真实性和可靠性。

4.2.1　建设场址勘察

建设场址勘察主要是为了了解建设地区的气象条件、建设地点的地形地貌、建设场地的工程地质和水文地质情况、施工现场地上和地下障碍物状况、周围原有建筑物的坚固程度及居民的健康状况等内容，为编制施工现场的四通一平计划（如地上建筑物的拆除、高压输电线路的搬迁、地下障碍物的拆除、地下各种管线的搬迁和打桩工程施工方案的制订等工作）提供依据。为减少施工公害，应在施工前对居民的危房和居民中的心脏病患者采取保护性措施。建设场址勘察一般采用表格的形式进行，见表4-3。

表4-3　建设场址勘察表

序号	项目		调查内容	调查目的
1	气象资料	气温	(1)年平均温度，最高、最低、最冷、最热月的逐月平均温度，结冰期、解冻期 (2)冬、夏室外温度 (3)小于或等于−3 ℃、0 ℃、+5 ℃的天数、起止时间	(1)防暑降温 (2)冬期施工 (3)混凝土、灰浆强度增长
		降雨	(1)雨期起止时间 (2)全年降水量、昼夜最大降水量 (3)年雷暴日数	(1)雨期施工 (2)工地排水、防洪 (3)防雷
		风	(1)主导风向及频率 (2)大于或等于8级风全年天数、时间	(1)布置临时设施 (2)高空作业及吊装措施

序号	项目		调查内容	调查目的
2	地形、地质资料	地形	(1)区域地形图 (2)厂址地形图 (3)该区的城市规划 (4)控制桩、水准点的位置 (5)地形、地貌特征	(1)选择施工用地 (2)合理布置施工总平面图 (3)现场平整土方量计算 (4)障碍物及数量 (5)拆迁后的现场整理
		地质	(1)钻孔布置图 (2)地质剖面图 (3)地质的稳定性、滑坡、流砂 (4)物理力学指标	(1)土方施工方法的选择 (2)地基处理办法 (3)基础施工 (4)障碍物拆除计划 (5)复核地基基础设计
		地震	烈度大小	(1)对地基的影响 (2)施工措施
3	水文资料	地下水	(1)最高水位、最低水位及时间 (2)流向、流速及流量 (3)水质分析 (4)抽水试验	(1)土方施工 (2)基础施工方案选择 (3)降低地下水位 (4)侵蚀性质及施工注意事项
		地面水	(1)邻近的江河湖泊及地下水 (2)洪水、平水及枯水期 (3)流量水位及航道深度 (4)水质分析	(1)临时给水 (2)航运组织 (3)水工工程
4	周围环境及障碍物	周围环境及障碍物	(1)施工区域现有建筑物、构筑物、沟渠、树木、土堆、高压输电线路等 (2)临近建筑坚固程度及其中人员工作生活、健康状况	(1)及时拆迁、拆除 (2)保护工作 (3)合理布置施工平面 (4)合理安排施工进度

4.2.2 技术经济资料调查

技术经济资料调查主要包括建设地区建筑生产企业、资源、交通运输条件、能源调查，建设地区主要设备、主要材料和特殊材料货源及价格调查等内容，可作为选择施工方法和确定费用的依据。技术经济资料调查一般采用表格的形式进行，见表4-4～表4-8。

表4-4　建设地区建筑生产企业情况调查表

序号	企业名称	产品名称	规格	单位	生产能力	供应能力	生产方式	出厂价格	运距	运输方式	单位运价	备注

注：1. 企业名称按构件厂、木工厂、商品混凝土厂、门窗厂、金属结构厂、砖厂、石灰厂等填列。

　　2. 这一调查可向当地计划、经济或建筑主管部门进行。

表 4-5　建设地区资源情况调查表

序号	材料名称	产地	储存量	质量	开采量	开采费	出厂价	运距	运费	备注

注：材料名称按块石、碎石、砾石、砂、工业废料（包括冶金矿渣、炉渣、电站粉煤灰等）填列。

表 4-6　建设地区交通运输条件调查表

序号	项目	调查内容	调查目的
1	铁路	(1)临近铁路专用线、车站至工地距离，运输条件 (2)站场卸货线长度，起重能力和存储能力 (3)装载单个货物的最大尺寸、质量的限制 (4)运费、装卸费和装卸力量	(1)选择施工运输方式 (2)拟订施工运输计划
2	公路	(1)各种材料至工地的公路等级、路面构造、路宽及完好情况、允许最大载重量 (2)途经桥涵等级，允许最大载重量、最大高度 (3)当地专业运输机构及附近村镇能提供的装卸、运输能力，汽车数量及运输效率 (4)运费、装卸费、装卸力量 (5)当地有无汽车修配厂，修配能力及至工地的距离，道路情况	
3	航运	(1)货源与工地至临近河流、码头、渡口的距离，道路情况 (2)洪水、平水、枯水期，通航最大船只及吨位，取得船只情况 (3)码头卸货能力，最大起重量，增设码头的可能性 (4)渡口、渡船能力，同时可卸汽车、马车数量，每日次数，能为施工提供的能力 (5)每吨货物运价，装卸费和渡口费	

表 4-7　建设地区供水、供电、供气条件调查表

序号	项目	调查内容	调查目的
1	给水排水	(1)与当地现有水源连接的可能性，可供水量，接管地点，管径，材料，埋深，水压、水质、水费，至工地距离，地形情况 (2)自选临时江河水源，至江边距离，地形情况，水量，取水方式，水质及处理情况 (3)自选临时水井水源的位置、深度、管径和出水量 (4)利用永久排水设施的可能，施工排水去向，距离和坡度，洪水影响，现有防洪设施	(1)确定生活、施工供水方案 (2)确定工地排水方案和防洪设施 (3)拟订给排水设施的施工进度计划
2	供电与通信	(1)电源位置，供电的可能性，方向，接线地点到工地距离，地形情况，允许供电容量，电压、导线截面，电费 (2)建设和施工单位自有发电设备的规格、型号、台数、能力 (3)利用临近电信的可能性，电话电报局至工地距离，可增设电话、计算机等自动化办公设备和线路的情况	(1)确定供电方案 (2)确定通信方案 (3)拟订供电、通信设施的施工进度计划

序号	项目	调查内容	调查目的
3	供气	(1)有无蒸汽来源，可供蒸汽量，管径，埋深，至工地距离，地形情况，蒸汽价格 (2)建设和施工单位自有锅炉设备的规格、型号、台数和能力、所需燃料，用水水质 (3)当地建设单位的压缩空气，氧气提供能力，至工地距离	(1)确定施工、生活用气方案 (2)确定压缩空气(氧气)的供应计划

表 4-8   三大材料、特殊材料及主要设备调查表

序号	项目	调查内容	调查目的
1	三大材料	(1)钢材的规格、钢号、数量和到货时间 (2)木材的品种、等级、数量和到货时间 (3)水泥的品种、强度等级、数量和到货时间	(1)确定临时设施和堆放场地 (2)确定木材加工计划 (3)确定水泥储存方式
2	特殊材料	(1)需要的品种、规格和数量 (2)进口材料和新材料	(1)制订供应计划 (2)确定储存方式
3	主要设备	(1)主要工艺设备(含进口设备)名称及来源 (2)分批和全部到货时间	(1)确定临时设施和堆放场地 (2)拟定防雨措施

4.2.3 社会资料调查

社会资料的调查主要包括建设地区的政治、经济、文化、科技、风土、民俗等内容。其中建设单位情况、社会劳动力和生活设施、参加施工各单位情况的调查资料，可作为安排劳动力、布置临时设施和确定施工力量的依据。社会资料调查一般采用表格的形式进行，见表 4-9～表 4-11。

表 4-9   建设单位情况调查表

调查单位	调查内容	调查目的
建设单位	(1)建设项目设计任务书、有关文件 (2)建设项目性质、规模、生产能力 (3)生产工艺流程、主要工艺设备名称及来源 (4)建设期限、开工时间、交工先后顺序、竣工投产时间 (5)总概算投资、年度建设计划 (6)施工准备工作的内容、安排、工作进度表	(1)施工依据 (2)项目建设部署 (3)制订主要工程施工方案 (4)规划施工总进度 (5)安排年度施工计划 (6)规划施工总平面图 (7)确定占地范围

表 4-10　建设地区社会劳动力和生活设施情况调查表

序号	项目	调查内容	调查目的
1	社会劳动力	(1)少数民族地区的风俗习惯 (2)当地能提供的劳动力人数、技术水平、工资水平和来源 (3)上述人员的生活安排	(1)拟订劳动力计划 (2)安排临时设施
2	房屋设施	(1)必须在工地居住的单身人数和户数 (2)能作为施工用的现有房屋栋数,每栋面积,结构特征、总面积、位置、水、电、暖、卫、设备状况 (3)上述建筑物的适宜用途,用作宿舍、食堂、办公室的可能性	(1)确定现有房屋为施工服务的可能性 (2)安排临时设施
3	周围环境	(1)主副食品供应,日用品供应,文化教育,消防治安等机构能为施工提供的支援能力 (2)临近医疗单位至工地的距离,可能就医情况 (3)当地公共汽车、邮电服务情况 (4)周围是否存在有害气体、污染情况,有无地方病	安排职工生活基地,解除后顾之忧

表 4-11　参加施工的各单位(含分包单位)情况调查表

序号	项目	调查内容
1	工人	(1)总数,分工种人数 (2)定额完成情况 (3)一专多能情况
2	管理人员	(1)管理人员人数,所占比例 (2)其中干部、技术人员、服务人员和其他人员人数
3	施工机械	(1)名称、型号、能力、数量、新旧程度(列表) (2)总装备程度(马力/全员) (3)拟购、定购的新增加情况
4	施工经验	(1)在历史上曾施工过的主要工程项目 (2)习惯采用的施工方法 (3)采用过的先进施工方法 (4)研究成果
5	主要指标	(1)劳动生产率 (2)质量、安全 (3)降低成本 (4)机械化、工业化程度 (5)机械设备的完好率、利用率

项目 4.3 技术资料准备

技术资料准备是施工准备工作的核心，是确保施工质量，实现好、快、省、安全施工目标的必备条件。技术资料准备也称室内准备或内业准备。任何技术差错和隐患都可能引起人身安全和质量事故，造成生命财产的巨大损失，因此必须认真地做好技术准备工作。其具体内容主要包括扩大初步设计方案的审查工作，熟悉和审查施工图纸，编制中标后施工组织设计，编制施工图预算和施工预算。

4.3.1 扩大初步设计方案的审查工作

建设任务确定后，应提前与设计单位协作，掌握扩大初步设计方案的编制情况，使方案设计在质量、功能、工艺技术等方面均能与建筑材料、建筑施工的发展水平相适应，为施工的顺利进行扫除障碍。

4.3.2 熟悉和审查施工图纸

1. 熟悉和审查施工图纸的依据

(1)建设单位和设计单位提供的初步设计或技术设计、施工图、建筑总平面图、地基及基础处理的施工图纸及相关技术资料、挖填土方及场地平整等资料文件。

(2)调查和搜集的原始施工资料。

(3)国家、地区的设计、施工验收规范和有关技术规定。

2. 熟悉和审查施工图纸的目的

(1)为了按照设计图纸的要求顺利地进行施工，建成用户满意的工程。

(2)为了在建筑工程开工之前，使从事建筑施工技术和预算成本管理的技术人员充分地了解和掌握设计图纸的设计意图、结构与构造特点和技术要求。

(3)在施工开始之前，通过各方技术人员审查、发现设计图纸中存在的问题和错误，为拟建工程的施工提供一份准确、齐全的设计图纸，避免不必要的资源浪费。

3. 熟悉和审查施工图纸的内容

施工图纸是施工的基础依据，在施工前必须熟悉图纸中的各项要求。熟悉和审查施工图纸一般应从以下几方面进行：

(1)核对设计图纸是否完整、齐全，以及是否符合国家有关工程建设的设计、施工方面的技术规范；

(2)审查设计图纸与总说明在内容上是否一致，以及设计图纸之间有无矛盾和错误；

(3)审查建筑平面图与结构图在几何尺寸、坐标、标高、说明等方面是否一致，技术要求是否正确，有无遗漏；

(4)审查地基处理与基础设计同建筑工程地点的工程水文、地质等条件是否一致，以及建筑物与地下建筑物、管线之间的关系是否正确；

(5)审查设计图纸中的工程复杂、施工难度大和技术要求高的分部分项工程或新结构、新材料、新工艺，检查现有施工技术水平和管理水平能否满足工期和质量要求并采取可行的技术和安全措施加以保证；

（6）土建与安装在施工配合上是否存在技术上的问题，是否能合理解决；

（7）设计图纸与施工之间是否存在矛盾，是否符合成熟的施工技术的要求；

（8）审查工业项目的生产工艺流程和技术要求，以及设备安装图纸与其相配合的土建施工图纸在标高上是否一致，土建施工质量是否满足设备安装的要求。

4. 审查图纸的阶段与内容

审查图纸通常按图纸自审、图纸会审和图纸现场签证等三个阶段进行。

（1）图纸自审阶段。施工单位收到拟建工程的设计图纸和有关技术文件后，应尽快组织各专业的工程技术人员及预算人员熟悉和自审图纸，写出自审图纸记录。自审图纸记录应包括对设计图纸的疑问、设计图纸的差错和对设计图纸的有关建议。

图纸自审由施工单位主持，一般由施工单位的工程项目部组织各工种人员对本工种的相关图纸进行审查，掌握和了解图纸中的细节；在此基础上，由总包单位内部的土建与水、暖、电等专业，共同核对图纸，消除差错，协商施工配合事项；最后，由总包单位与外分包单位（如桩基础施工、装饰装修工程施工等）在各自审查图纸的基础上，共同核对图纸中的差错，协商施工配合问题，并写出图纸自审记录。

（2）图纸会审阶段。一般由建设单位组织并主持会议，设计单位对图纸进行交底，施工单位和监理单位共同参加。对于重点工程或规模较大及结构、装修较复杂的工程，有必要时，可以邀请各主管部门、消防、防疫与协作单位参加。

图纸会审程序是：设计单位首先做设计交底，施工单位对图纸提出问题，有关单位发表意见，与会者讨论、研究、协商，逐条解决问题达成共识，形成图纸会审纪要（表4-12），由建设单位正式行文，三方共同会签并盖公章，作为指导施工和工程结算的依据。图纸会审纪要作为与施工图纸具有同等法律效力的技术文件使用。

表 4-12　图纸会审纪要

会审日期：　年　月　日　　　　　　　　　　　编号：

工程名称			共　页
			第　页
图纸编号	提出问题		会审结果
会审单位（公章）	建设单位　　监理单位	设计单位	施工单位
参加会审人员			

（3）图纸现场签证阶段。图纸现场签证是在工程施工中，遵循技术核定和设计变更签证制度，对所发现的问题进行现场签证，作为指导施工、竣工验收和结算的依据。

4.3.3　编制中标后施工组织设计

中标后施工组织设计，是施工单位在施工准备阶段编制的指导拟建工程从施工准备到竣工验收乃至保修回访的技术经济、组织的综合性文件，也是编制施工预算、实行项目管理的依据，是施工准备工作的主要文件。

（1）施工单位必须在施工约定的时间内完成中标后施工组织设计的编制与自审工作，并填写施工组织设计报审表，报送项目监理机构。

（2）总监理工程师应在约定的时间内组织专业监理工程师审查，提出审查意见后，由总监理工程师审定批准，需要施工单位修改时，由总监理工程师签发书面意见，退回施工单位修改后再报审，总监理工程师应重新审定。已审定的施工组织设计由项目监理机构报送建设单位。

（3）施工单位应按审定的施工组织设计文件组织施工，如需对其内容做较大变更，应在实施前将变更内容书面报送项目监理机构重新审定。

（4）对规模大、结构复杂或新结构、特种结构的工程，专业监理工程师提出审查意见后，由总监理工程师签发审查意见，必要时与建设单位协商，组织有关专家会审。

4.3.4 编制施工图预算和施工预算

在设计交底和图纸会审的基础上，施工组织设计已被批准，施工单位预算部门即可着手编制单位工程施工图预算和施工预算，以确定人工、材料和机械费用的支出，并确定人工数量、材料消耗和机械台班使用量。

（1）编制施工图预算。施工图预算是施工单位按照施工图确定的工程量、施工组织设计所拟订的施工方案、建筑工程预算定额及其取费标准编制确定的建筑安装工程造价的经济文件。

（2）编制施工预算。施工预算是施工单位根据施工合同价款、施工图预算、施工图纸，施工组织设计或施工方案、施工定额等文件编制的企业内部经济文件，用以确定建筑安装工程的人工、材料、机械台班消耗量。施工预算直接受施工合同中合同价款的控制，施工企业内部控制各项成本支出、考核用工、进行"两算"对比、签发施工任务单、限额领料、基层进行经济核算的依据，是施工前的一项重要准备工作。

》》》 项目 4.4 施工现场准备

施工现场准备即通常所说的室外准备(外业准备)，它是为拟建工程顺利开工创造施工有利条件和物质保障的基础，其主要内容包括清除障碍物、四通一平、测量放线、搭建施工临时设施等。

4.4.1 清除障碍物

施工场地内的一切障碍物，无论是地上还是地下的，都应在开工前清除。清除时，一定要了解现场实际情况，尤其是在城市的老区内，由于原有建筑物和构筑物情况复杂，在清除前需要采取相应的措施防止发生事故。

对于房屋的拆除，一般只要把水源、电源切断后即可进行。若房屋较大、较坚固，则有可能采用爆破的方法，这需要专业的爆破作业人员来承担，并且必须经过有关部门批准。

对于原有电力、通信、给水排水、煤气、供热网等设施的拆除和清理，要与有关部门联系并办理有关手续后方可进行，一般由专业公司来处理。

场地内若有树木，需报园林部门批准后方可砍伐。

拆除障碍物后，留下的渣土等杂物都应清除场外。运输时，应遵守交通、环保部门的有关规定，运土的车辆要按指定路线和时间行驶，并采取封闭运输车或在渣土上洒水等措施，以免尘土飞扬而污染环境。

4.4.2 四通一平

在工程用地范围内，接通施工用水、用电、道路、通信通畅和场地平整的工作简称为四通一平。

(1)水通。施工现场用水包括生产、生活、消防用水。通水应按照施工总平面图的规划进行安排，尽可能利用永久性的给水系统。临时供水管线的铺设既要满足施工现场用水的需要量，又要便于施工，还要尽可能缩短供水管线的长度，以降低工程成本。

(2)电通。电是施工现场的主要动力来源，施工现场用电包括施工生产用电和生活用电。建筑工程施工用电要考虑安全和节能措施。施工用电应按照施工组织设计要求布设线路和通电设备。电源首先应考虑从建设单位给定的电源上获得，若其供电能力不能满足施工用电需要，则应考虑在现场建立自备发电系统，以保证施工的连续进行。

(3)路通。施工现场的道路是组织物资进场的通道，拟建工程开工前，必须按照施工平面图要求，接通场外主干线，修建必需的临时道路。修建的临时道路应尽可能成为今后永久性使用的道路。为节约临时工程费用，缩短施工准备工作时间，应尽量利用原有的道路设施。场内临时道路的形式根据施工现场具体情况而定，道路等级根据交通流量和所用车型决定。

(4)通信畅通。工程开工前，要保证通信设施畅通，这样才可以和其他各部门之间随时联系、互相协调配合，保证工程顺利开工。

(5)场地平整。施工现场清除障碍物后，即可进行场地平整工作。场地平整是根据建筑施工总平面图中规定的标高，通过测量，计算出填、挖土方工程量，设计土方调配方案，组织人力或机械进行场地平整的工作。土方调配方案应尽量做到以挖补填，挖填平衡，就近调运。

4.4.3 测量放线

由于建筑施工工期长，现场情况变化大，因此，保证控制网点的稳定、正确，是确保建筑施工质量的先决条件。特别是在城区建设，障碍多、通视条件差，给测量工作带来一定的难度。因此，施工时应根据建设单位提供的由规划部门给定的永久性坐标和高程(建筑红线)，按照建筑总平面图要求，进行施工场地控制网测量，设置场区永久性标桩。

控制网一般采用方格网，这些网点的位置应视工程范围的大小和控制精度而定。建筑方格网多由边长为 100～200 m 的正方形或矩形组成。如果土方工程需要，还应测绘地形图，通常这项工作由专业测量队完成，但施工单位还要根据施工具体情况做一些加密网点的补充工作。

在测量放线前，应做好检验矫正仪器，校核红线桩与水准点，制订切实可行的测量放线方案(包括平面控制、标高控制、沉降观测和竣工测量)等工作。

工程定位放线是确定整个拟建工程平面位置的关键环节，必须保证精度，杜绝错误。工程定位放线一般通过设计图中平面控制轴线来确定建筑物的位置，施工单位测定并经自检合格后提交有关部门和建设单位或监理人员验线，以保证定位的准确性。沿建筑红线放线后，还要由城市规划部门验线，以防止建筑物压红线或超红线，为正常顺利施工创造条件。

4.4.4 搭建施工临时设施

按施工平面图和施工临设需要量计划，搭建各项施工临时设施，为正式开工准备好施工用临时房屋。

施工临时设施包括生产用临时设施和生活用临时设施两大类，在安排布置时要根据施工组织设计施工平面图要求，并遵照当地有关规定。临时设施平面图及主要房屋结构图都应报请城市规划、市政、消防、交通、环保等有关部门审查批准。

为了方便、安全、文明施工，应将施工现场用围墙封闭起来。围墙的形式、材料、高度应符合市容管理的有关规定和要求，并在主要出入口设置标牌挂图，标明工程项目名称、施工单位、项目负责人、有关安全操作规程等。

生产用临时设施和生活用临时设施都应按照批准的施工组织设计规定的数量、标准、面积、位置等要求组织修建。大中型工程的施工临时设施可分批分期修建。

》》》项目4.5 施工人员准备

工程项目是否能够按照预期目标顺利完成，很大程度上取决于承担这一工程的施工人员的素质。现场施工人员包括施工管理层人员和施工作业层人员两大部分。现场施工人员准备是开工前施工准备工作的一项重要内容。

4.5.1 建立拟建工程项目领导机构

根据工程规模、结构特点和复杂程度，确定施工项目领导机构的人选和名额；遵循合理分工与密切协作、因事设职与因职选人的原则，建立有施工经验、有开拓精神和工作效率高的施工项目领导机构。对于实行项目管理的工程，建立施工项目组织机构就是组建工程项目部，实行项目经理负责制。

工程项目部的设置步骤如下：

(1)根据企业批准的"项目管理规划大纲"，确定工程项目部的管理任务和组织形式。

(2)确定工程项目部的层次，设立职能部门与工作岗位。

(3)确定人员、职责、权限。

(4)由项目经理根据"项目管理目标责任书"进行目标分解。

(5)组织有关人员制定规章制度和目标责任考核、奖惩制度。

工程项目部的组织形式应根据施工项目的规模、结构复杂程度、专业特点、人员素质和地域范围确定，并符合下列规定：

(1)大中型项目宜按矩阵式项目管理组织设置工程项目部。

(2)远离企业项目管理层的大中型项目宜按事业部式项目管理组织设置工程项目部。

(3)小型项目宜按直线职能式项目管理组织设置工程项目部。

4.5.2 组建精干的施工班组

(1)施工班组的组建要认真考虑专业、工种的合理配合，技工、普工的比例要满足合理的劳动组织，要符合流水施工组织方式的要求，建立施工班组(是专业施工班组或是混合施工班组)要坚持合理、精干的原则；同时，制订出该工程的劳动力需要量计划。

(2)集结施工力量，组织劳动力进场。项目的领导机构确定之后，按照开工日期和劳动力需要量计划，组织劳动力进场。同时，要进行安全、防火和文明施工等方面的教育，并安排好职工的生活。

(3)向施工班组、工人进行施工组织设计、计划和技术交底。施工组织设计、计划和技术交底的目的是把拟建工程的设计内容、施工计划和施工技术等要求，详尽地向施工班组和工人讲解，这是落实计划和技术责任制的良好举措。

施工组织设计、计划和技术交底的时间在单位工程或分部分项工程开工前及时进行，以保证工程严格地按照设计图纸、施工组织设计、安全操作规程和施工验收规范等要求进行施工。

施工组织设计、计划和技术交底的内容有工程的施工进度计划、月(旬)作业计划；施工组织设计，尤其是施工工艺；质量标准、安全技术措施、降低成本措施和施工验收规范的要求；新结构、新材料、新技术和新工艺的实施方案和保证措施；图纸会审中所确定的有关部位的设计变更和技术核定等事项。

交底工作应该按照管理系统逐级进行，由上而下直到工人队组。

交底的方式有书面形式、口头形式和现场示范形式等。

队组、工人接受施工组织设计、计划和技术交底后，要组织其成员进行认真的分析研究，弄清关键部位、质量标准、安全措施和操作要领。必要时应该进行示范，并明确任务及做好分工协作，同时建立健全岗位责任制和保证措施。

4.5.3 建立健全各项管理制度

工地的各项管理制度是否建立、健全，直接影响其他各项活动的顺利进行。有章不循的后果是严重的，而无章可循更是危险的。为此，必须建立健全工地的各项管理制度，加强遵纪守法教育。通常内容如下：

(1)工程质量检查与验收制度；

(2)工程技术档案管理制度；

(3)材料(构件、配件、制品)检查验收制度；

(4)技术责任制度；

(5)施工图纸学习与会审制度；

(6)技术交底制度；

(7)职工考勤、考核制度；

(8)工地及班组经济核算制度；

(9)材料出入库制度；

(10)安全操作制度；

(11)机具使用保养制度。

4.5.4 组织分包施工队伍

对于本企业难以承担的一些专业项目，如深基础开挖和支护、大型结构安装、设备安装等项目应及早做好分包或劳务安排，与有关单位协调，签订分包合同或劳务合同，以保证按计划施工。

项目 4.6 施工物资准备

施工物质准备是指施工中必需的劳动手段（施工机械、机具）和劳动对象（材料、构件、配件）等的准备，是一项较为复杂而又细致的工作。建筑施工所需要的材料、构件、配件、机具、设备等品种多、数量大，能否保证按计划供应，对整个施工过程的工期、质量、成本起着举足轻重的作用。

4.6.1 施工物资准备的内容

施工物资准备的内容包括建筑材料的准备，构（配）件、制品的加工，建筑安装机具的准备等。

1. 建筑材料的准备

建筑材料的准备主要是根据施工预算进行分析，按照施工进度计划要求，按材料名称、规格、使用时间、材料储备定额和消耗定额进行汇总，编制出材料需要量计划，为组织备料、确定仓库、场地堆放所需的面积和组织运输等提供依据。

（1）根据施工预算、分部（项）工程施工方法和施工进度的安排，编制工程所需材料用量计划，作为备料、供料和确定仓库、堆场面积及组织运输的依据。

（2）根据各种物资需要量计划，组织货源，确定加工、供应地点和供应方式，签订物资供应合同。

（3）根据各种物资的需要量计划和合同，拟订运输计划和运输方案。

（4）按照施工总平面图的要求，组织物资按计划时间进场，在指定地点，按规定方式进行储存或堆放。

2. 构配件、制品的加工

根据施工预算提供的构（配）件、制品的名称、规格、质量和消耗量，确定加工方案和供应渠道，向有关厂家提出加工订货计划要求，签订订货合同，并确定其进场后的储存地点和方式，编制出其需要量计划，为组织运输、确定堆场面积等提供依据。

3. 建筑安装机具的准备

根据施工方案安排施工进度，确定施工机械的类型、数量和进场时间，确定施工机具的供应办法和进场后的存放地点和方式，编制建筑安装机具的需要量计划，为组织运输，确定机具停放场地等提供依据。

（1）拟由本企业内部负责解决的施工机具，应根据需用量计划组织落实，确保按期供应。

（2）施工企业缺少而又需要的施工机具，应与有关方面签订订购或租赁合同，以保证施工需要。

（3）大型施工机械（如塔式起重机、挖土机、桩基设备）的需要量和时间，应与有关方面（如专业分包单位）联系，提出要求，落实后应签订有关分包合同，并为大型机械进出场做好现场准备工作。

（4）安装调试施工机具。按照施工机具需用量计划，组织施工机具进场，根据施工平面图布置要求，将其置于规定地点或仓库。施工机具要进行就位、连通电源、保养、调试工作。所有施工机具都必须在使用前进行检查和试运转。

4. 生产工艺设备的准备

按照拟建工程生产工艺流程及工艺设备的布置图，提出工艺设备的名称、型号、生产能力和需要量，确定分期分批进场时间和保管方式，编制工艺设备需要量计划，为组织运输，确定存放场地面积提供依据。

订购生产用的工艺设备，要注意设备进度与土建进度密切结合，某些庞大设备的安装往往要同土建施工穿插进行，因为土建工程全部完成或主体封顶后，设备安装就会有困难。因此，各种设备的交货时间要和安装、土建施工进度密切配合，才不会影响工程工期。

4.6.2　施工物资准备的工作程序

施工物资准备的工作程序如图 4-1 所示。

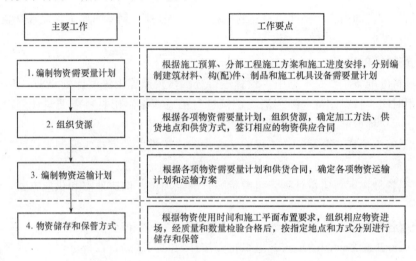

图 4-1　施工物资准备的工作程序

工程施工技术先行，首先就是做好技术方面的准备工作；为提高工作效率、尽快满足施工现场各项准备工作，为正式开工创造条件。施工场内准备、物资设备准备、劳动组织准备、施工场外准备等均应同时进行、相互协调、有条不紊地进行。为了落实各项施工准备工作，加强对其检查和监督，必须根据各项施工准备工作的内容、时间和人员，编制出施工准备工作计划。

综上所述，各项施工准备工作不是分离、孤立的，而是互为补充、相互配合的。为了提高施工准备工作的质量、加快施工准备工作的速度，必须加强建设单位、设计单位和施工单位之间的协调工作，建立健全施工准备工作的责任制度和检查制度，使施工准备工作有领导、有组织、有计划和分期分批地进行，贯穿施工全过程的始终。施工准备的目的只有一个，就是为正式开工准备必要、充足的条件！

》》项目 4.7　季节性施工准备

建筑工程施工露天作业多，工程的建设进度和质量受季节性的不良天气影响较大。因此，应当按照作业条件针对不同季节的施工特点，制订相应的安全技术措施，做好相关安全防护，防止事故的发生。

一般来讲，季节性施工主要指雨期施工和冬期施工，而广大中南地区，其主要的气候特点是雨期时间较长（长达1～3个月），夏季气温高，冬季0℃以下的低温天气也很常见，其季节性施工主要考虑雨期施工，同时应兼顾冬期施工和暑期施工。

雨期施工，应当采取措施防雨、防雷击，组织好排水。同时，注意做好防止触电和坑槽坍塌，沿河流域的工地做好防洪准备，傍山的施工现场做好防滑坡和防塌方措施，脚手架、塔机等应做好防强风措施。冬期施工，气温低，天气干燥，作业人员操作不灵活，作业场所应采取措施防滑和防冻，生活场所和办公场所应当采取措施防火和防煤气中毒。另外，任何季节遇6级以上（含6级）强风、大雪、浓雾等恶劣气候，严禁露天起重吊装和高处作业。

4.7.1 雨期施工准备

雨期施工持续时间较长，而且大雨、大风等恶劣天气具有突然性，因此，应认真编制好雨期施工的安全技术措施，做好雨期施工的各项准备工作。

1. 合理组织施工

根据雨期施工的特点，将不宜在雨期施工的工程提早或延后安排，对必须在雨期施工的工程制定有效的措施。晴天抓紧室外作业，雨天安排室内工作。注意收看天气预报，做好防汛准备。遇到大雨、大雾、雷击和6级以上大风等恶劣天气，应当停止进行露天高处、起重吊装和打桩等作业。

2. 做好施工现场的排水

（1）根据施工总平面图、排水总平面图，利用自然地形确定排水方向，按规定坡度挖好排水沟，确保施工工地排水畅通；

（2）应严格按防汛要求，设置连续、通畅的排水设施和其他应急设施，防止泥浆、污水、废水外流或堵塞下水道和排水河沟；

（3）若施工现场临近高地，应在高地的边缘（现场的上侧）挖好截水沟，防止洪水冲入现场；

（4）雨期前应做好傍山的施工现场边缘的危石处理，防止滑坡、塌方威胁工地；

（5）雨期应设专人，及时疏浚排水系统，确保施工现场排水畅通。

3. 设置好运输道路

（1）临时道路应起拱5‰，两侧做宽300 mm、深200 mm的排水沟；

（2）对路基易受冲刷部分，应铺石块、焦渣、砾石等渗水防滑材料，或者设涵管排泄，保证路基的稳固；

（3）雨期应指定专人负责维修路面，对路面不平或积水处应及时修好；

（4）场区内主要道路应当硬化。

4. 设置好临时设施并开展其他施工准备工作

（1）施工现场的大型临时设施，在雨期前应整修加固完毕，保证不漏、不塌、不倒，周围不积水，严防水冲入设施内。选址要合理，避开滑坡、泥石流、山洪、坍塌等灾害地段。大风和大雨后，应当检查临时设施地基和主体结构情况，发现问题及时处理。

（2）雨期前应清除沟边多余的弃土，减轻坡顶压力。

（3）雨后应及时对坑、槽沟边坡和固壁支撑结构进行检查，深基坑应当派专人进行认真测量并观察边坡情况，如果发现边坡有裂缝、疏松、支撑结构折断、走动等危险征兆，应当立即采取措施。

(4)雨期施工中天气突变，发生暴雨、水位暴涨、山洪暴发或因雨发生坡道打滑等情况时，应当停止土石方机械作业施工。

(5)雷雨天气不得露天进行电力爆破土石方，如中途遇到雷电，应当迅速将雷管的脚线、电线主线两端连成短路。

(6)大风大雨后作业，应当检查起重机械设备的基础、塔身的垂直度、缆风绳和附着结构，以及安全保险装置并先试吊，确认无异常方可作业。应对轨道式塔机的轨道基础进行全面检查，检查轨距偏差、轨顶倾斜度、轨道基础沉降、钢轨不直和轨道通过性能等。

(7)落地式钢管脚手架底应当高于自然地坪 50 mm，并夯实整平，留一定的散水坡度，在周围设置排水措施，防止雨水浸泡脚手架。

(8)遇到大雨、大雾、高温、雷击和 6 级以上大风等恶劣天气，应当停止脚手架的搭设和拆除作业。

(9)大风、大雨后，要组织人员检查脚手架是否牢固，如有倾斜、下沉、松扣、崩扣和安全网脱落、开绳等现象，要及时进行处理。

5. 用电与防雷

(1)雨期施工的用电。

1)各种露天使用的电气设备应选择较高的干燥处放置。

2)机电设备(配电盘、闸箱、电焊机、水泵等)应有可靠的防雨措施，电焊机应加防护雨罩。

3)雨期前应检查照明和动力线有无混线、漏电，电杆有无腐蚀，埋设是否牢靠等，防止触电事故发生。

4)雨期要检查现场电气设备的接零、接地保护措施是否牢靠，漏电保护装置是否灵敏，电线绝缘接头是否良好。

(2)雨期施工的防雷。

1)防雷装置的设置范围。施工现场高出建筑物的塔吊、外用电梯、井字架、龙门架及较高金属脚手架等高架设施，如果在相邻建筑物、构筑物的防雷装置保护范围以外，在表 4-13 的规定范围内，就应当按照规定设防雷装置，并经常进行检查。

表 4-13　施工现场内机械设备需要安装防雷装置的规定

地区平均雷暴日/d	机械设备高度/m
≤15	≥50
>15，≤40	≥32
>40，≤90	≥20
>90 及雷灾特别严重的地区	≥12

如果最高机械设备上的避雷针，其保护范围按照 60°计算能够保护其他设备，且最后退出现场，其他设备可以不设置避雷装置。

2)防雷装置的构成及操作要求。施工现场的防雷装置一般由避雷针、接地线和接地体三部分组成。

避雷针：装在高出建筑物的塔吊、人货电梯、钢脚手架等的顶端。机械设备上的避雷针(接闪器)长度应当为 1~2 m。

接地线：可用截面面积不小于 16 mm^2 的铝导线，或用截面面积不小于 12 mm^2 的铜导线，或者用直径不小于 8 mm 的圆钢，也可以利用该设备的金属结构体，但应当保证电气连接。

接地体：有棒形和带形两种。棒形接地体一般采用长度 1.5 m、壁厚不小于 2.5 mm 的钢管或 L5×50 的角钢。将其一端垂直打入地下，其顶端离地平面不小于 50 mm。带形接地体可采用截面面积不小于 50 mm²、长度不小于 3 m 的扁钢，平卧于地下 500 mm 处。

防雷装置的避雷针、接地线和接地体必须焊接（双面焊），焊缝长度应为圆钢直径的 6 倍或扁钢厚度的 2 倍以上。

4.7.2　冬期施工准备

根据当地多年气象资料的统计，当室外日平均气温连续 5 d 稳定低于 5 ℃即进入冬期施工；当室外日平均气温连续 5 d 高于 5 ℃时解除冬期施工。冬期施工要做好如下几项施工准备工作。

（1）合理安排冬期施工的项目。冬期施工条件差、技术要求高，还需增加施工费用。因此，对一般不宜列入冬期施工的项目（如外墙的装饰装修工程），力争在冬期施工前完成，对已完成的部分要注意加以保护。

（2）做好室内施工的保温。冬期来临前，应完成供热系统的调试工作，安装好门窗玻璃，以保证室内的其他施工项目能顺利进行。

（3）做好冬期施工期间材料、机具的储备。在冬期来临之前，储存足够的物资，有利于节约冬期施工费用。

（4）做好冬期施工的检查和安全防火工作。

4.7.3　暑期施工准备

中南地区，暑期气温较高，空气湿度较大，因此暑期施工应以安全生产为主题，以"防暑降温"为重点，做好暑期施工准备工作。

1. 保健措施

（1）对高温作业人员进行就业前健康检查，凡检查不合格者，均不得在高温条件下作业。

（2）炎热时期应组织医务人员深入工地进行巡回和防治观察。

（3）积极与当地气象部门联系，尽量避免在高温天气进行大工作量施工。

（4）供给含盐饮料，补偿高温作业工人因大量出汗而损失的水分和盐分。

2. 准备工作

（1）根据施工生产的实际情况，积极采取行之有效的防暑降温措施，配备充足的防暑降温物品及必要的设施。

（2）关心职工的生产、生活，注意劳逸结合，严格控制加班加点，入暑前抓紧做好高温、高空作业工人的体检，对不适合高温、高空作业的人员适当调换工作。

（3）采用合理的劳动休息制度，可根据具体情况，在气温较高的情况下，适当调整作息时间，早晚工作，延长中午休息时间。

（4）改善职工宿舍条件，宿舍应保持通风、干燥，有防蚊蝇措施，统一使用安全电压。生活和办公设施要有专人管理，定期清扫、消毒，保持室内整齐、清洁、卫生。

（5）根据工地实际情况，尽可能快速组织劳动力，采取勤倒班的方法，缩短一次连续作业时间。

3. 技术措施

（1）确保现场水、电供应畅通，加强对各种机械设备的维护与检修，保证其能正常操作。

（2）在高温天气施工的工程，如混凝土工程、抹灰工程，应适当增加其养护频率，以确保工程质量。

（3）加强施工管理，各分部分项工程坚决按国家标准规范、规程施工，不能因高温天气而影响工程质量。

为了防止混凝土受高温干热影响而生产裂缝等现象，暑期施工时应采取以下措施：

（1）当使用木模时，混凝土浇捣前必须对木模进行浇水，认真做好混凝土的养护工作。要用草包加以覆盖，浇水，确保混凝土持续保持湿润。设置足够容量的蓄水池和配备足够扬程的高压水泵，确保高空供水。梁柱框架结构，应尽可能采取带模浇水养护，免受暴晒。

（2）根据气温情况及混凝土的浇捣部位，正确选择混凝土的坍落度，必要时掺外加剂，以保持或改善混凝土的和易性、黏聚性，使其泌水性较小。

（3）浇捣大体积混凝土，应尽量选用水化热低的矿渣硅酸盐水泥，也可掺用缓凝剂、减水剂，使水泥水化速度减慢，以降低和延缓混凝土内部的温度峰值。

（4）应在避开烈日的情况下施工，使混凝土的水分不致因蒸发过快而形成伸缩裂缝。

（5）遇大雨需中断作业时，应按规范要求留设施工缝。

暑期砌筑工程施工时应采取以下措施：

（1）高温时砌砖，要特别注意对砖块的浇水，利用清晨或夜间提前将集中堆放的砖块充分浇水，使砖块保持湿润，防止砂浆失水过快而影响砂浆强度和粘结力。

（2）砌筑砂浆的稠度要适当增大，使砂浆有较大的流动性，灰缝容易饱满，也可在砂浆中掺入塑化剂，以提高砂浆的保水性与和易性。

暑期抹灰工程施工时应采取以下措施：

（1）抹灰前混凝土基体表面应用界面剂作界面处理，并使基体湿润，防止砂浆脱水造成开裂、起壳、脱落，抹灰后要加强养护工作。

（2）外墙面的抹灰，应避免在强烈日光直射下操作。

（3）砂浆级配要准确，应根据工作量，有计划地随配随用，为提高砂浆保水性，可按规定要求掺入外加剂。

模块小结

建筑工程施工准备工作是工程生产经营管理的重要组成部分，是对拟建工程目标、资源供应和施工方案的选择，及其空间布置和时间排列等方面进行的施工决策。

建筑施工准备工作不仅存在于开工之前，而且贯穿于整个施工过程之中。

本模块主要介绍建筑施工准备中的建筑施工信息收集与分析，技术资料准备、施工现场准备、劳动组织及物资准备、季节性施工准备等。

知识巩固

一、单项选择题

1. 施工准备工作应该具有（　　）与阶段性的统一。
   A. 综合性　　　　B. 时间性　　　　C. 整体性　　　　D. 分散性

2. 对一项工程所涉及的（　　）和经济条件等施工资料进行调查研究与收集整理，

是施工准备工作的一项重要内容。

    A. 社会条件   B. 自然条件   C. 环境条件   D. 人文条件

3.（   ）是施工准备的核心，指导着现场施工准备工作。

    A. 资源准备   B. 施工现场准备

    C. 季节施工准备   D. 技术资料准备

4. 施工图纸的会审一般由（   ）组织并主持会议。

    A. 建设单位   B. 施工单位

    C. 设计单位   D. 监理单位

5. 资源准备包括（   ）准备和物资准备。

    A. 资金   B. 信息

    C. 劳动力组织   D. 机械

6. 施工现场准备工作由两个方面组成，一是由（   ）应完成的；二是由施工单位
应完成的。

    A. 设计单位   B. 建设单位

    C. 监理单位   D. 行政主管部门

7. 现场设的临时设施，应按照（   ）要求进行搭设。

    A. 建筑施工图   B. 结构施工图

    C. 施工总平面图   D. 施工平面布置图

8. 工程项目是否按目标完成，很大程度上取决于承担这一工程的（   ）。

    A. 施工人员的身体   B. 施工人员的素质

    C. 管理人员的学历   D. 管理人员的态度

9. 施工物资准备是指施工中必须有的施工机械和（   ）的准备。

    A. 劳动对象   B. 材料   C. 配件   D. 构件

10. 工程项目开工前，（   ）应向监理单位报送工程开工报告审表及开工报告、
证明文件等，由总监理工程师签发，并报（   ）。

    A. 建设单位，施工单位   B. 设计单位，施工单位

    C. 施工单位，建设单位   D. 施工单位，设计单位

二、多项选择题

1. 施工准备工作按范围不同分为（   ）。

    A. 全场性准备   B. 单位工程准备

    C. 分部工程准备   D. 开工前准备

2. 施工准备工作的内容一般可以归纳为（   ）。

    A. 调查研究与收集资料   B. 资源准备

    C. 施工现场准备   D. 技术资料准备

3. 工程项目部的设立应确定（   ）。

    A. 人员   B. 利益   C. 职责   D. 权限

4. 物资准备主要包括（   ）两个方面的准备。

    A. 材料准备   B. 劳动力准备

    C. 施工机具准备   D. 生产工艺准备

5. 施工现场准备工作包括（   ）。

    A. 搭设临时设施   B. 拆除障碍物

    C. 建立测量控制网   D. 七通一平

6. 施工准备工作的意义有(　　)。

A. 使施工人员遵循建筑施工程序　　B. 降低施工风险

C. 创造工程开工和顺利施工的条件　　D. 提高企业经济利益

技能训练

1. 某建筑工程施工准备工作计划表如表 4-14 所示。

表 4-14　某建筑工程施工准备工作计划表

序号	施工准备工作项目	负责单位	涉及单位	备注
1	编写施工组织设计	生产经营科	质安科、材料设备科	
2	图纸会审	技术科	质安科、业主	
3	机械进场	设备科		
4	周转材料进场	材料科		
5	大型临时设施搭设	工程负责人	材料科	
6	工程预算编制	工程科		
7	技术交底	技术负责人	工长	
8	劳动力组织	劳资科		
9	确定构件供应计划	生产经营科		
10	材料采购	材料科	业主	

请问：为做好各项施工准备工作，你认为是否需要先收集施工准备资料，如何收集？

2. 施工准备调查综合实训

调查一个建筑工地，了解其建筑施工信息、技术资料准备的主要内容，施工现场人员的配备情况及其与该工程的规格、复杂程度的适应性；施工现场所用的施工机械，设备和其他器具的规格、数量等。

要求：完成调查报告(2 000 字以上)。

模块 5
单位工程施工组织设计编制

>>> 项目 5.1 单位工程施工组织设计概述

单位工程施工组织设计是以单位工程(子单位工程)为主要对象编制的,用以指导单位工程施工的技术、经济和管理的综合性文件。单位工程施工组织设计是拟建工程施工的"战术安排",是施工单位年度施工计划和施工组织总设计的具体化。它的编制既要体现国家有关法律法规和施工图的要求,又要符合施工活动的客观规律。

单位工程施工组织设计的任务是根据单位工程的具体特点、建设要求、施工条件和施工企业的施工管理水平,确定主要项目的施工顺序、流水段的划分和施工流向,选择主要施工方法、技术措施,规划施工进度计划、施工准备工作计划、技术资源计划,考核主要技术经济指标，绘制施工平面图，提出保证工程质量和安全施工的措施等，在人力、资金、材料、机械和施工方法等五个主要方面，做全面、科学、合理的安排，从而实现优质、低耗、快速的施工目标。

编制单位工程施工组织设计要做到：合理安排施工顺序，采用先进的施工技术和施工组织措施、专业工种的合理搭接和密切配合，对多种施工方案要进行技术经济分析，确保工程质量和施工安全。

5.1.1 单位工程施工组织设计的编制依据

根据建设工程的类型和性质，建设地区的各种自然条件和经济条件，工程项目的施工条件及本施工单位的力量，施工组织设计单位向各有关部门调查和搜集单位工程施工组织设计的编制依据，不足之处可通过实地勘测或调查取得。单位工程施工组织设计编制依据主要包括以下内容。

(1)与工程建设有关的法律法规和文件。

(2)国家现行有关标准和技术经济指标，如施工验收规范、规程、定额、施工手册等。

(3)工程所在地区行政主管部门的批准文件。

(4)工程施工合同和招投标文件。

(5)工程设计文件，包括全部施工图纸、会审记录和有关标准图等，还包括设备、管道等图纸。

(6)工程施工范围内的现场条件，工程地质及水文地质、气象等自然条件。

(7)与工程有关的资源供应情况。

(8)施工企业的生产能力、机具设备状况、技术水平等。

(9)施工组织总设计。单位工程是建筑群的一个组成部分，单位工程施工组织设计必须按照施工组织总设计的有关内容、各项指标和进度要求进行编制，不得与施工组织总设计相矛盾。

(10)有关技术新成果和类似工程的经验资料等。

5.1.2 单位工程施工组织设计的编制程序

根据我国建筑业多年的实践经验的总结，单位工程施工组织设计的编制程序如图5-1所示。

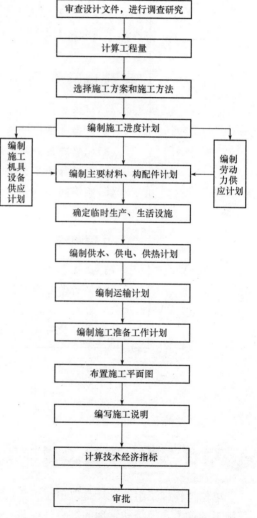

图 5-1 单位工程施工组织设计的编制程序

5.1.3 单位工程施工组织设计的内容

根据工程规模和技术复杂程度编制的单位工程施工组织设计，一般应包括下列内容。

1. 建设项目的工程概况和施工条件

(1)工程概况：主要包括拟建工程的结构形式、建筑面积、占地面积、工程造价、设计特点、地质概况等。

(2)施工条件：主要包括建设地点、工期、分期分批交工计划、承包方式、建设单位要求、承包单位现有条件、主要材料供应情况、运输条件、施工难重点分析等。

2. 施工方案(一案)

施工方案主要包括各分部分项工程的施工顺序、主要的施工方法、施工机械及施工的组织方法、新工艺新方法的运用等内容。要注重多个方案的比选，确定最优方案。施工方案是施工组织设计的核心，是编制施工进度计划和施工平面图的依据。

3. 施工进度计划(一表)

施工进度计划是施工方案在时间上的反映，主要包括各分部分项工程根据工期目标制订的横道图计划或网络图计划。在有限的资源和施工条件下，可制定切实可靠的进度措施，通过计划的调整来实现工期最合理、利润最大化的施工目标。施工进度计划是制订各项资源需要量计划和施工准备工作计划的依据。

4. 施工平面图(一图)

施工平面图是在施工现场合理布置施工机械、仓库、材料堆场、加工场、道路、临时设施、临时水电管网、施工围挡等的依据，要力求现场材料构配件的二次搬运量最少，为科学合理安全文明施工创造条件。施工平面图是单位工程施工组织设计在空间上的安排。

5. 施工准备工作计划及各项资源需要量计划

施工准备工作计划及各项资源需要量计划主要包括施工准备计划、劳动力、机械设备、主要材料、主要构件和半成品构件的需要量计划。

6. 各项技术组织措施

各项技术组织措施是施工组织设计所必须考虑的内容，结合拟建工程的具体情况拟定切实可行的保证工程质量、进度、成本和安全的技术措施和安全文明施工措施，主要包括工艺技术措施、质量保证措施、工期保证措施、安全施工措施、降低成本措施、文明施工措施、环境保护措施、季节性施工措施等内容。

7. 主要技术经济指标

主要技术经济指标主要包括工期指标、质量指标、安全文明指标、降低成本指标、实物量消耗指标等，用以评价施工的组织管理及技术经济水平。

对于工程规模小的简单单位工程，其施工组织设计一般只编制施工方案并附以施工进度计划和施工平面图，即"一案""一表""一图"。

》》项目5.2 工程概况描述

5.2.1 工程特点

(1)工程建设概况。主要说明：拟建工程的建设单位、工程名称、建设目的、工程地点、工程类型、使用功能、质量要求；资金来源及工程投资额、工程造价；开竣工日期；设计单位、监理单位、施工单位名称及资质等级；上级有关文件和要求；施工图纸情况(是否出齐、会审等）；施工合同等。

（2）建筑设计特点。主要说明：拟建工程的建筑面积、平面形状、层数、层高、总高、总宽、总长等；室内外装饰的材料、做法和要求；楼地面材料种类和做法；门窗种类、油漆要求；顶棚构造；屋面保温隔热及防水层做法等。

（3）结构设计特点。主要说明：结构特点、抗震要求；地基处理形式、桩基础的形式、根数、深度；基础类型、埋置深度、特点和要求，设备基础的形式；主体结构的类型，墙、柱、梁、板的材料及截面尺寸，楼梯的形式及做法；预制构件的类型及安装位置，单件最重、最高构件的安装高度及平面位置等。

（4）设备安装设计特点。主要说明：建筑给水排水及采暖工程、煤气工程、建筑电气安装工程、通风与空调工程、电梯安装工程等的设计要求。

5.2.2　建设地点特征分析

建设地点特征主要包括：拟建工程的位置、地形，工程地质和水文地质条件；不同深度的土壤特征；冻结期间与冻土深度；地下水位与水质，气温；冬、雨期起止时间；主导风向与风力；地震烈度等特征。

5.2.3　施工条件分析

施工条件主要包括：水、电、道路及场地平整情况，施工现场及周围环境情况；当地的交通运输条件；材料、预制构件的生产及供应情况；施工机械设备的落实情况；劳动力，特别是主要施工项目技术工种的落实情况；内部承包方式、劳动组织形式及施工管理水平；现场临时设施的解决等。

5.2.4　工程施工特点及项目组织机构

（1）工程施工特点。主要包括拟建工程的施工特点和施工中的关键问题。分析施工特点，说明工程施工的重点难点所在，以便在选择施工方案、组织资源供应和技术力量配备、编制施工进度计划、设计施工现场平面布置、落实施工准备工作上采取有效措施，解决关键问题的措施落实于施工之前，使施工顺利进行，提高建筑业企业的经济效益和管理水平。

不同类型的建筑、不同条件下的工程施工，均有其不同的特点，如砖混结构住宅建筑的施工特点是建筑和抹灰工程量大，水平与垂直运输量大，主体工程施工占整个工期 35% 左右，应尽量使砌筑与楼板混凝土工程流水施工；装修阶段占整个工期 50% 左右，工种交叉作业，应尽量组织立体交叉平行流水施工。又如，现浇钢筋混凝土高层建筑的施工特点是基坑、地下室支护结构安全要求高，结构和施工机具设备的稳定性要求高，钢材加工量大，混凝土浇筑难度大，脚手架、模板工程安全问题突出，需进行设计，要有高效率的垂直运输设备等。再如，在单层装配式工业厂房施工中，要重点解决地下工程、预制工程和结构安装工程。

（2）施工目标。根据单位工程施工合同目标，确定施工目标。施工目标一般可包括进度目标、质量目标、成本目标和安全目标。施工目标必须满足或高于施工合同目标，作为控制施工进度、质量、成本计划的依据。

（3）项目组织机构。主要包括：确定施工管理组织目标，确定施工管理工作内容，确定施工管理组织机构，制定施工管理工作流程和考核标准。

确定施工管理组织机构需完成以下工作：确定组织机构形式，确定组织管理层次，制定岗位职责，选派管理人员。

确定组织机构形式时需考虑：项目性质、施工企业类型、企业人员素质、企业管理水平等因素。一般常见的项目组织形式有：工作队式、部门控制式、矩阵式、事业部式。适用的项目组织机构形式有利于加强对拟建工程的工期、质量、安全、成本等管理，使管理渠道畅通、管理秩序井然，便于落实责任、严明考核和奖罚。

某单位工程项目组织机构图如图 5-2 所示。

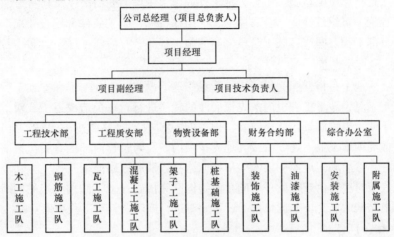

图 5-2 某单位工程项目组织机构图

项目 5.3 施工方案选择

施工方案是施工组织设计的核心，它的内容一般应包括确定施工开展程序和施工组织的方式，划分施工区段，确定施工起点流向和施工顺序，选择施工方法和施工机械等。施工方案的优劣，直接影响拟建工程的质量、进度与成本，因此应十分重视施工方案的选择。

施工方案的选择应符合下列基本要求：

(1)切实可行。制订施工方案首先要从实际出发，能切合当前实际情况，并有实现的可能性。否则，任何方案均是不可行的。施工方案的优劣，首先不是取决于技术上是否先进，工期是否最短，而是取决于是否切实可行。只能在切实可行、有实现可能性的前提下，追求技术先进、工期合理。

(2)施工期限满足(工程合同)要求，确保工程按期投产或交付使用，迅速的发挥投资效益。

(3)工程质量和安全生产有可行的技术措施保障。

(4)在满足施工企业目标的前提下力争施工费用最低。

施工方案的选择可遵循以下步骤。

5.3.1 确定施工组织方式

任何一个建筑工程都是由许多施工过程组成的，而每一个施工过程可以组织一个或多个施工队组来进行施工。如何组织各施工队组投入施工的先后顺序和平行搭接施工，是施工组织中的一个基本问题。应根据拟建工程的工程特点、施工条件和工期要求等因素，选择合理的施工组织方式。流水施工是最科学、应用最广泛和普遍的施工组织方式。

5.3.2 确定施工程序

施工程序是指单位工程施工中各分部工程或施工阶段的先后次序及其制约关系。

单位工程施工组织设计应结合具体工程的结构特征、施工条件和建设要求，合理确定该建筑物的各分部工程之间或各施工阶段之间的施工程序。一般施工程序如下。

1. 先地下、后地上

先地下、后地上是指首先完成管道、管线等地下设施、土方工程和基础工程，然后开始地上工程施工。对于地下工程也应按先深后浅的程序进行，以免造成返工或对上部工程的干扰，使施工不便，影响质量，造成浪费。但"逆作法"施工除外（"逆作法"施工：先沿建筑物地下室轴线或周围施工地下连续墙或其他支护结构，及建筑物内部的有关位置浇筑或打下中间支承桩和柱，然后施工地面一层的梁板楼面结构，随后逐层向下开挖土方和浇筑各层地下结构，直至底板封底。由于地面一层的楼面结构已完成，在地下结构施工的同时，可以向上逐层进行地上结构的施工。如此地面上、下同时进行施工，直至工程结束）。

2. 先主体、后围护

施工时应先进行框架主体结构施工，然后进行围护结构施工。如单层工业厂房先进行结构吊装工程的施工，然后再进行柱间的砖墙砌筑。对于高层建筑应组织主体与围护结构平行搭接施工，以有效地节约时间，缩短工期。

3. 先结构、后装饰

先结构后装饰指首先进行主体结构施工，然后进行装饰装修工程的施工。但是，必须指出，有时为了缩短工期，也有结构工程先施工一段时间之后，装饰工程随后搭接进行施工。如有些商业建筑，在上部主体工程施工的同时，下部一层或数层即进行装修，使其尽早开门营业。另外，随着新型建筑体系的不断涌现和建筑工业化水平的提高，某些装饰与结构构件均在工厂完成，此时结构与装饰同时完成。

4. 先土建、后设备

先土建后设备指一般的土建工程与水暖电卫等工程的总体施工程序，是先进行土建工程施工，然后进行水、暖、电、卫等建筑设备的施工。至于设备安装的某一工序要穿插在土建的某一工序之前，实际应属于施工顺序问题。工业建筑的土建工程与设备安装工程之间的程序，主要取决于工业建筑的种类，如对于精密仪器厂房，一般要求土建、装饰工程完成后安装工艺设备；重型工业厂房，一般先安装工艺设备，后建设厂房或设备安装与土建施工同时进行，如冶金车间、发电厂的主厂房、水泥厂的主车间等。

在编制施工方案时，应按照施工程序的要求，结合工程的具体情况，明确各施工阶段的主要工作内容及顺序。

5.3.3 划分施工区段，确定施工起点和流向

1. 划分施工区段

现代工程项目规模较大，时间较长。为了达到平行搭接施工、节省时间的目的，需要将整个施工现场分成平面上或空间上的若干个区段，组织工业化流水作业，在同一时间段内安

排不同的项目、不同的专业工种在不同区域同时施工。

(1)大型工业项目施工区段的划分。大型工业项目按照产品的生产工艺过程划分施工区段。大型工业项目一般有生产系统、辅助系统和附属生产系统。每个生产系统是由一系列的建筑物组成的。因此，把每一生产系统的建筑工程分别称为主体建筑工程、辅助建筑工程及附属建筑工程。

图5-3是一个多跨单层装配式工业厂房，其生产工艺的顺序如图中罗马数字所示。单纯从施工角度来看，可根据建筑物结构特征、现场周围环境、道路等状况，选择从厂房的某一端开始施工，可以有多个选择。但是按照生产工艺的顺序来进行施工，可以保证设备安装工程分期有序进行，从而达到分期完工、分期投产，提前发挥基本建设投资的效益。所以在确定各个单元(跨)的施工顺序、划分施工区段时，除了应该考虑工期、建筑物结构特征等因素以外，还应该熟悉厂的生产工艺过程，将生产工艺流程作为划分施工区段的重要因素进行考虑。

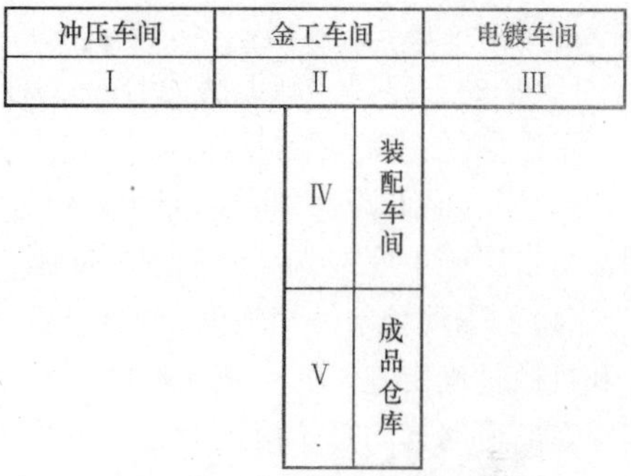

冲压车间	金工车间	电镀车间
Ⅰ	Ⅱ	Ⅲ
	Ⅳ	装配车间
	Ⅴ	成品仓库

图5-3 单层工业厂房施工

(2)大型公共项目施工区段的划分。大型公共项目按照其功能设施和使用要求来划分施工区段。例如，飞机场可以分为航站工程、飞行区工程、综合配套工程、货运食品工程、航油工程、导航通信工程等施工区段；火车站可以分为主站层、行李房、邮政转运、铁路路轨、站台、通信信号、人行隧道、公共广场等施工区段。

(3)民用住宅及商业办公建筑施工区段的划分。民用住宅及商业办公建筑可按照其现场条件、建筑特点、交付时间及配套设施等情况划分施工区段。例如，某工程为高层公寓小区，由9栋高层公寓和地下车库、热力变电站、餐厅、幼儿园、物业管理楼、垃圾站等服务用房组成。

由于该工程为群体工程，工期比较长，按合同要求9栋公寓分三期交付使用，即每年竣工3栋。在组织施工时，以3栋高层和配套的地下车库为一个施工区，分三期施工。每期工程施工中，以3栋高层配备1套大模板组织流水施工，适当安排配套工程。在结构阶段每幢公寓楼平面上又分成5个流水施工段，常温阶段每天完成一段，5 d完成一层。既保证工程均衡流水施工，又确保了施工工期。

对于独立式商业办公楼，可以从平面上将主楼和裙房分为两个不同的施工区段，从立面上再按层分解为多个流水施工段。

在设备安装阶段，也可以按垂直方向进行施工段划分，每几层组成一个施工段，分别安排水、电、风、消防、保安等不同施工队的平行作业，定期进行空间交换。

实际施工时，基础工程和主体工程一般进行分段流水作业，施工段的划分可相同也可不同，为了便于组织施工，基础和主体工程施工段的数目和位置基本一致。屋面工程施工时若没有高低层，或没有设置变形缝，一般不分段施工，而是采用依次施工的方式组织施工。装饰工程平面上一般不分段，立面上分层施工，一个结构层可作为一个施工层。

2. 确定施工起点和流向

施工起点和流向是指单位工程在平面和空间上开始施工的部位及其流动的方向。确定施工起点和流向主要取决于生产需要、缩短工期和保证质量等要求。一般来说，对单层建筑物，只要按其跨间分区分段地确定平面上的施工起点和流向；对多层建筑物，除了确定每层平面上的施工起点和流向外，还要确定其竖向空间的施工流向。

确定施工起点和流向应考虑的因素如下：

(1)车间的生产工艺流程。对于工业建筑，其生产工艺流程往往是确定施工起点流向的关键因素。应从生产工艺上考虑，工艺流程上要先期投入生产或需先期投入使用者，应先施工。

(2)建设单位的要求。根据建设单位对生产和使用的要求，生产上或使用上要求急的工段或部位应先施工。

(3)平面上各部分施工繁简程度。对技术复杂、工期较长的分部分项工程应先施工，如地下工程等。

(4)当有高低跨并列时，应从并列跨处开始施工。如柱子的吊装应从高低跨并列处开始；屋面防水层施工应按先高后低的方向施工；基础有深浅时，应按先深后浅的顺序施工。

(5)工程现场条件和施工方案。施工场地的大小，道路布置和施工方案中采用的施工方法和机械是确定施工起点和流向的主要因素。如土方工程边开挖边余土外运，则施工起点应确定在离道路远的部位由远及近进行施工。

(6)分部分项工程的特点及其相互关系。如多层建筑的室内装饰工程除了应确定平面上的起点和流向以外，在竖向上也要确定其流向，而且竖向流向的确定更显得重要。密切相关的分部分项工程的流向，如果前导施工过程的起点流向确定，则后续施工过程也应随其而定了。如单层工业厂房的挖土工程的起点流向决定柱基础施工过程和某些预制、吊装施工过程的起点流向。

(7)考虑主导施工机械的工作效益和主导施工过程的分段情况。

(8)保证施工现场内施工和运输的畅通。如单层工业厂房预制构件，宜从离混凝土搅拌机最远处开始施工，吊装时应考虑起重机退场等因素。

(9)划分施工层、施工段的部位，如伸缩缝、沉降缝、施工缝等也可决定施工起点流向。

在流水施工中，施工起点流向决定了各施工段的施工顺序。因此确定施工起点流向的同时，应当将施工段的划分和编号也确定下来。在确定施工起点流向时除了要考虑上述因素外，组织施工的方式、施工工期等因素也对确定施工起点流向有影响。

每一建筑的施工可以有多种施工起点与流向，应根据工程和工期要求、结构特征、垂直运输机械和劳动力供应等具体情况进行选择。下面以多层或高层建筑的室内抹灰工程施工为例，来说明其施工起点和流向的几种情况。

(1)自上而下的施工流向，如图5-4所示。这种做法的最大优点是交叉作业少，施工安全，有利于成品保护，工程质量容易保证，且自上而下清理现场比较方便。其缺点是装饰工程不能提前插入，工期较长。

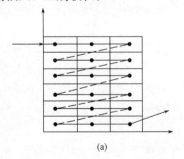
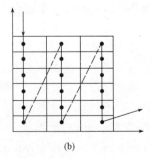

(a)　　　　　　　　　　　　(b)

图5-4 室内抹灰工程自上而下的施工流向

(a)水平方向；(b)垂直方向

（2）自下而上的施工流向，如图 5-5 所示。这种做法的优点在于充分利用了时间和空间，有利于缩短工期。但因装饰工程与主体结构工程交叉施工，材料垂直运输量大，劳动力安排集中，施工时必须有相应的确保安全的措施，同时应采取有效措施处理好楼面防水、避免渗漏和成品保护。

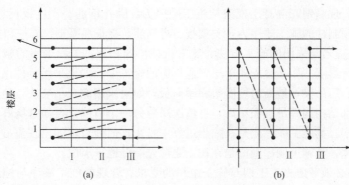

图 5-5　室内抹灰工程自下而上的施工流向

(a)水平方向；(b)竖直方向

（3）自中而下再自上而中的施工流向，如图 5-6 所示。在主体结构进行到一半时，主体继续向上施工，室内装饰由上向下施工，使得抹灰工序离主体结构的工作面越来越远，相互之间的影响越来越小。当主体结构封顶后，室内装饰再从上而中，完成全部室内装饰施工。常用于层数较多而工期较紧的工程施工。

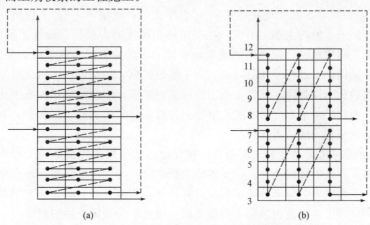

图 5-6　室内装饰工程自中而下再自上而中的施工流向

(a)水平方向；(b)竖直方向

5.3.4　确定施工顺序

施工顺序是指各分项工程或施工过程之间施工的先后次序。科学的施工顺序按照施工客观规律和工艺顺序组织施工，解决工作之间在时间与空间上最大限度的衔接问题，在保证质量与施工安全的前提下，以期做到充分利用工作面，争取时间，实现缩短工期、取得较好的经济效益的目的。

1. 确定施工顺序的基本要求

（1）施工顺序必须满足施工工艺的要求。建筑物在各个施工过程之间，都客观存在着一定的工艺顺序关系，当然这种顺序关系会随着施工对象、结构部位、构造特点、使用功能及施工方法的不同而不同。在确定施工顺序时，应注意该建筑物各施工过程的工艺要求和工艺关系，施工顺序不能违背这种关系。如当建筑物为装配式钢筋混凝土内柱和砖外墙承重的多层房屋时，由于大梁和楼板的一端是搁置在外墙上的，所以应先把墙砌到一层楼的高度后，再安装梁和楼板。现浇钢筋混凝土框架柱施工顺序为：绑扎钢筋、支柱模板、浇筑混凝土、养护和拆模；而预制柱的施工顺序为：支模板、绑钢筋、浇筑混凝土、养护和拆模。

（2）施工顺序应当与采用的施工方法、施工机械协调一致。工程采用的施工方法和施工机械对施工顺序有影响。如在装配式单层工业厂房的施工中，如果采用分件吊装法，施工顺序应该是先吊柱、后吊梁，最后吊装屋架和屋面板；如果采用综合吊装法，施工顺序则变为将一个节间的全部结构构件吊装完毕后，再依次吊装另一个节间。再如基坑开挖对地下水的处理可采用明排水，其施工顺序应是在挖土过程中排水；而当有可能出现流砂时，常采用轻型井点降低地下水，其施工顺序则应是在挖土之前先降低地下水位。

（3）施工顺序必须考虑施工工期与施工组织的要求。合理的施工顺序与施工工期有较密切的关系，施工工期影响到施工顺序的选用。如有些建筑物由于工期要求紧，采用"逆作法"施工，这样施工顺序就有较大不同。一般情况下，当满足工程的施工工艺条件的施工方案有多种时，就应从施工组织的角度，进行综合分析和反复比较，选出最经济合理、有利于施工和开展工作的施工顺序。通常在相同条件下，应优先选用能为后续施工过程创造良好施工条件的施工顺序。如地下室混凝土地坪，可以在地下室楼板铺设前施工，也可以在地下室楼板铺设后施工，但从施工组织角度来看，在地下室楼板铺设前施工比较合理。因为这样可以利用安装楼板的施工机械向地下室运输混凝土，加快地下室地坪施工速度。

（4）施工顺序必须考虑施工质量的要求。"百年大计，质量第一"，工程质量是建筑企业的生命，是工程施工永恒的主题。所以，在安排施工顺序时，必须以确保工程质量为前提，当施工顺序影响工程质量时，必须调整或重新安排原来的施工顺序或采取必要的技术措施。如高层建筑主体结构施工进行了几层以后，为了缩短工期，加快进度，可先对这部分工程进行结构验收，然后在结构封顶之前自下而上进行室内装修，然而上部结构施工用水会影响下面的装修工程。因此必须采取严格的防水措施，并对装修后的成品加强保护，否则装修工程应在屋面防水结构施工完成后再进行。

（5）施工顺序必须考虑当地的气候条件。建设地区的气候条件是影响工程质量的重要因素，也是决定施工顺序的重要条件。在安排施工顺序时，应考虑冬、雨季，台风等气候的不利影响，特别是受影响大的分部分项工程应尤其注意。土方开挖、外装修和混凝土浇筑，尽量不要安排在雨期施工，而室内装饰工程施工则一般可不受气候条件的制约。

（6）施工顺序必须考虑安全技术的要求。安全施工是保证工程质量、施工进度的基础，任何施工顺序都必须符合安全技术的要求，这也是对施工组织的最基本要求。不能因抢工程进度而导致安全事故，对于高层建筑工程施工，不宜进行交叉作业。如不允许在同一个施工段上，一面进行吊装施工，一面又进行其他作业。若交叉作业不可避免，则必须有严格的安全保证措施。

2. 确定施工顺序

施工顺序合理与否，将直接影响工种间的配合、工程质量、施工安全、工程成本和施工速度，必须科学合理地确定工程施工顺序。

（1）装配式单层工业厂房的施工顺序。工业厂房的施工比较复杂，不仅要完成土建工程，而且还要完成工艺设备安装和工业管线安装。单层工业厂房应用较广，如机械、化工、冶金、纺织等行业的很多车间均采用装配式钢筋混凝土排架结构。单层工业厂房的设计定型化、结构标准化、施工机械化大大地缩短了设计与施工时间。

装配式钢筋混凝土单层工业厂房的施工可分为基础工程、预制工程、结构安装工程、围护结构工程、屋面及装饰工程五个部分，其施工顺序如图 5-7 所示。

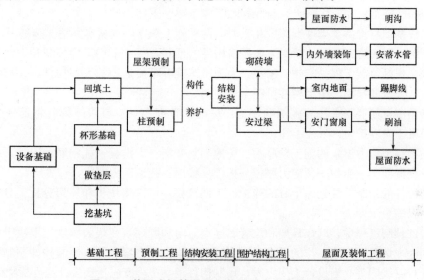

图 5-7 装配式钢筋混凝土单层工业厂房施工顺序

1）基础工程的施工顺序。基础工程的施工顺序一般为：基坑开挖→钎探验槽→浇垫层混凝土→绑扎基础钢筋→安装基础模板→浇基础混凝土→养护→拆除基础模板→回填土。

当中型或重型工业厂房建设在土质较差区域时，通常采用桩基础。此时为了缩短工期，常将打桩阶段安排在施工准备阶段进行。

在地下工程开始前，应先处理好地下的洞穴等，然后确立施工起点流向，划分施工段，以便组织流水施工；确定钢筋混凝土基础或垫层与基坑开挖之间平行搭接时间与技术间歇时间，在保证质量前提下尽早拆模和回填土，以免暴晒和浸水，并提供预制场地。

在确定基础工程施工顺序时，必须确定厂房柱基础与设备基础的施工顺序，它常会影响主体结构施工和设备安装的方案与开始时间。根据厂房柱基础埋深与设备基础埋深之间的差异程度的不同，基础工程通常可采取"封闭式"施工顺序或"敞开式"施工顺序。

①"封闭式"施工。当厂房柱基础的埋深大于设备基础埋深时，一般厂房柱基础先施工，待上部主体结构工程完成之后再进行设备基础施工，即"封闭式"施工。一般的机械工业厂房施工可采取此种施工顺序。

这种施工顺序的优点是：有利于预制构件在现场就地预制、拼装和安装就位的布置，适合选择多种类型的起重机械和开行路线，从而可加快主体结构的施工进度；结构完成之后，设备基础在室内施工，不受气候的影响；可利用厂房的桥式吊车为设备安装服务。

其主要缺点是：易出现某些重复工作，如部分柱基回填土的重复挖填和运输道路的重复铺设等；设备基础施工场地较小，施工条件较差；不能提前为设备安装提供工作面，施工工期较长。

通常，"封闭式"施工顺序多用于厂房施工处于冬、雨季时，或设备基础不大，或采用沉井等特殊施工方法的较大、较深的设备基础。

②"敞开式"施工。当设备基础埋深大于厂房柱基础埋深时，一般采用厂房柱基础与设备基础同时施工的方法，即"敞开式"施工。

当厂房的设备基础大且深，基坑的挖土范围连成一片，或深于厂房柱基础，以及地基土质不允许时，才采用设备基础先施工的"敞开式"施工顺序。如某些重型工业厂房（如冶金、电站等），一般是先安装工艺设备，然后再建造厂房。

"敞开式"施工顺序的优缺点，与"封闭式"施工顺序正好相反。

如果柱基础与设备基础埋置深度相近时，两种施工顺序可根据实际情况选其一。

2）预制工程的施工顺序。单层工业厂房构件的预制，通常采用工厂预制和工地预制相结合的方法。现场预制工程是指柱、屋架、大型吊车梁等不便运输的大型构件，安排在拟建厂房的跨内、外就地预制。中型构件可在工厂预制。

现场预制钢筋混凝土柱的施工顺序为：场地平整夯实→支模板→绑扎钢筋→安放预埋件→浇混凝土→养护。

现场预制预应力屋架的施工顺序为：场地平整夯实→支模板→扎钢筋→安放预埋件→预留孔道→浇混凝土→养护→预应力张拉→拆模→锚固→孔道压力灌浆。

现场构件的预制需要近一个月的养护，工期较长，可以将柱子和屋架分批、分段组织流水施工，以缩短工期。

在构件预制过程中，制作日期和位置、起点流向和顺序，在很大程度上取决于工作面准备工作的完成情况和后续工作的要求。需要进行结构吊装方案设计，绘制构件预制平面图和起重机开行路线图等。当设计无规定时，预制构件混凝土强度应达到设计强度标准值的75%以上才可以吊装；预应力构件采用后张法施工，构件强度应达到设计强度标准值的75%以上，预应力钢筋才可以张拉；孔道压力灌浆后，应在其强度达到15 MPa后，方可起吊。

3）结构吊装工程的施工顺序。单层工业厂房结构吊装的主要构件有：柱、柱间支撑、吊车梁、连系梁、基础梁、屋架、天窗架、屋面板、屋盖支撑系统等。每个构件的吊装工艺顺序为：绑扎→起吊→就位→临时固定→校正→最后固定。

结构构件吊装前要做好各种准备工作，包括检查构件的质量、构件弹线编号、杯型基础杯底抄平、杯口弹线、起重机准备、吊装验算等。

结构吊装工程的施工顺序主要取决于结构吊装方法，即分件吊装法和综合吊装法。如果采用分件吊装法，其吊装顺序为：起重机第一次开行吊装柱，经校正固定并等接头混凝土强度达到设计强度的70%后，吊装其他构件；起重机第二次开行吊装吊车梁、连系梁、基础梁；起重机第三次开行按节间吊装屋盖系统的全部构件。当采用综合吊装法时，其吊装顺序为：先吊装4~6根柱并迅速校正及固定，再吊装这几根柱子所在节间的吊车梁、连系梁、基础梁及屋盖系统的全部构件，如此依次逐个节间吊装直至完成整个厂房的结构吊装任务。

抗风柱的吊装可在全部柱吊装完后，屋盖系统开始吊装前，将第一节间的抗风柱吊装后再吊装第一榀屋架，最后一榀屋架吊装后再吊装最后节间的抗风柱；也可以等屋盖系统吊装定位后，再吊装全部抗风柱。

4）围护结构工程的施工顺序。围护结构主要是指墙体砌筑、门窗框安装、屋面工程等。墙体砌筑工程包括搭设脚手架和内外墙砌筑等分项工程。屋面工程包括屋面板灌缝、保温层、找平层、结合层、卷材防水层及保护层施工。通常主体结构吊装完后便可同时进行墙体的砌筑和屋面防水施工，砌体工程完工后即可进行内外墙抹灰。地面工程应在屋面工程和地下管线施工之后进行，而现浇圈梁、门框、雨篷及门窗安装，应与砌体工程穿插进行。

5）装饰工程的施工顺序。单层工业厂房的装饰工程施工可分为室内和室外两部分。室内装饰工程一般包括勾缝、抹灰、地面、门窗安装、油漆和刷白等分项工程；室外装饰工程一般包括勾缝、抹灰、勒脚、散水等分项工程。

通常，地面工程应在设备基础、墙体砌体完成一部分或管道电缆完成后进行，或视具体情况穿插进行；门窗安装一般与砌体工程穿插进行，也可在砌体工程完成后开始；门窗油漆可在内墙刷白之前进行，也可与设备安装一并进行；刷白则应在墙面干燥和大型屋面板灌缝之后进行。

（2）多层混合结构房屋的施工顺序。多层混合结构房屋的施工，通常可分为三个施工阶段，即基础工程阶段、主体结构工程阶段、屋面及装饰工程阶段，其施工顺序如图5-8所示。

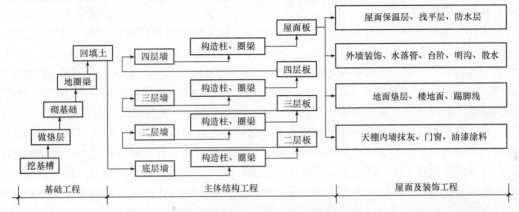

图5-8　多层混合结构房屋施工顺序

1）基础工程的施工顺序。基础工程一般指房屋底层室内地坪（±0.000）以下所有工程。其施工顺序一般为：挖土→混凝土垫层→基础砌筑→地圈梁（或防潮层）→回填土。

因基础工程受自然条件影响较大，各施工过程安排应尽量紧凑。基槽开挖与垫层施工安排要紧凑，间隔时间不宜过长，以防暴晒和积水而影响地基的承载能力。在安排工序的穿插搭接时，应充分考虑技术间歇和组织间歇，以保证质量和工期。一般情况下，回填土应在基础完工后一次分层压实，这样既可以保证基础不受雨水浸泡，又可为后续工作提供场地，使场地面积增大，并为搭设外脚手架以及建筑物四周运输道路的畅通创造条件。

地下管道施工应与基础工程施工配合进行，平行搭接，合理安排施工顺序，尽可能避免土方重复开挖，造成不必要的浪费。

2）主体结构工程的施工顺序。主体结构工程阶段的施工顺序一般为：搭设脚手架→砌筑墙体→安装门窗过梁→现浇混凝土圈梁和构造柱→安装楼板和楼梯→灌板缝。其中砌墙和安装楼板是主导施工过程，应合理组织流水作业，以保证施工的连续性和均衡性。砌筑墙体时，一般以每个自然层作为一个砌筑层，然后分层进行流水作业。

主体结构施工阶段应同时重视楼梯间、厕所、厨房、阳台等的施工，合理安排它们与主要工序间的施工顺序。各层预制楼梯的安装应在砌墙的同时完成。当采用现浇钢筋混凝土楼梯时，尤其应注意与楼层施工相配合，否则会因为混凝土的养护而使后续工序不能按期开始而延误工期。对于局部现浇楼面的支模和绑扎钢筋，可安排在墙体砌筑的最后一步插入，并在浇筑圈梁时浇筑楼板。

3）屋面及装饰工程的施工顺序。

①屋面工程的施工顺序。屋面工程一般分为屋面保温隔热工程和屋面防水工程。屋面防水一般分为柔性防水和刚性防水。柔性卷材防水的施工顺序一般为：结构层→找平层→隔气层→保温层→找平层→结合层→卷材防水层→保护层。屋面防水应在主体结构封顶后，尽早开始施工，以便为装饰工程施工创造有利条件。

②装饰工程的施工顺序。装饰工程按内外分室外装饰和室内装饰。室外装饰一般包括外

墙装饰、台阶、散水和明沟等分项工程。室内装饰按施工部位可分内墙装饰、顶棚装饰、楼地面装饰等；按装饰施工种类可分为抹灰、装饰板块、油漆、涂料、门窗安装等分项工程。其中，墙面、天棚、楼地面装饰是主要工序。由于装饰工程工序繁多，工程量大，时间长，且湿作业多，劳动强度大，应根据工程特点和工期要求、结构特征、垂直运输机械和劳动力供应等具体情况，合理安排其施工顺序，组织立体交叉流水作业，以确保工程施工质量，加快工程施工进度。

室外装饰与室内装饰相互之间一般干扰很小，其先后顺序可以根据实际情况灵活选择。一般情况下，因室内装饰施工项目多，工程量大，工期长，为给后续工序施工创造条件，可采用"先内后外"的顺序。如果考虑到适应气候条件，加快外脚手架周转，也可采用"先外后内"的施工顺序，或者室内外同时进行。此外，当采用单排外脚手架砌墙时，由于砌墙时留有脚手眼，故内墙抹灰需等到该层外装饰完成，脚手架拆除，洞眼补好后方能进行。

室内抹灰在房间的施工顺序有两种方案。第一种方案的施工顺序一般为：顶棚→墙面→地面。该种抹灰顺序的优点是工期相对较短。但在顶棚、墙面抹灰时有落地灰，在地面抹灰前应将落地灰清理干净，同时要求楼板灌缝密实，以免漏水污染下一层墙面。第二种方案的施工顺序是：地面→顶棚→墙面→踢脚线。按照这种施工顺序，其优点是可以保护下层顶棚和墙面抹灰不受渗水污染、地面抹灰质量易于保证。但因楼地面施工后需一定时间的养护，如组织得不好会拖延工期，并在顶棚抹灰中要注意对完工后的地面加以保护，否则易引起地面的返工。

而同一楼层不同房间之间的先后顺序，则应从有利于成品保护的角度出发进行安排。其一般的施工顺序为：房间→走廊→楼梯。若是其竖向的施工流向为自下而上，则应留出楼梯间等必要的垂直通道，待各楼层的房间和走廊的抹灰工作全部完成之后，再自上而下进行抹灰施工。门窗的安装及玻璃、油漆等，宜在抹灰后进行。

水电设备安装必须与土建施工密切配合，进行交叉施工。在基础施工阶段，应及时埋好地下管网，预配上部管件，以便配合主体施工。主体施工阶段，应做好预留孔道，暗敷管线，埋设木砖和箱盒等配件。装饰工程施工阶段应及时安排好室内管网和附墙设施，如外墙装饰施工的同时，应及时进行落水管安装。

(3)多、高层现浇钢筋混凝土结构房屋的施工顺序。多、高层建筑种类繁多，如框架结构、剪力墙结构、筒体结构、框-剪结构等。不同结构体系，采用的施工工艺不尽相同，如大模板法、滑模法等，无固定模式可循，施工顺序应与采用的施工方法相协调。多、高层现浇钢筋混凝土结构房屋一般可划分为基础及地下室工程、主体结构工程等分部工程，其施工顺序如图5-9所示。

1)基础及地下室工程的施工顺序。多、高层建筑的基础大多为深基础，除在特殊情况下采用逆作法施工外，通常采用自下而上的施工顺序：挖土→清槽→验槽→桩基础施工→垫层→桩头处理→防水层→保护层→放线→承台梁板施工→放线→施工缝处理→柱墙施工→梁板施工→地下室外墙防水→保护层→回填土。

施工中要注意防水工程和承台梁大体积混凝土浇筑及深基础支护结构的施工，防止水化热对大体积混凝土的不良影响，并保证基坑支护结构的安全。

2)主体结构工程的施工顺序。主体结构的施工顺序与结构体系、施工方法有极密切的关系，应视工程具体情况合理选择。例如，现浇钢筋混凝土剪力墙结构工程，因施工方法的不同应采取不同的施工顺序。

采用大模板工艺，分段流水施工，施工速度快，结构整体性、抗震性好。标准层施工顺序为：弹线→绑扎钢筋→支墙模板→浇筑墙身混凝土→拆墙模板→养护→支楼板模板→绑扎

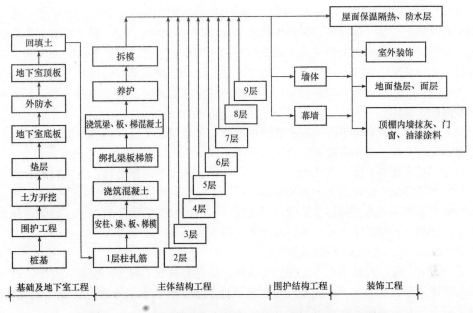

图 5-9 多、高层现浇钢筋混凝土框架结构房屋的施工顺序

楼板钢筋→浇筑楼板混凝土。随着楼层施工，电梯井、楼梯等部位也逐层插入施工。

采用滑升模板工艺，滑升模板和液压系统安装调试工艺顺序为：抄平放线→安装提升架与围圈→支一侧模板→绑墙体钢筋→支另一侧模板→液压系统安装→检查调试→安装操作平台→安装支承杆→滑升模板→安装悬吊脚手架。

3)屋面和装饰工程的施工顺序。屋面工程的施工顺序与混合结构房屋的屋面工程基本相同。屋面防水应在主体结构封顶后，尽快完成，使室内装饰尽早进行。

装饰工程的施工顺序因工程具体情况不同差异较大。如室内装饰工程的施工顺序一般为：结构表面处理→隔墙砌筑→管道安装→墙面抹灰→门窗安装→墙面装饰面层→吊顶→地面→灯具洁具安装→调试→清理。如果大墙面平整，只需在墙面刮腻子，面层刷涂料。室外装饰工程的施工顺序为：结构表面处理→弹线→贴面砖→清理→散水台阶→明沟。

5.3.5 选择施工方法和施工机械

施工方法和施工机械的选择是施工方案中的关键问题，两者之间联系紧密，它直接影响施工进度、质量、安全和工程成本。单位工程中任何一个施工都可以采用几种不同的施工方法，使用不同的施工机械进行施工，每一种方法都有其各自的优缺点，应根据施工对象的建筑特征、结构形式、场地条件及工期要求等，对多个施工方法进行分析比较，选择一个先进合理、最适合拟建工程的施工方法，并选择相应的施工机械。

确定施工方法和施工机械应遵守的原则：施工方法的技术先进性与经济合理性统一；兼顾施工机械的适用性和多用性，尽量发挥施工机械的性能和使用效率；应充分考虑工程的建筑特征、结构形式、抗震烈度、工程量大小、工期要求、资源供应情况、施工现场条件、周围环境、施工单位的技术特点和技术水平、劳动组织形式和施工习惯。

1. 确定施工方法

(1)施工方法的主要内容。拟定主要的操作过程和方法，包括施工机械的选择、提出质量要求和达到质量要求的技术措施、制定切实可行的安全施工措施等。

143

（2）确定施工方法的重点。确定施工方法时应着重考虑影响整个单位工程施工的各分部分项工程的施工方法。如在单位工程中占重要地位的分部分项工程，施工技术复杂或采用新工艺、新材料、新技术对工程质量起关键作用的分部分项工程，不熟悉的特殊结构工程或由专业施工单位施工的特殊专业工程等的施工方法。而对于按照常规做法和工人熟悉的分项工程，只要提出应注意的特殊问题即可，不必详细拟定施工方法。对于下列一些项目的施工方法则应详细、具体。

1）工程量大，在单位工程中占重要地位，对工程质量起关键作用的分部分项工程。如基础工程、钢筋混凝土工程等隐蔽工程。

2）施工技术复杂、施工难度大，或采用新技术、新工艺、新结构、新材料的分部分项工程。如大体积混凝土结构施工、模板早拆体系、无粘结预应力混凝土等。

3）施工人员不太熟悉的特殊结构，专业性很强、技术要求很高的工程。如仿古建筑、大跨度空间结构、大型玻璃幕墙、薄壳、悬索结构等。

（3）主要分部工程施工方法要点。

1）土石方工程。选择土石方工程施工机械；确定土石方工程开挖或爆破方法；确定土壁放坡的边坡坡度、土壁支护形式及打桩方法；地下水、地表水的处理方法及有关配套设备；计算土石方工程量并确定土石方调配方案。

2）基础工程。浅基础的垫层、混凝土基础和钢筋混凝土基础施工的技术要求，以及地下室施工的技术要求；桩基础施工方法及施工机械选择。

基础工程强调在保证质量的前提下，要求加快施工速度，突出一个"抢"字；混凝土浇筑要求一次成型，不留施工缝。

3）钢筋混凝土结构工程。模板的类型和支模方法、拆模时间和有关要求；对复杂工程尚需进行模板设计和绘制模板放样图；钢筋的加工、运输和连接方法；选择混凝土制备方案，确定搅拌、运输及浇筑顺序和方法；泵送混凝土和普通垂直运输混凝土的机械选择；确定混凝土搅拌、振捣设备的类型和规格及施工缝留设位置；预应力钢材、锚夹具、张拉设备的选用和验收，成孔材料及成孔方法（包括灌浆孔、泌水孔），端部和梁柱节点处的处理方法，预应力张拉力、张拉程序以及灌浆方法、要求等；混凝土养护及质量评定。

在选择施工方法时，应特别注意大体积混凝土、高强度混凝土、特殊条件下混凝土及冬期混凝土施工中的技术方法，注重模板的早拆化、标准化，钢筋加工中的联动化、机械化，混凝土运输中采用搅拌运输车，泵送混凝土，计算机控制混凝土配料等。

4）结构安装工程。选择起重机械（类型、型号、数量）；确定结构构件安装方法，拟定安装顺序，起重机开行路线及停机位置；构件平面布置设计，工厂预制构件的运输、装卸、堆放方法；现场预制构件的就位、堆放的方法，确定吊装前的准备工作、主要工程量的吊装进度。

5）砌体工程。墙体的组砌方法和质量要求，大规格砌块的排列图；确定脚手架搭设方法及安全网的布置；砌体标高及垂直度的控制方法；垂直运输及水平运输机具的确定；砌体流水施工组织方法的选择。

6）屋面及装饰工程。确定屋面材料的运输方式，屋面工程各分项工程的施工操作流程及质量要求；装饰材料运输及储存方式；各分项工程的操作流程及质量要求，新材料的特殊工艺及质量要求。

7）特殊项目。对于特殊项目，如采用新材料、新技术、新工艺、新结构的项目，以及大跨度、高耸结构、水下结构、深基础、软弱地基等，应单独选择施工方法，阐明施工技术关键，进行技术交底，加强技术管理，制定安全质量措施。

2. 选择施工机械

施工机械对施工工艺、施工方法有直接的影响，施工机械化是现代化大生产的显著标志，对加快建设速度，提高工程质量，保证施工安全，节约工程成本起着至关重要的作用。因此，选择施工机械成为确定施工方案的一个重要内容。

(1)大型机械设备选择原则。机械化施工是施工方法选择的中心环节，施工方法和施工机械的选择是紧密联系的，一定的方法配备一定的机械，在选择施工方法时应当协调一致。大型机械设备的选择主要是选择施工机械的型号和确定其数量，在选择其型号时要符合以下原则：

1)满足施工工艺的要求。

2)有获得的可能性。

3)经济合理且技术先进。

(2)大型机械设备选择应考虑的因素。

1)选择施工机械应首先根据工程特点，选择适宜主要工程的施工机械。例如，在选择装配式单层厂房结构安装用的起重机械时，若工程量大而集中，可选生产效率高的塔式起重机或桅杆式起重机；若工程量较小或虽然较大但却较分散时，则采用无轨自行式起重机械。在选择起重机型号时，应使起重机性能满足起重量、起重高度、起重半径和起重臂长等的要求。

2)施工机械之间的生产能力应协调一致。要充分发挥主导施工机械的效率，同时，在选择与之配套的各种辅助机械和运输工具时，应注意它们之间的协调。例如，挖土机与运土汽车配套协调，可使挖土机充分发挥其生产效率。

3)在同一建筑工地上的施工机械的种类和型号应尽可能少。为了便于现场施工机械的管理及减少转移，对于工程量大的工程应采用专用机械；对于工程量小而分散的工程，则应尽量采用多用途的施工机械。例如，挖土机既可用于挖土也可用于装卸、起重和打桩。

4)在选用施工机械时，应尽量选用施工单位现有的机械，以减少资金的投入，充分发挥现有机械效率。若施工单位现有机械不能满足工程需要，则可考虑租赁或购买。

5)对于高层建筑或结构复杂的建筑物(构筑物)，其主体结构施工的垂直运输机械最佳方案往往是多种机械的组合。例如，塔式起重机和施工电梯；塔式起重机、施工电梯和混凝土泵；塔式起重机、施工电梯和井字架；井字架、快速提升机和施工电梯等。

(3)大型机械设备的确定。根据工程特点，按施工阶段正确选择最适宜的主导工程的大型施工机械设备，各种机械型号、数量确定之后，列出设备的规格、型号、主要技术参数及数量，可汇总成表，参见表5-1。

表5-1 大型机械设备选择汇总表

项目	机械名称	机械型号	主要技术参数	数量	进、退场日期
基础工程					
主体结构工程					
装修工程					

项目 5.4　单位工程施工进度计划编制

单位工程施工进度计划是在已确定的施工方案的基础上，根据合同工期要求和各种资源供应条件，按照工程的施工顺序，用图表形式(横道图或网络图)表示各分部、分项工程施工在时间上的顺序关系及工程开、竣工时间的一种计划安排。

编制施工进度计划时，既要强调各施工过程之间紧密配合，又要适当留有余地，以应付各种难以预测的情况，避免施工陷于被动局面。计划留有余地，同时也便于在计划执行的过程中即施工的过程中进行不断修改和调整，使进度计划总是处于最佳状态。

5.4.1　单位工程施工进度计划的概念

单位工程施工进度计划是控制单位工程各项施工活动的进度，确保工程如期完成的计划，是施工方案在时间上的反映，既是调配材料、劳动力、机具等的依据，又是编制季、月施工作业计划的基础。

5.4.2　单位工程施工进度计划的作用

单位工程施工进度计划是单位工程施工组织设计的重要内容，它的主要作用如下：

(1)实现对单位工程进度的控制，保证在规定工期内完成符合质量要求的工程任务。

(2)确定分部分项工程的施工顺序、施工持续时间及相互间的衔接配合关系。

(3)为编制各项资源需要量计划和施工准备工作计划提供依据。

(4)为编制季度、月度生产作业计划提供依据。

(5)具体指导现场的施工安排。

5.4.3　单位工程施工进度计划的分类

1. 按施工过程划分的粗细程度分类

(1)控制性施工进度计划。它是按分部工程来划分施工过程，控制各分部工程的施工时间及其相互配合、搭接关系的一种进度计划。

它主要适用于工程结构较复杂、规模较大、工期较长，需跨年度施工的工程，如大型公共建筑、大型工业厂房；还适用于规模不大或结构不复杂，但各种资源(劳动力、材料、机械等)不落实的情况；也适用于工程建设规模、建筑结构可能发生变化的情况。编制控制性施工进度计划的单位工程，当各部分部工程的施工条件基本落实之后，在施工之前还需编制各分部工程的指导性施工进度计划。

(2)指导性施工进度计划。它是按分项工程来划分施工过程，具体指导各分项工程的施工时间及其相互配合、搭接关系的一种进度计划。

它适用于施工任务具体明确、施工条件落实、各项资源供应正常，施工工期不太长的工程。

2. 按编制时间阶段进行分类

(1)中标前施工进度计划。它是建筑业企业在招投标过程中所编制的施工进度计划。

(2)中标后施工进度计划。它是建筑业企业在中标后，进行技术准备时进一步编制的施工进度计划。

5.4.4 单位工程施工进度计划的编制依据

(1)施工组织总设计中总进度计划对本单位工程的规定和要求。

(2)有关设计文件，如建筑总平面图及单位工程全套施工图纸、地质地形图、工艺设计图、设备及其基础有关标准图等技术资料。

(3)"项目管理目标责任书"中明确的单位工程开工、竣工时间，即要求工期。

(4)已确定的单位工程施工方案与施工方法，包括施工程序、施工段划分、施工流程、施工顺序及起点流向、施工方法等

(5)劳动定额、机械台班定额资料。

(6)施工现场条件、气候条件、环境条件。

(7)预算文件中的工程量、工料分析等资料。

(8)施工人员的技术素质及劳动效率。

(9)主要材料、设备的供应能力。

(10)已建成的类似工程的施工进度计划。

5.4.5 单位工程施工进度计划的编制程序

单位工程施工进度计划的编制程序如图5-10所示。

1. 划分施工过程

施工过程是施工进度计划组成的基本单元。把拟建工程的各施工过程按先后顺序列出，并将其填入施工进度计划表中。施工过程的划分应根据拟建工程的结构特点、施工方案及劳动组织的特点等来进行。

划分施工过程时，要密切配合确定的施工方案。由于施工方案的不同，施工过程名称、数量和内容也有所不同。如某深基坑工程，当采用放坡开挖时，其施工过程有井点降水和挖土两项；当采用板桩支护时，其施工过程包括井点降水、打板桩和挖土三项。

划分施工过程应考虑的因素具体见模块2关于流水施工参数的有关内容。

2. 计算工程量

当确定了施工过程之后，应计算每个施工过程的工程量。工程量应根据施工图样、工程量计算规则及相应的施工方法进行计算。即按工程的几何形状进行计算，计算时应注意以下几个问题。

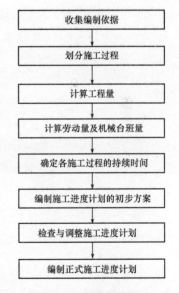

图5-10 单位工程施工进度计划的编制程序

(1)工程量的计量单位。每个施工过程的工程量的计量单位应与采用的施工定额的计量单位相一致。这样，在计算劳动量、材料消耗量及机械台班量时就可直接套用施工定额，不需再进行换算。

(2)采用的施工方法。计算工程量时，应与采用的施工方法相一致，以便计算的工程量与施工的实际情况相符合。

(3)取用预算文件中的工程量。如果编制单位工程施工进度计划时，已编制出预算文件（施工图预算或施工预算），则工程量可从预算文件中抄出并汇总。但是，施工进度计划中某

些施工过程与预算文件的内容不同或有出入时（如计量单位、计算规则、采用的定额等），则应根据施工实际情况加以修改、调整或重新计算。

（4）当施工组织中分段、分层施工时，工程量计算也应分段、分层计算，以便于施工组织和进度计划编制。

3. 确定劳动量及机械台班量

根据施工过程的工程量、施工方法和现行施工定额来确定劳动量和机械台班量。

（1）套用建筑工程施工定额。确定了施工过程及其工程量之后，即可套用建筑工程施工定额（当地实际采用的劳动定额及机械台班定额），以确定每一个施工过程的时间定额（H_i）或产量定额（S_i）及机械台班定额（H_i或S_i）。

在套用国家或当地颁布的定额时，必须注意结合本单位工人的技术等级、实际操作水平、施工机械情况和施工现场条件等因素，确定定额的实际水平，使计算出来的劳动量、机械台班量等符合实际需要。

（2）确定劳动量和机械台班量。劳动量和机械台班量可根据各施工过程的工程量、施工方法和套用施工定额得到的时间定额（H_i）或产量定额（S_i）来进行计算。一般计算公式为

$$P_i = \frac{Q_i}{S_i} = Q_i H_i \tag{5-1}$$

式中　P_i——分项工程i的劳动量（工日）或机械台班量（台班）；

　　　Q_i——分项工程i的工程量（m^3、m^2、m、t等）；

　　　S_i——分项工程i的计划产量定额[m^3/工日（台班）等]；

　　　H_i——分项工程i的计划时间定额[工日（台班）/m^3等]。

当某一施工过程是由两个或两个以上不同分项工程合并而成时，其总劳动量应按以下公式计算：

$$P_{总} = \sum_{i=1}^{n} P_i = P_1 + P_2 + \cdots + P_n \tag{5-2}$$

当某一施工过程是由同一工种、但不同做法、不同材料的若干个分项工程合并组成时，应按以下公式计算其综合产量定额，再求其劳动量。

$$\overline{S} = \frac{\sum_{i=1}^{n} Q_i}{\sum_{i=1}^{n} P_i} = \frac{Q_1 + Q_2 + \cdots + Q_n}{P_1 + P_2 + \cdots + P_n} = \frac{Q_1 + Q_2 + \cdots + Q_n}{\frac{Q_1}{S_1} + \frac{Q_2}{S_2} + \cdots + \frac{Q_n}{S_n}} \tag{5-3}$$

$$\overline{H} = \frac{1}{S} \tag{5-4}$$

式中　$\overline{S}$——某施工过程的综合产量定额[m^3/工日（台班）等]；

　　　$\overline{H}$——某施工过程的综合时间定额[工日（台班）/m^3等]；

　　　$\sum_{i=1}^{n} P_i$——总劳动量（工日）；

　　　$\sum_{i=1}^{n} Q_i$——总工程量（m^3、m^2、m、t等）；

　　　Q_1，Q_2，…，Q_n——同一施工过程的各分项工程的工程量；

　　　S_1，S_2，…，S_n——与Q_1，Q_2，…，Q_n相对应的产量定额。

【例5-1】某基础工程土方开挖总量为10 000 m^3，计划用两台挖掘机进行施工，挖掘机台班定额为100 m^3/台班。试计算挖掘机所需的台班量。

【解】　　　　　$P_{机械} = \frac{Q_{机械}}{S_{机械}} = 10\ 000/(100 \times 2) = 50（台班）$

【例5-2】某预制钢筋混凝土构件工程，其施工参数见表5-2。计算完成该分项工程所需的劳动量。

表5-2　某钢筋混凝土预制构件施工参数

施工过程	工程量		时间定额	
	单位	数量	单位	数量
安装模板	10 m³	15.5	工日/10 m³	2.12
绑扎钢筋	t	18	工日/t	14.5
浇筑混凝土	m³	149	工日/m³	1.82

【解】$P_总 = \sum_{i=1}^{n} P_i = P_1 + P_2 + \cdots + P_n = 15.5 \times 2.12 + 18 \times 14.5 + 149 \times 1.82 = 565$（工日）

4. 确定各施工过程的持续时间

施工过程持续时间的确定方法有三种，即经验估算法、定额计算法和按工期倒排进度法。前两种方法见模块2关于流水施工参数的有关内容，在这里介绍按工期倒排进度法。

按工期倒排进度是根据施工的工期要求，先设定施工过程的持续时间、工作班制，再确定施工班组人数或机械台数。计算公式为

$$R_i = \frac{P_i}{N_i \times D_i} \tag{5-5}$$

$$R_{机械} = \frac{P_{机械}}{N_{机械} \times D_{机械}} \tag{5-6}$$

式中　D_i——第i个手工操作为主的施工过程的持续时间（d）；

P_i——第i个手工操作为主的施工过程所需的劳动量（工日）；

R_i——第i个手工操作为主的施工过程所配备的施工班组人数（人）；

N_i——第i个手工操作为主的施工过程每天采用的工作班制（班）；

$D_{机械}$——某机械施工为主的施工过程持续时间（d）；

$P_{机械}$——某机械施工为主的施工过程所需的机械台班数（台班）；

$R_{机械}$——某机械施工为主的施工过程所配备的机械台班数（台）；

$N_{机械}$——某机械施工为主的施工过程每天采用的工作台班数（台班）。

在实际工作中，必须结合施工现场的具体条件、最小工作面与最小劳动组合人数的要求，机械施工的工作面大小、机械效率、机械必要的停歇维修与保养时间等因素，同时结合每天的合理工作班制，才能确定出符合实际施工条件和要求的施工班组人数及机械台班数。

5. 编制施工进度计划的初步方案

各施工过程的持续时间确定之后，就可编制施工进度计划的初步方案。下面以横道图为例来说明编制的一般方法。

(1)根据施工经验直接安排的方法。这种方法是根据经验资料及有关计算，直接在进度表上画出进度线。其一般步骤是：首先安排主导施工过程的施工进度，然后安排其余施工过程。它应尽可能配合主导施工过程并最大限度地搭接，形成施工进度计划的初步方案。总的原则是应使每个施工过程尽可能早地投入施工。

（2）按工艺组合组织流水的施工方法。这种方法就是先按各施工过程即工艺组合流水初排流水进度线，然后将各工艺组合最大限度地搭接起来。

无论采用上述哪一种方法编排进度，都应注意以下问题：

（1）每个施工过程的施工进度线都应用横道粗实线段表示（初排时可用铅笔细线表示，待检查调整无误后再加粗）；

（2）每个施工过程的进度线所表示的时间（天）应与计算确定的持续时间一致；

（3）每个施工过程的施工起止时间应根据施工工艺顺序及组织顺序确定。

6. 检查与调整施工进度计划

施工进度计划初步方案编制以后，应根据与建设单位和有关部门的要求、合同规定及施工条件等，先检查各施工过程之间的施工顺序是否合理、工期是否满足要求、劳动力等资源消耗是否均衡，然后再进行调整，直至满足要求，正式形成施工进度计划。

总的要求是：在合理的工期下尽可能地使施工过程连续施工，这样便于资源的合理安排。

项目 5.5　单位工程资源需要量计划编制

单位工程施工进度计划确定以后，便可编制劳动力需要量计划，主要材料、预制构件、半成品等的需要量和加工计划，施工机具及周转材料的需要量计划等各种资源计划。它们是做好劳动力与物资的供应、平衡、调度、落实的依据，也是施工单位编制施工作业计划的主要依据之一。

5.5.1　劳动力需要量计划

劳动力需要量计划是均衡安排劳动力、调配和衡量劳动力耗用指标的依据，它反映单位工程施工中所需要的各种技工、普工人数。一般要求按月分旬编制计划，主要根据确定的施工进度计划编制，其方法是按进度表上每天需要的施工人数，分工种进行统计，得出每天所需工种及人数，按时间进度要求汇总编出，其形式见表5-3。

表5-3　劳动力需要量计划

序号	工种	总需要量		每月需要量/工日						备注
		单位	数量	××月			××月			
				上旬	中旬	下旬	上旬	中旬	下旬	

5.5.2　主要材料需要量计划

主要材料需要量计划是备料、供料和确定仓库、堆场面积大小及组织运输的依据。根据施工预算、材料消耗定额和施工进度计划来编制，其形式见表5-4。

表 5-4 主要材料需要量计划

序号	材料名称	规格	需要量		供应时间	备注
			单位	数量		

5.5.3 构件和半成品需要量计划

构件和半成品需要量计划是根据施工图、施工方案及施工进度计划的要求编制，主要反映施工中各种预制构件的需要量及供应日期，并作为落实加工单位及按所需规格、数量和使用时间组织构件进场的依据，其形式见表 5-5。

表 5-5 构件和半成品需要量计划

序号	构件、半成品名称	规格	图号、型号	需要量		使用部位	加工单位	供应日期	备注
				单位	数量				

5.5.4 施工机械需要量计划

施工机械需要量计划主要用于确定施工机具类型、数量和进场时间，其形式见表 5-6。

表 5-6 施工机械需要量计划

序号	机械名称	类型、型号	需要量		来源	使用起止时间	备注
			单位	数量			

项目 5.6 单位工程施工平面图设计

5.6.1 单位工程施工平面图设计概述

在施工现场，除拟建建筑物以外，还有各种项目施工所需要的临时设施，如塔吊、钢筋加工棚、各种材料和脚手架模板等堆场、工地办公室及食堂等。为了使现场施工科学有序、安全文明，必须对施工现场进行合理的平面规划和布置，即对施工现场平面布置进行设计。在建筑总平面图上，按照相同的比例，将为施工服务的各种临时设施合理布置在其上，作为施工现场平面布置依据的图形，称为施工平面图。单位工程施工平面图的绘制比例一般为1：200～1：500。

施工平面图是施工方案在现场空间上的体现，它反映已建工程和拟建工程之间以及各种临时建筑、临时设施之间的合理位置关系。它是施工组织设计的重要组成部分，是布置施工现场的依据，是施工准备工作的一项重要内容，对于有组织、有计划地进行文明和安全施工，节约施工用地，减少场内运输，避免相互干扰，降低工程费用具有重大的意义。

1. 单位工程施工平面图的内容

单位工程施工平面图的内容主要包含以下几个方面：

(1)施工现场的范围，现场内已建和拟建的地上和地下的一切建筑物、构筑物及其他设施的位置和尺寸。

(2)垂直运输机械的位置和尺寸，如塔式起重机位置、运行轨道，施工电梯或井字架的位置。

(3)混凝土泵和泵车或混凝土搅拌站、砂浆搅拌站的位置和尺寸。

(4)各种材料、加工半成品、构件和机具的堆场或仓库的位置和尺寸。

(5)装配式结构构件制作和拼装地点。

(6)临时水、电、消防管线位置，水源、电源、变压器、高压线、消防栓等的位置。

(7)行政、生产、生活用的临时设施，如办公室、各种加工棚、食堂、宿舍、门卫室、配电房、围墙等的位置和尺寸。

(8)场内施工道路及其与场外交通的联系。

(9)测量轴线及定位线标识，永久性水准点位置和土方取弃场地。

(10)必要的图例、比例、风向频率玫瑰图或指北针。

2. 单位工程施工平面图的设计依据

(1)各种设计资料，包括建筑总平面图、地形地貌图、区域规划图、单位工程范围内有关的一切已有和拟建的各种设施位置。

(2)建设地区的自然条件和技术经济条件。主要用来确定施工排水沟渠、材料仓库、构件和半成品堆场、道路及可以利用的生产和生活的临时设施位置。

(3)单位工程的工程概况、施工方案、施工进度计划，以便了解各施工阶段情况，合理规划施工场地。

(4)各种建筑材料构件、加工品、施工机械和运输工具需要量一览表，以便规划工地内部的储放场地和运输线路。

(5)各构件加工厂规模、仓库及其他临时设施的数量和外廓尺寸。

(6)由建设单位提供原有房屋及生活设施情况。

3. 单位工程施工平面图的设计原则

(1)尽量减少施工用地，平面布置力求紧凑。

(2)合理组织运输，确保运输通道便捷通畅，减少场内二次搬运。

(3)施工区域的划分和场地的确定，应符合施工流程要求，尽量减少专业工种之间的干扰。

(4)充分利用各种永久性建筑物、构筑物和原有设施为施工服务，降低临时设施的费用。

(5)各种办公生产生活设施应既联系方便又避免相互干扰。

(6)满足安全防火、劳动保护的要求。

4. 单位工程施工平面图的设计步骤

单位工程施工平面图的设计步骤如图 5-11 所示。

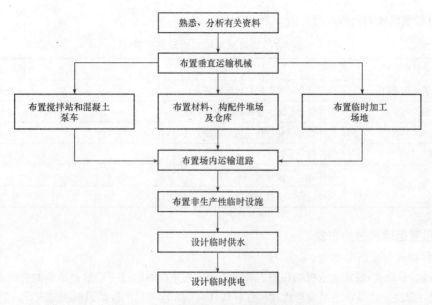

图 5-11　单位工程施工平面图的设计步骤

5.6.2　施工平面图的设计内容

5.6.2.1　熟悉、分析有关资料

熟悉、分析有关资料的内容包括：熟悉设计图纸、施工方案、施工进度计划；调查分析有关资料，掌握、熟悉现场有关地形、水文、地质条件；在建筑总平面图上进行施工平面图设计。

5.6.2.2　布置垂直运输机械

垂直运输机械的位置直接影响搅拌站、加工厂、材料构件堆场、仓库等的位置和道路、临时设施及水电管线的布置等，因此，它是施工现场全局的中心，应首先确定。

常用的垂直运输机械有无轨自行式起重机、塔式起重机（移动式和固定式）、井字架、龙门架和施工电梯等，选择时主要根据拟建工程规模，建筑物平面形状和四周场地条件，机械性能，施工段划分情况、起重高度、材料和构件的重量、材料供应和已有运输道路等情况来确定。一般来讲，单层工业厂房施工多采用无轨自行式起重机；多层房屋施工中，多采用轻型塔吊、井字架等；而高层房屋施工，多采用施工电梯和自升式或爬升式塔吊等作为垂直运输机械。

1. 起重机械数量的确定

起重机械的数量应根据工程量大小和工期要求，考虑到起重机的生产能力，按经验公式进行确定：

$$N = \frac{1}{TZK} \times \sum \frac{Q_i}{S_i} \tag{5-7}$$

式中　N——起重机台数；

　　　T——工期(d)；

　　　Z——每天工作班次；

　　　K——时间利用参数，一般取 0.7~0.8；

　　　Q_i——各构件(材料)的运输量；

　　　S_i——每台起重机械每班运输产量。

常用起重机械的台班产量见表 5-7。

表 5-7　常用起重机械的台班产量

起重机械名称	工作内容	台班产量
履带式起重机	构件综合吊装，按每吨起重能力计	5～10 t
轮胎式起重机	构件综合吊装，按每吨起重能力计	7～14 t
汽车式起重机	构件综合吊装，按每吨起重能力计	8～18 t
塔式起重机	构件综合吊装	80～120 吊次
卷扬机	构件提升，按每吨牵引力计	30～50 t
	构件提升，按提升次数计（四、五层楼）	60～100 次

2. 垂直运输机械的布置

(1)移动式起重机的布置。

1)有轨(移动式)塔式起重机的布置。有轨式塔式起重机的轨道一般沿建筑物的长向布置，其位置和尺寸取决于建筑物的平面形状和尺寸、构件自重、起重机的性能及四周施工场地的条件。

有轨塔式起重机通常有以下四种布置方案，如图 5-12 所示。

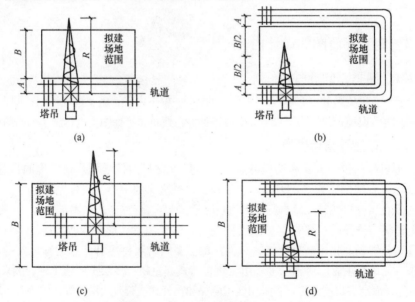

图 5-12　有轨塔式起重机平面布置方案
(a)单侧布置；(b)双侧布置；(c)跨内单行布置；(d)跨内环形布置

方案一：单侧布置。当建筑物宽度较小，可在场地较宽的一面沿建筑物的长向布置，其优点是轨道长度较短，并有较宽的场地堆放材料和构件。其起重机半径 R 应满足式(5-8)。

$$R \geqslant B + A \tag{5-8}$$

式中　R——塔式起重机的最大回转半径(m)；

　　　B——建筑物平面的最大宽度(m)；

　　　A——塔轨中心线至外墙外边线的距离(m)。

一般来说，当无阳台时，A＝安全网宽度＋安全网外侧至轨道中心线距离；当有阳台时，A＝阳台宽度＋安全网宽度＋安全网外侧至轨道中心线距离。

方案二：双侧布置（或环形布置）。当建筑物较宽，构件重量较重时，可采用双侧布置（或环形布置）。起重半径应满足式(5-9)。

$$R \geqslant B/2 + A \tag{5-9}$$

方案三：跨内单行布置。当建筑物周围场地狭窄，或建筑物较宽，构件较重时，采用跨内单行布置。其起重半径应满足式(5-10)。

$$R \geqslant B/2 \tag{5-10}$$

方案四：跨内环形布置。当建筑物较宽，采用跨内单行布置不能满足构件吊装要求，且不可能跨外布置时，应选择跨内环形布置。

2）无轨自行式起重机械。自行无轨式起重机械分履带式、汽车式和轮胎式三种起重机，它移动方便灵活，能为整个工地服务。它一般不用于水平运输和垂直运输，专用作构件的装卸和起吊，一般适用于装配式单层工业厂房主体结构的吊装，某些桩基工程如人工挖孔桩工程钢筋笼的吊装等也常采用。其吊装时的开行路线及停机位置主要取决于建筑物的平面布置、构件质量、吊装高度和吊装方法等。

（2）固定式垂直运输机械的布置。固定式垂直运输机械主要有固定式塔式起重机（下面简称塔式起重机）、井字架、龙门架和施工电梯等。

1）塔式起重机的布置。固定式塔式起重机安装前应制定安装和拆除施工方案，塔式起重机位置应有较宽的空间，可以容纳两台汽车吊安装或拆除塔机吊臂的工作需要。塔式起重机的布置一般应满足如下要求。

①塔式起重机平面位置的要求。塔式起重机平面位置的确定主要取决于建筑物的平面形状尺寸及四周场地条件和吊装工艺，一般应在场地较宽的一面沿建筑物的长度方向布置，以使塔式起重机对材料、构件堆场的服务面积较大。塔基必须坚实可靠，塔身可与结构可靠拉结。

②塔式起重机的工作参数要求。塔式起重机的平面位置确定后，应当复核其主要工作参数，使其满足施工需要，主要参数包括工作幅度(R)、起重高度(H)、起重量(Q)和起重力矩(M)。

a. 工作幅度(R)：为塔式起重机回转中心至吊钩中心的水平距离。最大工作幅度R_{max}为最远吊点至回转中心的距离。

塔式起重机的工作幅度（回转半径）要满足式(5-8)的要求。

b. 起重高度(H)：应不小于建筑物总高度加上构件（或吊斗料笼）吊索（吊物顶面至吊钩）和安全操作高度（一般为$2 \sim 3$ m）。当塔式起重机需要超越建筑物顶面的脚手架、井字架或其他障碍物时，其超越高度一般不小于 1 m。

塔式起重机的起重高度 H 应满足式(5-11)的要求：

$$H \geqslant H_0 + h_1 + h_2 + h_3 \tag{5-11}$$

式中　H_0——建筑物的总高度；

h_1——吊运中的预制构件或起重材料与建筑物之间的安全高度（安全间隙高度，一般不小于 0.3 m）；

h_2——预制构件或起重材料底边至吊索绑扎点（或吊环）之间的高度；

h_3——吊具、吊索的高度。

c. 起重量(Q)：包括吊物（包括笼斗和其他容器）、吊具（铁扁担、吊架）和索具等作用于塔机起重吊钩上的全部重量。起重力矩为起重量乘以工作幅度。因此，塔机的技术参数中一般都给出最小工作幅度时的最大起重量和最大工作幅度时的最大起重量。应当注意，塔式起重机一般宜控制在其额定起重力矩的 75％以下，以保证塔吊本身的安全，延长使用寿命。

d. 起重力矩(M)：要大于或等于吊装各种预制构件时所产生的最大力矩 M_{max}。其计算公

式为

$$M \geqslant M_{max} = \max[(Q_i + q) \times R_i] \tag{5-12}$$

式中　Q_i——某一预制构件或起重材料的自重；

　　　R_i——该预制构件或起重材料的安装位置至塔机回转中心的距离；

　　　q——吊具、吊索的自重。

③绘出塔式起重机服务范围。以塔基中心点为圆心，以最大工作幅度为半径画出一个圆形，该图形所包围的部分即为塔式起重机的服务范围。

塔式起重机布置的最佳状态应使建筑物平面尺寸均在塔式起重机服务范围之内，以保证各种材料与构件直接运到建筑物的设计部位上，尽可能不出现死角。建筑物处于塔式起重机服务范围以外的阴影部分称为死角。有轨式塔式起重机服务范围及死角如图 5-13 所示。如果难以避免，则要求死角越小越好，且使最重、最大、最高的构件不出现在死角，有时配合井字架或龙门架以解决死角问题。并且在确定吊装方案时，提出具体的技术和安全措施，以保证处于死角的构件顺利安装。此外，在塔式起重机服务范围内应考虑有较宽的施工场地，以便安排构件堆放、搅拌设备出料后能直接起吊，主要施工道路也应处于塔式起重机服务范围内。

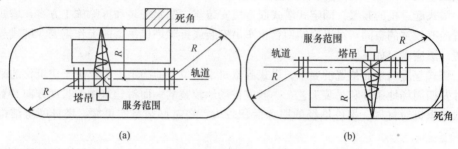

图 5-13　有轨式塔式起重机服务范围及死角
(a)南边布置方案；(b)北边布置方案

当采用两台或多台塔式起重机，或采用一台塔式起重机，一台井字架(或龙门架、施工电梯)时，必须明确规定各自的工作范围和两者之间的最小距离，并制定严格的切实可行的防止碰撞的措施。

在高空有高压电线通过时，高压线必须高出塔式起重机，并保证规定的安全距离，否则应采取安全防护措施。注意：塔式起重机各部分(包括臂架放置空间)距低压架空路线不应小于 3 m；距离高压架空输电线路不应小于 6 m。

2)井字架、龙门架的布置。井字架和龙门架是固定式垂直运输机械，它的稳定性好、运输量大，是施工中最常见的，也是最为简便的垂直运输机械，采用附着式可搭设超过 100 m 的高度。井字架内设吊盘(也可在吊盘下加设混凝土料斗)，井字架截面尺寸 1.5～2.0 m，可视需要设置扒杆，其起重量一般为 0.5～1.5 t，回转半径可达 10 m。

井字架和龙门架的布置，主要是根据机械性能，工程的平面形状和尺寸、流水段划分情况、材料来向和已有运输道路情况而定。布置的原则是：充分发挥起重机械的能力，并使地面和楼面的水平运输最短。布置时应考虑以下几个方面的因素。

①当建筑物呈长条形，层数、高度相同时，一般布置在流水段分界处或长度方向居中位置。

②当建筑物各部位高度不同时，应布置在高低分界线较高部位一侧。

③其布置位置以窗口处为宜，以避免砌墙留槎和减少井字架拆除后的修补工作。

④一般考虑布置在现场较宽的一面，因为这一面便于堆放材料和构件，以达到缩短水平运距的要求。

⑤井字架的高度应视拟建工程屋面高度和井字架形式确定。一般不带悬臂扒杆的井字架应高出屋面 3～5 m。

⑥井字架的方位一般与墙面平行，当有两条进楼运输道路时，井字架也可按与墙面呈45°的方位布置。

⑦井字架、龙门架的数量要根据施工进度，提升的材料和构件数量，台班工作效率等因素计算确定，其服务范围一般为 50～60 m。

⑧卷扬机应设置安全作业棚，其位置不应距起重机械太近，以便操作人员的视线能看到整个升降过程，一般要求此距离大于建筑物高度，且最短距离不小于 10 m，水平距外脚手架3 m 以上(多层建筑不小于 3 m；高层建筑宜不小于 6 m)。

⑨井字架应立在外脚手架之外并有一定距离为宜，一般为 5～6 m。

⑩附墙架与缆风绳的设置。当物料提升机安装高度大于或等于 30 m 时，不得使用缆风绳，必须采用附墙架。附墙架结构应符合说明书的要求，自由端高度、附墙架间距≤6 m，且应符合设计要求。当物料提升机安装高度小于 30 m 时，可采用缆风绳。揽风绳的设置组数及位置应符合说明书要求，一般提升机安装高度在 20 m 以下(含 30 m)时，缆风绳设置不能少于一组(4 根)，提升机安装高度在 20～30 m(不含 30 m)之间时，缆风绳设置不少于两组(每组 4 根)，在架体顶端应设置一组(4 根)。缆风绳与水平面夹角宜为 45°～60°，并应采用与缆风绳等强度的花篮螺栓与地锚连接。

3)建筑施工电梯的布置。建筑施工电梯(也称施工升降机、外用电梯)是高层建筑施工中运输施工人员及建筑器材的主要垂直运输设施，它附着在建筑物外墙或其他结构部位上，随着建筑物升高，架设高度可达 200 m 以上。

在确定建筑施工电梯的位置时，应考虑便于施工人员上下和物料集散；由电梯口至各施工部位的平均距离应最短；便于安装附墙装置；接近电源，有良好的夜间照明。

5.6.2.3　布置搅拌站和混凝土泵车

1. 布置搅拌站

砂浆及混凝土的搅拌站位置，要根据房屋的类型，场地条件、起重机和运输道路的布置来确定。在一般的砖混结构中，砂浆的用量比混凝土用量大，要以砂浆搅拌站位置为主。在现浇混凝土结构中，混凝土用量大，因此要以混凝土搅拌站为主来进行布置。搅拌站的布置要求如下：

(1)搅拌站应有后台上料的场地，尤其是混凝土搅拌机，要与砂石堆场、水泥库一起考虑布置，既要互相靠近，又要便于材料的运输和装卸；

(2)搅拌站应尽可能布置在垂直运输机械附近或其服务范围内，以减少水平运距；

(3)搅拌站应设置在施工道路近旁，使小车、翻斗车运输方便；

(4)搅拌站场地四周应设置排水沟，以有利于清洗机械和排除污水，避免造成现场积水；

(5)混凝土搅拌台所需面积约 25 m²，砂浆搅拌台所需面积约 15 m²。

当现场较窄，混凝土需求量大或采用现场搅拌泵送混凝土时，为保证混凝土供应量和减少砂石料的堆放场地，宜设置双阶式混凝土搅拌站，集料堆于扇形储仓。

2. 布置混凝土泵车

建筑工程项目施工大部分均使用商品混凝土，其现场的垂直和水平运输通常采用泵送方法进行。

混凝土泵车在载重汽车底盘上进行改造而成，它在底盘上安装有运动和动力传动装置、泵送和搅拌装置、布料装置以及其他一些辅助装置。混凝土泵车的基本组成部分有专用汽车底盘、臂架布料杆、混凝土泵、摆动式分配阀和支腿等部分。混凝土泵车属于汽车改装设备。混凝土泵一般安装在汽车的尾部，以方便混凝土搅拌输送车向泵车的集料斗卸料，混凝土料浆通过泵车输料管，并经装在司机室后方的布料杆回转装置的输料管输送到各节输送管，然后通过布料杆末端的软管卸出。它能一次连续完成水平运输和垂直运输。在泵送混凝土的施工中，混凝土泵车的停放布置是一个关键，不仅影响混凝土输送管的配置，同时也影响到泵送混凝土的施工能否按质按量完成，其布置要求如下：

（1）混凝土泵车停放处的场地应平整坚实，具有重车行走条件，且有足够的场地、道路畅通，使供料调车方便。

（2）混凝土泵车应尽量靠近浇筑地点。

（3）其停放位置接近排水设施，供水、供电方便，便于泵车清洗。

（4）混凝土泵作业范围内，不得有障碍物、高压电线，同时要有防范高空坠物的措施。

（5）当高层建筑采用接力泵泵送混凝土时，其设置位置应使上、下泵的输送能力匹配，且应验算其楼面结构部位的承载力，必要时采取加固措施。

5.6.2.4 布置材料、构配件堆场及仓库

1. 仓库的类型

（1）转运仓库：是设置在货物的转载地点（如火车站、码头和专用线卸货物）的仓库。

（2）中心仓库：是专供储存整个建筑工地所需材料、构件等物资的仓库，一般设在现场附近或施工区域中心。

（3）现场仓库：是为某一工程服务的仓库，一般在工地内就近布置。

通常单位工程施工组织设计仅考虑现场仓库布置，施工组织总设计需对中心仓库和转运仓库做出设计布置。

2. 堆场和仓库的形式

堆场和仓库按其储存材料的性质和重要程度，可采用露天堆场、半封闭式（棚）或封闭式（仓库）三种形式。

（1）露天堆场，用于不受自然气候影响而损坏质量的材料，如砂、石、砖、混凝土构件。

（2）半封闭式（棚），用于储存需防止雨、雪、阳光直接侵蚀的材料，如堆放油毡，沥青，钢材等。

（3）封闭式（库），用于受气候影响易变质的制品、材料等，如水泥、五金零件、器具等。

3. 材料、构配件的堆放位置与仓库的位置

（1）材料、构配件的堆放和仓库的位置应尽量靠近使用地点，减少或避免二次搬运，并考虑运输及卸料方便。基础施工用的材料可堆放在基坑四周，但不宜离基坑（槽）太近，一般不小于 0.5 m，以防压塌土壁。

（2）如用固定式垂直运输设备，则材料、构件堆场应尽量靠近垂直运输设备，以减少二次搬运，或布置在塔吊起重半径之内。

（3）预制构件的堆放位置要考虑到吊装顺序。先吊的放在上面，吊装构件进场时间应密切与吊装进行配合，力求直接卸到就位位置，避免二次搬运。

（4）砂石应尽可能布置在搅拌站后台附近，石子的堆场更应靠近搅拌机一些，并按石子的不同粒径分别设置。如用袋装水泥，要设专门干燥，防潮的水泥库房；采用散装水泥时，则一般设置圆形储罐。

（5）石灰、淋灰池要接近灰浆搅拌站布置。沥青堆放和熬制地点均应布置在下风向，要离开易燃、易爆库房。

（6）模板、脚手架等周转材料，应选择在装卸、取用、整理方便和靠近拟建工程的地方布置。

（7）钢筋应与钢筋加工厂统一考虑布置，并应注意进场、加工和使用的先后顺序。应按型号、直径、用途分门别类堆放。

（8）油库、氧气库和电石库，危险品库应布置在僻静、安全之处。

（9）易燃材料的仓库设在拟建工程的下风方向。

4. 各种仓库及堆场所需面积的确定

（1）转运仓库和中心仓库面积的确定。转运仓库和中心仓库面积可按系数估算仓库面积，其计算公式为

$$F = \Phi \times m \qquad (5\text{-}13)$$

式中　F——仓库总面积(m^2)；

　　　Φ——系数，见表5-8；

　　　m——计算基数(生产工人数或全年计划工作量)，见表5-8。

表5-8　m 与 Φ

序号	名称	计算基数(m)	单位	系数(Φ)
1	仓库(综合)	按全员(工地)	m^2/人	0.7～0.8
2	水泥库	按当年水泥用量的40%～50%	m^2/t	0.7
3	其他仓库	按当年工作量	m^2/万元	2～3
4	五金杂品库	按年建安工作量计算 按在建建筑面积计算	m^2/100 m^2	0.2～0.3 0.5～1
5	土建工具库	按高峰年(季)平均人数	m^2/人	0.1～0.2
6	水暖器材库	按年在建建筑面积	m^2/100 m^2	0.2～0.4
7	电器器材库	按年在建建筑面积	m^2/100 m^2	0.3～0.5
8	化工油漆危险品库	按年建安工作量	m^2/万元	0.1～0.15
9	三大工具库 (脚手架、跳板、模板)	按在建建筑面积 按年建安工作量	m^2/人	1～2 0.5～1

（2）现场仓库及堆场面积的确定。各种仓库及堆场所需的面积，可根据施工进度、材料供应情况等，确定分批分期进场，并根据下式计算：

$$F = \frac{Q}{nqk} \qquad (5\text{-}14)$$

式中　F——仓库或材料堆场需要面积；

　　　Q——各种材料在现场的总用量(m^3)；

　　　n——该材料分期分批进场的次数；

　　　q——该材料每平方米储存定额；

　　　k——堆场、仓库面积利用系数。

常用材料仓库或堆场面积计算参考指标见表5-9。

表 5-9　常用材料仓库或堆场面积计算参考指标

序号	材料、半成品名称	单位	每平方米储存定额(q)	面积利用系数(k)	备注	库存或堆场
1	水泥	t	1.2~1.5	0.7	堆高 12~15 袋	封闭库存
2	生石灰	t	1.0~1.5	0.8	堆高 1.2~1.7 m	露天
3	砂子(人工堆放)	m³	1.0~1.2	0.8	堆高 1.2~1.7 m	露天
4	砂子(机械堆放)	m³	2.0~2.5	0.8	堆高 2.4~2.8 m	露天
5	石子(人工堆放)	m³	1.0~1.2	0.8	堆高 1.2~1.5 m	露天
6	石子(机械堆放)	m³	2.0~2.5	0.8	堆高 2.4~2.8 m	露天
7	块石	m³	0.8~1.0	0.7	堆高 1.0~1.2 m	露天
8	卷材	卷	45~50	0.7	堆高 2.0 m	库
9	木模板	m²	4~6	0.7	—	露天
10	红砖	千块	0.8~1.2	0.8	堆高 1.2~1.8 m	露天
11	泡沫混凝土	m³	1.5~2.0	0.7	堆高 1.5~2.0 m	露天

5.6.2.5　布置临时加工厂

1. 工地加工厂类型及结构形式确定

工地加工厂类型主要有钢筋混凝土预制构件加工厂、木材加工厂、钢筋加工厂、金属结构构件加工厂和机械修理厂。

各种加工厂的结构形式应根据使用期限长短和建设地区的条件而定。一般使用期限较短者，宜采用简易结构，如油毡、铁皮屋面的竹木结构；使用期限较长者，宜采用瓦屋面的砖木结构，砖石或装拆式活动房屋等。

2. 工地加工厂面积确定

工地加工厂主要包括各种料具仓库、加工棚、作业棚等，其面积指标参考表 5-10 确定。

表 5-10　现场作业棚面积指标参考表

序号	名称	单位	数量	备注
1	木工作业棚	m²/人	2	占地为建筑面积的 2~3 倍
2	电锯房	m²/座	80	86~92 cm 圆锯一台
3	电锯房	m²/座	40	小圆锯一台
4	钢筋作业棚	m²/人	3	占地为建筑面积的 3~4 倍
5	搅拌机棚	m²/座	10~18	
6	卷扬机棚	m²/台	6~12	
7	烘炉房	m²/座	30~40	
8	焊工房	m²/座	20~40	
9	电工房	m²/座	15	
10	白铁工房	m²/座	20	
11	油漆工房	m²/座	20	
12	机工、钳工修理房	m²/座	20	
13	立式锅炉房	m²/台	5~10	
14	发电机房	m²/kW	0.2~0.3	
15	水泵房	m²/台	3~8	
16	空压机房(移动式)	m²/台	18~30	
	空压机房(固定式)	m²/台	9~15	

各种临时加工场所需面积参考指标，见表 5-11。

表 5-11 临时加工场所需面积参考指标

序号	加工厂名称		年产量		单位产量所需建筑面积	占地总面积/m²	备注
			单位	数量			
1	混凝土搅拌站		m³	3 200	0.022 m²/m³	按砂石堆场考虑	400 L 搅拌机 2 台
			m³	4 800	0.021 m²/m³		400 L 搅拌机 3 台
			m³	6 400	0.020 m²/m³		400 L 搅拌机 4 台
2	临时性混凝土预制厂		m³	1 000	0.25 m²/m³	2 000	生产屋面板和中小型梁、柱、板等，配有蒸养设施
			m³	2 000	0.20 m²/m³	3 000	
			m³	3 000	0.15 m²/m³	4 000	
			m³	5 000	0.125 m²/m³	小于 6 000	
3	半永久性混凝土预制厂		m³	3 000	0.6 m²/m³	9 000～12 000	生产屋面板和中小型梁、柱、板等，配有蒸养设施
			m³	5 000	0.4 m²/m³	12 000～15 000	
			m³	10 000	0.3 m²/m³	15 000～20 000	
4	木材加工厂		m³	15 000	0.024 4 m²/m³	1 800～36 000	进行原木、木枋加工
			m³	24 000	0.019 9 m²/m³	2 200～4 800	
			m³	30 000	0.018 m²/m³	3 000～5 500	
	综合木工加工厂		m³	200	0.30 m²/m³	100	加工木窗、模板、地板、屋架等
			m³	500	0.25 m²/m³	200	
			m³	1 000	0.20 m²/m³	300	
			m³	2 000	0.15 m²/m³	420	
	粗木加工厂		m³	5 000	0.12 m²/m³	1 350	加工屋架、模板
			m³	10 000	0.10 m²/m³	2 500	
			m³	15 000	0.09 m²/m³	3 750	
			m³	20 000	0.08 m²/m³	4 800	
	细木加工厂		万 m³	5	0.014 0 m²/m³	7 000	加工门窗、地板
			万 m³	10	0.011 4 m²/m³	10 000	
			万 m³	15	0.010 6 m²/m³	14 000	
	钢筋加工厂		t	200	0.35 m²/t	280～560	加工、成型、焊接
			t	500	0.25 m²/t	380～750	
			t	1 000	0.20 m²/t	400～800	
			t	2 000	0.15 m²/t	450～900	
5	钢筋拉直	现场钢筋调直		(70～80)m×(3～4)m			包括材料和成品堆放
		冷拉拉直场		15～20 m²			
		卷扬机棚冷拉场		(40～60)m×(6～8)m			
	钢筋对焊	对焊场地		(30～40)m×(4～5)m			包括材料和成品堆放
		对焊棚		15～24 m²			
	钢筋冷加工	冷拔冷轧机		40～50			按一批加工数量计算
		剪断机		30～40			
		弯曲机 φ10 以下		50～60			
		弯曲机 φ40 以下		60～70			

6	金属结构加工 （包括一般铁件）		年产 500 t 为 10 m²/t 年产 1 000 t 为 8 m²/t 年产 2 000 t 为 6 m²/t 年产 3 000 t 为 5 m²/t	按一批加工数量 计算
7	石灰消化	储灰池	5×3=15(m²)	每两个储灰池配 一个淋灰池
		淋灰池	4×3=12(m²)	
		淋灰槽	3×2=6(m²)	
8	沥青锅场地		20～24(m²)	台班产量 1～ 1.5 t/台

工地加工厂建筑面积的确定，主要取决于设备尺寸、工艺过程及设计、加工量、安全防火等，通常可参考有关经验指标等资料确定。

钢筋混凝土构件预制厂、锯木车间、模板车间、细木加工车间、钢筋加工车间（棚）等所需建筑面积可按式(5-15)计算。

$$S=\frac{K\times Q}{T\times D\times \alpha} \tag{5-15}$$

式中　S——所需确定的建筑面积(m²)；

　　　Q——加工总量(m³或 t)，依加工需要量计划而定；

　　　K——不均匀系数，取 1.3～1.5；

　　　T——加工总工期（月）；

　　　D——每平方米场地月平均产量定额；

　　　α——场地或建筑面积利用系数，取 0.6～0.7。

3. 工地加工厂布置原则

通常工地设有钢筋、混凝土、木材（包括模板、门窗等）、金属结构等加工厂，加工厂布置时应使材料及构件的总运输费用最小，减少进入现场的二次搬运量，同时使加工厂有良好的生产条件，做到加工与施工互不干扰。一般情况下，把加工厂布置在工地的边缘。

这样既便于管理又能降低铺设道路、动力管线及给排水管道的费用。

(1)钢筋加工厂的布置，应尽量采用集中加工布置方式。

(2)混凝土搅拌站的布置，可采用集中、分散、集中与分散相结合三种方式。集中布置通常采用二阶式搅拌站。当要求供应的混凝土有多种强度等级时，可配置适当的小型搅拌机，采用集中与分散相结合的方式。当在城市内施工，采用商品混凝土时，现场只需布置泵车及输送管道位置。

(3)木材加工厂的布置，在大型工程中，根据木料的情况，一般要设置原木、锯材、成材、粗细木等集中联合加工厂，布置在铁路、公路或水路沿线。对于城市内的工程项目，木材加工宜在现场外进行或购入成材，现场的木加工厂布置只需考虑门窗、模板的制作。木加工厂的布置还应考虑远离火源及残料锯屑的处理问题。

(4)金属结构、锻工、机修等车间，相互密切联系，应尽可能布置在一起。

(5)产生有害气体和污染环境的加工厂，如熬制沥青、石灰熟化等，应位于场地下风向。

5.6.2.6　布置场内运输道路

场内运输道路应按材料和构件运输的需要，沿着仓库和堆场进行布置，使之畅通无阻。

1. 场内道路的技术要求

(1)道路的最小宽度和转弯半径见表5-12和表5-13。架空线及管道下面的道路，其通行空间宽度应大于道路宽度0.5 m，空间高度应大于4.5 m。

(2)道路的做法。一般砂质土可采用碾压土路方法。当土质黏或泥泞、翻浆时，可采用加集料碾压路面的方法，集料应尽量就地取材，如碎砖、卵石、碎石及大石块等。

表5-12　施工现场道路最小宽度

序号	车辆类别及要求	道路宽度/m
1	汽车单行道	≥3.0(消防车道≥4.0)
2	汽车双行道	≥6.0
3	平板拖车单行道	≥4.0
4	平板拖车双行道	≥8.0

表5-13　施工现场道路最小转弯半径

序号	通行车辆类别	路面内侧最小曲率半径/m		
		无拖车	有一辆拖车	有两辆拖车
1	小客车、三轮汽车	6		
2	二轴载重汽车 三轴载重汽车 重型载重汽车	单车道9 双车道7	12	15
3	公共汽车	12	15	18
4	超重型超重汽车	15	18	21

为了排除路面积水，保证正常运输，道路路面应高出自然地面0.1～0.2 m；雨量较大的地区，应高出0.5 m左右；道路两侧设置排水沟，其相关尺寸见表5-14。

表5-14　路边排水沟相关尺寸

沟边形状	最小尺寸/m		边坡宽度	适用范围
	深	底宽		
梯形	0.4	0.4	1∶1～1∶1.5	土质路基
三角形	0.3	—	1∶1～1∶1.3	岩石路基
方形	0.4	0.3	1∶0	岩石路基

2. 场内道路的布置要求

(1)应满足材料，构件等的运输要求，使道路通到各个仓库及堆场，并距离其装卸区越近越好，以便装卸。

(2)应满足消防的要求，使道路靠近建筑物，木料场等易发生火灾的地方，以便车辆能开到消防栓处。消防车道宽度不小于 3.5 m。

(3)为提高车辆的行驶速度和通行能力，应尽量将道路布置成环路。如不能设置环形路，则应在路端设置掉头场地。

(4)应尽量利用已有道路或永久性道路。根据建筑总平面图上永久性道路的位置，先修筑路基作为临时道路，临时道路路面要求见表 5-15。工程结束后，再修筑路面。

表 5-15 临时道路路面要求

路面种类	特点及其使用条件	路基土	路面厚度/cm	材料配合比
级配砾石路面	雨天照常通车，可通行较多车辆，但材料级配要求严	砂质土	10～15	体积比 黏土：砂子＝1：0.7：3.5 质量比 (1)面层：黏土 13%～15%，砂石料 85%～87% (2)底层：黏土 10%，砂石混合料 90%
		黏质土或黄土	14～18	
碎(砾)石路面	雨天照常通车，碎(砾)石本身含土较多，不加砂	砂质土	10～18	碎(砾)石＞65%，当地土含量≤35%
		砂质土或黄土	15～20	
碎砖路面	可维持雨天通行，车辆较少	砂质土	13～15	垫层：砂或炉渣 4～5 cm 底层：7～10 cm 碎石 面层：2～5 cm
		砂质土或黄土	15～18	
炉渣或矿渣路面	雨天可通车，通行车较少	一般土	10～15	炉渣或矿渣 75%，当地土 25%
		松软土	15～30	
砂石路面	雨天停车，通行车少，附近不产石，只有砂	砂质土	15～20	粗砂 50%，细砂、砂粉和黏质土 50%
		黏质土	15～30	
风化石屑路面	雨天不通车，通行车少，附近有石料	一般土	10～15	石屑 90%，黏土 10%
石灰土路面	雨天停车，通过车少，附近产石灰	一般土	10～13	石灰 10%，当地土 90%

(5)场内道路应避开拟建工程和地下管道等地方。否则工程后期施工时，将切断临时道路，给施工带来困难。

5.6.2.7 布置非生产性临时设施

非生产性临时设施可分为行政管理用房、居住生活用房、文化生活福利用和施工现场围挡房等。

1. 临时行政管理、居住生活、文化福利用房的种类

(1)行政管理和辅助用房：包括办公室、会议室、门卫、消防站、汽车库及修理车间等。

(2)居住生活用房：包括职工宿舍、食堂、卫生设施、工人休息室、开水房等。

(3)文化生活福利用房：包括医务室、浴室、理发室、文化活动室、小卖部等。

2. 临时行政管理、居住生活、文化福利用房的布置原则

(1)办公生活临时设施的选址首先应考虑与作业区相隔离，保持安全距离。

注意：安全距离是指在施工坠落半径和高压线放电距离之外。建筑物高度为 2~5 m，坠落半径为 2 m；高度为 30 m，坠落半径为 5 m(如因条件限制，办公和生活区设置在坠落半径区域内，必须有保护措施)；1 kV 以下裸露电线，安全距离为 4 m，330~550 V 裸露输电线，安全距离为 15 m(最外线的投影距离)。

(2)临时行政管理、居住生活、文化福利用房的布置应尽可能利用永久性建筑、现场原有建筑、采用活动式临时房屋，或可根据施工不同阶段利用前期已建好的建筑，应视场地条件及周围环境条件对所设临时行政管理、居住生活、文化福利用房进行合理地取舍。

(3)在大型工程和场地宽松的条件下，工地行政管理用房宜设在工地入口处或中心地区。现场办公室应靠近施工地点，生活区应设在工人较集中的地方和工人出入必经地点，工地食堂和卫生设施应设在不受施工影响且有利于文明施工的地点。

在市区内的工程，往往由于场地狭窄，应尽量减少临时建设项目，且尽量沿场地周边集中布置，一般只考虑设置办公室，工人宿舍和休息室、食堂、门卫和卫生设施等。

3. 临时行政、生活用房设计规定

《施工现场临时建筑物技术规范》(JGJ/T 188—2009)对临时建筑物的设计规定如下。

(1)总平面布置。

1)办公区、生活区和施工作业区应分区设置。

2)办公区、生活区宜位于塔式起重机等机械作业半径外面。

3)生活用房宜集中建设、成组布置，并设置室外活动区域。

4)厨房、卫生间宜设置在主导风向的下风侧。

(2)建筑设计。

1)办公室的人均使用面积不宜小于 4 m²，会议室使用面积不宜小于 30 m²。

2)办公用房室内净高不应低于 2.5 m。

3)餐厅、资料室、会议室应设在底层。

4)宿舍人均使用面积不宜小于 2.5 m²，室内净高不应低于 2.5 m，每间宿舍居住人数不宜超过 16 人。

5)食堂应设在厕所、垃圾站的上风侧，且相距不宜小于 15 m。

6)厕所蹲位男厕每 50 人一位，女厕每 25 人一位。男厕每 50 人设 1 m 长小便槽。

7)文体活动室使用面积不宜小于 50 m²。

4. 临时行政管理、居住生活、文化福利用房建筑面积计算

在工程项目施工时，必须考虑施工人员的办公，生活用房及车库，修理车间等设施的建设。这些临时性建筑物建筑面积需要数量应视工程项目规模大小、工期长短、施工现场条件、项目管理机构设置类型等，依据建筑工程劳动定额，先确定工地年(季)高峰平均职工人数，然后根据现行定额或实际经验数值，按下式计算：

$$S = N \cdot P \tag{5-16}$$

式中　S——建筑面积(m²)；

　　　N——人数；

　　　P——建筑面积指标，见表 5-16。

表 5-16 行政、生活福利临时建筑面积参考指标

序号	临时建筑物名称	指标使用方法	参考指标
一	办公室	按使用人数	3~4 m²/人
二	宿舍	—	—
1	单层通铺	按高峰年(季)平均人数	2.5~3.0 m²/人
2	双层床	(扣除不在工地住的人数)	2.0~2.5 m²/人
3	单层床	(扣除不在工地住的人数)	3.5~4.0 m²/人
三	家属宿舍	—	16~25 m²/户
四	食堂	按高峰年(季)平均人数	0.5~0.8 m²/人
	食堂兼礼堂	按高峰年(季)平均人数	0.6~0.9 m²/人
五	其他	—	—
1	医务所	按高峰年(季)平均人数	0.05~0.07 m²/人
2	浴室	按高峰年(季)平均人数	0.07~0.1 m²/人
3	理发室	按高峰年(季)平均人数	0.01~0.03 m²/人
4	俱乐部	按高峰年(季)平均人数	0.1 m²/人
5	小卖部	按高峰年(季)平均人数	0.03 m²/人
6	招待所	按高峰年(季)平均人数	0.06 m²/人
7	托儿所	按高峰年(季)平均人数	0.05~0.06 m²/人
8	子弟学校	按高峰年(季)平均人数	0.06~0.08 m²/人
9	其他公共用房	按高峰年(季)平均人数	0.05~0.10 m²/人
10	开水房	每个项目设置一处	10~40 m²
11	厕所	按工地平均人数	0.02~0.07 m²/人
12	工人休息室	按工地平均人数	0.15 m²/人
13	会议室	按高峰年(季)平均人数	0.6~0.9 m²/人

注：家属宿舍应以施工期长短和离基地情况而定，一般可按高峰平均职工人数的 10%~30% 考虑。

5. 施工现场围挡的设计

根据《施工现场临时建筑物技术规范》(JGJ/T 188—2009)的规定，施工现场围挡的设计应遵循以下规定。

(1)围挡宜选用彩钢板，砌体等硬质材料搭设。禁止使用彩条布、竹笆、安全网等易变质材料，做到坚固、平稳、整洁、美观。

(2)围挡高度。

1)市区主要路段、闹市区：$h \geqslant 2.5$ m。

2)市区一般路段：$h \geqslant 2.0$ m。

3)市郊或靠近市郊：$h \geq 1.8$ m。

(3)围挡的设置必须沿工地四周连续进行，不能留有缺口。

(4)彩钢板围挡应符合下列规定。

1)围挡的高度不宜超过 2.5 m。

2)当高度超过 1.5 m 时，宜设置斜撑，斜撑与水平地面的夹角宜为 45°。

3)立柱的间距不宜大于 3.6 m。

(5)砌体围挡不应采用空斗墙砌筑方式，墙厚度大于 200 mm，并应在两端设置壁柱，柱距小于 5.0 m，壁柱尺寸不宜小于 370 mm×490 mm，墙柱间设置拉结钢筋中φ6@500 mm，伸入两侧墙 $L \geq 1\,000$ mm。

(6)砌体围挡长度大于 30 m 时，宜设置变形缝，变形缝两侧应设置端柱。

6. 施工现场标牌的布置

(1)施工现场的大门口应有整齐明显的"五牌一图"。

"五牌"：一般指工程概况牌、管理人员名单及监督电话牌(组织机构牌)、消防保卫牌、安全生产牌和文明施工牌。

"一图"：指施工平面图(拟建工程为单位工程项目)或施工总平面图(拟建工程为群体工程项目)

(2)门头及大门应设置企业标识。

(3)在施工现场显著位置，设置必要的安全施工内容的标语。

(4)宜设置读报栏、宣传栏和黑板报等宣传园地。

5.6.2.8 设计临时供水

临时供水首先要经过设计计算，包括水源选择、取水设施、储水设施、用水量计算、配水布置、管径的计算等，然后进行设置。单位工程施工组织设计的供水计算和设计可以简化或根据经验进行安排。一般建筑面积 5 000～10 000 m² 的建筑物施工用水主管管径为 100 mm、支管管径为 40 mm 或 25 mm。消防用水一般可利用城市或建设单位的永久消防设施。

1. 用水量计算

建筑工地的用水包括生产用水(施工用水、机械用水)、生活用水和消防用水三个方面，其计算如下。

(1)施工用水量(q_1)是指施工高峰的某一天或高峰时期内平均每天需要的最大用水量，可按式(5-17)计算。

$$q_1 = k_1 \sum \frac{Q_1 \times N_1}{T_1 \times t} \times \frac{k_2}{8 \times 3\,600} \tag{5-17}$$

式中　q_1——施工用水量(L/s)；

　　　k_1——未预见的施工用水系数，取 1.05～1.15；

　　　Q_l——年(季、月)度工程量(以实物计量单位表示)；

　　　T_1——年(季、月)度有效工作日；

　　　N_1——施工用水定额，可参考表 5-17；

　　　t——每天工作班数；

　　　k_2——用水不均衡系数，见表 5-18。

Q_1/T_1 指最大用水时，白天一个班所完成的实物工程量。

表 5-17　施工用水参考定额

序号	用水对象	单位	耗水量(N_1)	备注
1	浇筑混凝土全部用水	L/m³	1 700～2 400	
2	搅拌普通混凝土	L/m³	250	
3	搅拌轻质混凝土	L/m³	300～350	
4	搅拌泡沫混凝土	L/m³	300～400	
5	搅拌热混凝土	L/m³	300～350	
6	混凝土养护(自然养护)	L/m³	200～400	
7	混凝土养护(蒸汽养护)	L/m³	500～700	
8	冲洗模板	L/m³	5	
9	搅拌机清洗	L/台班	600	
10	人工冲洗石子	L/m³	1 000	3%>含泥量>2%
11	机械冲洗石子	L/m³	600	
12	洗砂	L/m³	1 000	
13	砌砖工程全部用水	L/m³	150～250	
14	砌石工程全部用水	L/m³	50～80	
15	抹灰工程全部用水	L/m³	30	
16	耐水砖砌体工程	L/m³	100～150	包括砂浆搅拌
17	浇砖	L/千块	200～250	
18	浇硅酸盐砌块	L/m³	300～350	
19	抹面	L/m²	4～6	不包括调制用水
20	楼地面	L/m²	190	主要是找平层
21	搅拌砂浆	L/m³	300	
22	石灰消化	L/t	3 000	
23	上水管道工程	L/m	98	
24	下水管道工程	L/m	1 130	
25	工业管道工程	L/m	35	

表 5-18　施工用水不均衡系数

编号	用水名称	系数
k_2	现场施工用水	1.5
	附属生产企业用水	1.25
k_3	施工机械、运输机械用水	2.00
	动力设备用水	1.05～1.10
k_4	施工现场生活用水	1.30～1.50
k_5	生活区生活用水	2.00～2.50

(2)施工机械用水量,可按式(5-19)计算。

$$q_2 = k_1 \sum Q_2 N_2 \times \frac{k_3}{8 \times 3\ 600}$$

(5-18)

式中 q_2——机械用水量(L/s);

$\quad k_1$——未预计施工用水系数,取 1.05～1.15;

$\quad Q_2$——同一种机械台数(台);

$\quad N_2$——施工机械台班用水定额,参考表 5-19 中的数据换算求得;

$\quad k_3$——施工机械用水不均衡系数,见表 5-18。

(3)施工现场生活用水量,可按式(5-19)计算

施工现场生活用水量是指施工现场人数最多时,职工及民工的生活用水量。其计算公式如下:

$$q_3 = \frac{P_1 \cdot N_3 \cdot k_4}{t \times 8 \times 3\,600} \tag{5-19}$$

式中 q_3——施工现场生活用水量(L/s);

$\quad P_1$——施工现场高峰昼夜人数(人);

$\quad N_3$——施工现场生活用水定额,取 20～60 L/(人·班);

$\quad k_4$——施工现场用水不均衡系数,见表 5-18;

$\quad t$——每天工作班数

(4)生活区生活用水量,可按式(5-20)计算。

$$q_4 = \frac{P_2 \cdot N_4 \cdot k_5}{24 \times 3\,600} \tag{5-20}$$

式中 q_4——生活区生活用水(L/s);

$\quad P_2$——生活区居民人数(人);

$\quad N_4$——生活区生活用水定额,见表 5-20;

$\quad k_5$——生活区用水不均衡系数,见表 5-18。

表 5-19 机械用水量参考定额

序号	用水名称	单位	耗水量	备注
1	内燃挖土机	L/(台班×m³)	200～300	以斗容量 m³ 计
2	内燃起重机	L/(台班×t)	15～18	以起重 t 计
3	蒸汽起重机	L/(台班×t)	300～400	以起重 t 计
4	蒸汽打桩机	L/(台班×t)	1 000～1 200	以锤重 t 计
5	蒸汽压路机	L/(台班×t)	100～150	以压路机 t 计
6	内燃压路机	L/(台班×t)	12～15	以压路机 t 计
7	拖拉机	L/(昼夜×台)	200～300	
8	汽车	L/(昼夜×台)	400～700	
9	标准轨蒸汽机车	L/(昼夜×台)	10 000～20 000	
10	窄轨蒸汽机车	L/(昼夜×台)	4 000～7 000	
11	空气压缩机	L/[台班×(m³/min)]	40～80	以空压机排气量 m³/min 计
12	内燃机动力装置	L/(台班×马力)	120～300	直流水
13	内燃机动力装置	L/(台班×马力)	25～40	循环水
14	锅驼机	L/(台班×马力)	80～160	不利用凝结水
15	锅炉	L/(h×t)	1 000	以小时蒸发量计
16	锅炉	L/(h×m²)	15～30	以受热面积计

表 5-20　生活用水量(N_3、N_4)定额

用水名称	单位	耗水量	用水名称	单位	耗水量
盥洗、饮用水	L/(人×日)	20～40	学校	L/(学生×日)	10～30
食堂	L/(人×日)	10～20	幼儿园、托儿所	L/(幼儿×日)	75～100
淋浴、大池	L/(人×次)	50～60	医院	L/(病床×日)	100～150
洗衣房	L/(kg×干衣)	40～60	施工现场生活用水	L/(人×班)	20～60
理发室	L/(人×次)	10～25	生活区全部生活用水	L/(人×日)	80～120

(5)消防用水量计算。消防用水主要是满足发生火灾时消火栓用水的要求，其用水量见表 5-21。

表 5-21　消防用水量 q_5

序号	用水名称	火灾同时发生次数	单位	用水量
1	居民区消防用水 　5 000 人以内 　10 000 人以内 　25 000 人以内	一次 二次 三次	L/s L/s L/s	10 10～15 15～20
2	施工现场消防用水 施工现场在 25 ha 以内 每增加 25 ha	一次 一次	L/s L/s	10～15 5

(6)总用水量(Q)计算。总用水量并不是所有用水量的总和，因为施工用水是间断的，生活用水时多时少，而消防用水又是偶然的，可分下列三种情况分别计算总用水量。

1)当($q_1+q_2+q_3+q_4$)≤q_5时，$Q=q_5+1/2(q_1+q_2+q_3+q_4)$。

2)当($q_1+q_2+q_3+q_4$)>q_5时，$Q=q_1+q_2+q_3+q_4$。

3)当工地面积小于 5 ha(1 ha＝10 000 m^2)，且($q_1+q_2+q_3+q_4$)<q_5时，$Q=q$。

最后计算出的总用水量，还应增加 10%，以补偿不可避免的水管漏水损失，即

$$Q_总=1.1Q \tag{5-21}$$

2. 供水管网布置

(1)供水管网的布置方式。临时供水管网的布置一般有三种方式，即环状管网、枝状管网和混合式管网，如图 5-14 所示。

环状管网能保证供水的可靠性，当管网某处发生故障时，水仍能由其他管路供应。但管线长、造价高、管材消耗大。它适用于要求供水可靠的建设项目或建筑群工程。

枝状管网由干管及支管组成，管线短、造价低，但供水可靠性差，若在管网中某一处发生故障时，会造成断水，一般适用于中小型工程。单位工程的临时供水系统一般采用枝状管网，一般建筑面积 5 000～10 000 m^2 的建筑物，施工用水主管管径为 100 mm，支管管径为 40 mm 或 25 mm。单位工程的临时供水管要分别接至砖堆、淋灰池、搅拌站和拟建工程周围，并分别接出水龙头，以满足施工现场的各类用水要求。

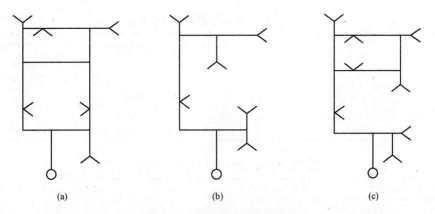

图 5-14 临时供水管网布置
(a)环状式；(b)枝状式；(c)混合式

混合式管网可兼有上述两种管网的优点，总管采用环状、支管采用枝状，一般适用于大型工程。

管网的铺设可采用明管或暗管。一般宜优先采用暗铺，以免妨碍施工，影响运输。寒冷地区冬期施工时，暗铺的供水管应埋置在冰冻线以下。明铺则是将管网置于地面上，其供水应视情况采取和暖防冻措施。

(2)供水管网的布置要求。

1)应尽量提前修建并充分利用拟建的永久性供水管网作为工地临时供水系统，节约修建费用；在保证供水要求的前提下，新建供水管线的长度越短越好，并应适当采用胶皮管、塑料管作为支管，使其具有可移动性，以便利施工。

2)供水管网的铺设要与土方平整规划协调一致，以防重复开挖；管网的布置要避开拟建工程和室外管沟的位置，以防二次拆迁改建。

3)有高层建筑的施工工地，一般要设置水塔，蓄水池或高压水泵，以便满足高空施工与消防用水的要求。临时水塔或蓄水池应设置在地势较高处。

4)供水管网应按防火要求布置室外消防栓。室外消防栓应靠近十字路口、工地出入口，并沿道路布置，距路边应不大于 2 m，距建筑物的外墙应不小于 5 m，为兼顾拟建工程防火而设置的室外消防栓与拟建工程的距离也不应大于 25 m，消防栓之间的间距不应超过 120 m；工地室外消防栓必须设有明显标志，消防栓周围 3 m 范围内不准堆放建筑材料、停放机具和搭设临时房屋等；消防栓供水管的直径不得小于 100 mm。

(3)供水管径的选择。

1)计算法。供水管径可按式(5-22)计算确定。

$$d_i = \sqrt{\frac{4\ 000 Q_i}{\pi \times v \times 1\ 000}} \tag{5-22}$$

式中　d_i——某一管段的供水管直径(mm)；

　　　Q_i——管段的用水量(L/s)

　　　v——管网中水流速度(m/s)，临时水管经济流速参见表 5-22，一般生活及施工用水取 1.5 m/s，消防用水取 2.5 m/s。

2)查表法。为了减少计算工作，只要确定管段流量和流速范围，可直接查表 5-22～表 5-24，选取管径。查表时，可依"输水量"和流速查表确定，其中输水量 Q 是指供给有关使用点的供水量。

表 5-22　临时水管经济流速参考表

管径 d/mm	流速(m·s⁻¹)	
	正常时间	消防时间
<100	0.5~1.2	—
100~300	1.0~1.6	2.5~3.0
>300	1.5~2.5	2.5~3.0

表 5-23　临时给水铸铁管计算表

项次	管径 d/mm	75		100		150		200		250	
	流量 q/(L·s⁻¹)	i	v	i	v	i	v	i	v	i	v
1	2	7.98	0.46	1.94	0.26						
2	4	28.4	0.93	6.69	0.52	0.91	0.23				
3	6	61.5	1.39	14.0	0.78	1.87	0.34				
4	8	109	1.86	23.9	1.04	3.14	0.46	0.77	0.26		
5	10	171	2.33	36.5	1.30	4.69	0.57	1.13	0.32	0.38	0.2
6	12	246	2.79	52.6	1.56	6.55	0.69	1.58	0.39	0.59	0.25
7	14			71.6	1.82	8.71	0.80	2.08	0.45	0.69	0.29
8	16			93.5	2.08	11.1	0.92	2.64	0.51	0.87	0.33
9	18			118	2.34	13.9	1.03	3.28	0.58	1.09	0.37
10	20			146	2.60	16.9	1.15	3.97	0.64	1.32	0.41
11	22			177	2.86	20.2	1.26	4.73	0.71	1.57	0.45
12	24					24.1	1.38	5.56	0.77	1.83	0.49
13	26					28.3	1.49	6.44	0.84	2.12	0.53
14	28					32.8	1.61	7.38	0.90	2.42	0.57
15	30					37.7	1.72	8.4	0.96	2.75	0.62
16	32					42.8	1.84	9.46	1.03	3.09	0.66
17	34					48.4	1.95	10.6	1.09	3.45	0.70
18	36					54.2	2.06	11.8	1.16	3.83	0.74
19	38					60.4	2.18	13.0	1.22	4.23	0.78

注：v 为流速(m/s)；i 为单位管长水头损失(m/km 或 mm/m)。

表 5-24　临时给水钢管计算表

项次	管径 d/mm	75		100		150		200		250	
	流量 q/(L·s⁻¹)	i	v	i	v	i	v	i	v	i	v
1	0.1										
2	0.2	21.3	0.38								
3	0.4	74.8	0.75	8.89	0.32						
4	0.6	159	1.13	18.4	0.48						
5	0.8	279	1.51	31.4	0.64	12.9	0.47	3.76	0.28	1.61	0.20
6	1.0	437	1.88	47.3	0.80	18.0	0.56	5.18	0.34	2.27	0.24

项次	管径 d/mm	75		100		150		200		250	
	流量 q/(L·s^{-1})	i	v	i	v	i	v	i	v	i	v
7	1.2	629	2.26	66.3	0.95	23.7	0.66	6.83	0.40	2.97	0.28
8	1.4	856	2.64	88.4	1.11	30.4	0.75	8.70	0.45	3.96	0.32
9	1.6	1118	3.01	114	1.27	37.8	0.85	10.70	0.51	4.66	0.36
10	1.8			144	1.43	46.0	0.94	13.00	0.57	5.62	0.40
11	2.0			178	1.59	74.9	1.22	21.00	0.74	9.03	0.52
12	2.6			301	2.07	99.8	1.41	27.44	0.85	11.70	0.60
13	3.0			400	2.39	144	1.69	38.40	1.02	16.30	0.72
14	3.6			577	2.86	177	1.88	46.80	1.13	19.80	0.81
15	4.0					235	2.17	61.20	1.30	25.70	0.93
16	4.6					277	2.35	72.30	1.42	30.00	1.01
17	5.0					348	2.64	90.70	1.59	37.00	1.13
18	5.6					399	2.82	104.00	1.70	42.10	1.21
19	6.0										

3)经验法。单位工程施工供水系统也可以根据经验确定，一般 5 000～10 000 m² 的建筑物，施工用水的主干管管径为 100 mm，支管管径为 40 mm 或 25 mm。直径 100 mm 的管能够供一个消防龙头的水量。

（4）管材的选择。

1)工地输水主干管常用铸铁管和钢管；一般露出地面用钢管；埋入地下用铸铁管；支管采用钢管。

2)为了保证水的供给，必须配备各种直径的给水管。施工常用管材如表 5-25 所示。

其中，硬聚氯乙烯管、铝塑复合管、聚乙烯管、镀锌钢管公称直径 15 mm、20 mm、25 mm、32 mm、40 mm、50 mm、70 mm、80 mm、100 mm 的管使用比较普遍。铸铁管管径有 125 mm、150 mm、200 mm、250 mm、300 mm。

表 5-25　施工常用管材

管材	介绍参数		使用范围
	最大工作压力/MPa	温度范围/℃	
硬聚氯乙烯管 铝塑复合管	0.25～0.6	−15～60	给水
聚乙烯管	0.25～1.0	40～60	室内外给水
镀锌钢管	≤1	<100	室内外给水

（5）水泵的选择。可根据管段的计算流量 Q 和总扬程 H，从有关手册的水泵工作性能表中查出需要的水泵。

【例 5-3】某项目占地面积为 15 000 m²，施工现场使用面积为 12 000 m²，总建筑面积为 7 845 m²，所用混凝土和砂浆均采用现场搅拌，现场拟分生产、生活、消防三路供水，日最大混凝土浇筑量为 400 m³，施工现场高峰昼夜人数为 180 人，请计算用水量和选择供水管径。

【解】（1）用水量计算。

1)计算现场施工用水量 q_1：

$$q_1 = k_1 \sum \frac{Q_1 \times N_1}{T_1 \times t} \times \frac{k_2}{8 \times 3\,600}$$

$$= 1.15 \times 250 \times 400 \times 1.5/(8 \times 3\ 600 \times 1) = 5.99(\text{L/s})$$

式中，$k_1 = 1.15$、$k_2 = 1.5$、$Q_1/T_1 = 400\ \text{m}^3/\text{d}$、$t = 1$；$N_1$ 查表取 $250\ \text{L/m}^3$。

2）计算施工机械用水量 q_2：因施工中不使用特殊机械 $q_2 = 0$。

3）计算施工现场生活用水量 q_3：

$$q_3 = P_1 N_3 k_4/(t \times 8 \times 3\ 600) = 180 \times 40 \times 1.5/(1 \times 8 \times 3\ 600) = 0.375(\text{L/s})$$

式中，$k_4 = 1.5$、$P_1 = 180$ 人、$t = 1$；N_3 按生活用水和食堂用水计算。

$$N_3 = 0.025 + 0.015 = 0.04[\text{m}^3/(\text{人} \cdot \text{d})] = 40\ \text{L}/(\text{人} \cdot \text{d})。$$

4）计算生活区生活用水量：因现场不设生活区，故不计算 q_4。

5）计算消防用水量 q_5：1 ha $= 10^4\ \text{m}^2$（ha 表示公顷）。

本工程现场使用面积为 12 000 m²，即 1.2 ha $<$ 25 ha，故 $q_5 = 10\ \text{L/s}$。

6）计算总用水量 $Q_{总}$：

$$Q_1 = q_1 + q_2 + q_3 + q_4 = 6.365(\text{L/s}) < q_5 = 10\ \text{L/s}$$

因为工地面积为 1.2 ha $<$ 5 ha，$Q_1 < q_5$，所以 $Q = q_5 = 10\ \text{L/s}$。

$$Q_{总} = 1.1 \times 10 = 11\ \text{L/s}$$

即本工程用水量为 11 L/s。

（2）供水管径的计算。

$$d = \sqrt{\frac{4\ 000Q}{\pi v}} = \sqrt{\frac{4\ 000 \times 11}{3.14 \times 1.5}} = \sqrt{\frac{44\ 000}{4.71}} = \sqrt{9\ 341.83} = 97(\text{mm})(v = 1.5\ \text{m/s})，取管径为$$

100 mm 的供水管。

5.6.2.9 设计临时供电

施工用电的设计应包括用电量计算、电源选择、电力系统选择和配置。用电量包括现场施工机械用电量（分电动机用电量和电焊机用电量）、办公生活区照明和设备用电容量。单独的单位工程施工，要计算出现场施工用电和照明用电的数量，选择变压器和导线的截面及类型。

施工现场临时用电的管理，是安全生产文明施工的重要组成部分，临时用电组织设计也是施工组织设计的组成部分。施工现场临时用电设备在 5 台及以上或设备总容量在 50 kW 及以上者，应编制用电组织设计。装饰装修工程或其他特殊施工阶段，应补充编制单项施工用电方案。

1. 施工现场临时用电计算

（1）用电量计算。建筑工地临时供电，包括施工用电和办公生活用电两个方面，其用量可按式(5-23)计算：

$$P_{计} = (1.05 \sim 1.1)(k_1 \sum P_1/\cos\varphi + k_2 \sum P_2 + k_3 \sum P_3 + k_4 \sum P_4) \tag{5-23}$$

式中　　$P_{计}$——计算用电量(kV·A)；

　　1.05 ~ 1.1——用电不均衡系数；

　　$\sum P_1$——全部施工用电设备中电动机额定容量之和；

　　$\sum P_2$——全部施工用电设备中电焊机额定容量之和；

　　$\sum P_3$——室内照明、设备额定容量之和；

　　$\sum P_4$——室外照明、设备额定容量之和；

　　$\cos\varphi$——电动机的平均功率因素（在施工现场最高为 0.75 ~ 0.78，一般为 0.65 ~ 0.75）。

k_1、k_2、k_3、k_4——需要系数，见表 5-26。

表 5-26 k_1、k_2、k_3、k_4 系数表

用电名称	数量	需要系数		备注
		k	数值	
电动机	3~10 台 11~30 台 30 台以上	k_1	0.7 0.6 0.5	(1)为使计算结果切合实际,式(5-23)中各项动力和照明用电,应根据不同工作性质分类计算
工厂动力设备			0.5	(2)单班施工时,用电量计算可不考虑照明用电
电焊机	3~10 台 10 台以上	k_2	0.6 0.5	(3)由于照明用电比动力用电少得多,故在计算总用电时,在动力用电量式(5-23)括号内第(1)、(2)项之外再加10%作为照明用量即可
室内照明		k_3	0.8	
室外照明		k_4	1.0	

综合考虑施工用电约占总电量的90%,室内外照明用电约占10%,则上式可进一步简化为

$$P_{计} = 1.1(k_1 \sum P_c + 0.1 P_{计} = 1.24 k_1 \sum P_c \tag{5-24}$$

式中 P_c——全部施工用电设备额定容量之和。

计算用电量时,可从以下各点考虑。

1)在施工进度计划中施工高峰期同时用电机械设备最高数量,设备定额可参考表5-27。

2)各种机械设备在施工过程中的使用情况。

3)现场施工机械设备及照明灯具的数量。

表 5-27 施工机械设备用电定额参考表

机械名称	型号	功率/kW	机械名称	型号	功率/kW
塔式起重机	红旗11—16 整体拖运	19.5	混凝土搅拌站	HL80	41
	QT40 TQ2—6	48	混凝土输送泵	HB—15	32.2
	TQ60/80	55.5	混凝土喷射机 (回转式)	HPH6	7.5
	自升式 TQ90	58			
	自升式 QJ100	63	混凝土喷射机 (罐式)	HPG4	3
	法国 PDTAIN 厂房, H5—56B5P(235 t·m)	150	插入式振捣器	ZX25	0.8
	法国 PDTAIN 厂产 H5—56B (235 t·m)	137		ZX35	0.8
	法国 POTAIN 厂产 TOPKTTF O/25(135 t·m)	160		ZX50	1.1
				ZX50C	1.1
	法国 B.P.R 厂产 GTA91—83(450 t·m)	160		ZX70	1.5
平板式振动器	ZB5	0.5	蛙式夯实机	HW—32	1.5
	ZB11	1.1		HW—60	3

(续表)

机械名称	型号	功率/kW	机械名称	型号	功率/kW
冲击式钻孔机	YKC—20C	20	钢筋调直切断机	GT4/14	4
	YKC—22M	20		GT6/14	11
	YKC—30M	40		GT6/8	5.5
螺旋式钻孔机	BQ—2400	22		GT3/9	7.5
螺旋式钻孔机	ZKL400	40	钢筋切断机	QJ40	7
	ZKL600	55		QJ40—1	5.5
	ZKL800	90		QJ32—1	3
振动打拔桩机	DZ45	45	塔式起重机	德国 PEINE 生产 SK280—055 (307.314 t·m)	150
	DZ45Y	30			
	DZ55Y	55			
	DZ90B	90		德国 PEINE 生产 SK560—05(675 t·m)	170
	DZ90A	90			
附着式振动器	ZW4	0.8	自落式混凝土搅拌机	JD350	15
	ZW5	1.1		JD500	18.5
	ZW7	1.5			
	ZW10	1.1			
	ZW30—5	0.5			
混凝土振动台	ZT—1×2	7.5	卷扬机	JJK0.5	3
	ZT—1.5×6	30		JJK—0.5B	2.8
	ZT—2.4×6.2	55		JJK—1A	7
真空吸水器	HZX—40	4		JJK—5	40
	HZX—60A	4		JJZ—1	7.5
	改型泵1号	5.5		JJZ—1	7
	改型泵2号	5.5		JJK—3	28
预应力拉伸机油泵	ZB1/630	1.1		JJK—5	3
	ZB2X2/500	3		JJM—5	11
	ZB4/49	3		JJM—10	22
	ZB10/49	11			
振动式夯实机	HZD250	4	强制式混凝土搅拌机	JW250	11
				JW500	30
钢筋弯曲机	GW40	3	电动弹涂机	DT120A	8
	WJ40	3	液压升降机	YSF25—50	3
	GW32	2.2			
交流电焊机	BX3—120—1	9	泥浆泵	红星30	30
	BX3—300—2	23.4		红星75	60
	BX—500—2	38.6	液压控制台	YKT—36	7.5
	BX2—100(BC—1000)	76	自动控制、调平液压控制台	YZKT—56	11
			静电触探车	ZJYY—20A	10

机械名称	型号	功率/kW	机械名称	型号	功率/kW
直流电焊机	AX4—300—1（AG—300）	10	混凝土沥青地割机	BC—D1	5.5
			小型砌块成型机	GC—1	6.7
	AX1—165（AB—165）	6	载货电梯	JT1	7.5
			建筑施工外用电梯	SCD100/100A	114
	AX—320（AT—320）	14	木工电刨	MIB2—80/1	0.7
			木工刨板机	MB1043	3
	AX5—500 AX3—500（AG—500）	26	木工圆锯	MJ104	3
				MJ114	3
				MJ106	5.5
纸筋麻刀搅拌机	ZMB—10	3	脚踏截锯机	MJ217	7
灰浆泵	UB3	4	单面木工压刨床	MB103	3
挤压式灰浆泵	UBJ2	2.2		MB103A	4
粉碎淋灰机	UB76—1	5.5		MB106	7.5
单盘水磨石机	FL—16	4		MB104A	4
单盘水磨石机	SF—D	2.2	双面木工压刨床	MB106A	4
双盘水磨石机	SF—S	4	木工平刨床	MB503A	3
侧式磨光机	CM2—1	1	木工平刨床	MB504A	3
立面水磨石机	MQ—1	1.65	普通木工车床	MCD616B	3
墙面水磨石机	YM200—1	0.55	单头直榫开榫机	MX2112	9.8
地面磨光机	DM—60	0.4	灰浆搅拌机	UJ325	3
套丝切管机	TQ—3	1	灰浆搅拌机	UJ100	2.2
电动液压弯管机	WYQ	1.1	反循环钻孔机	BDM—1 型	22

室内照明用电定额可参考表 5-28。

表 5-28 室内照明用电定额参考表

序号	用电名称	定额/(W·m⁻²)	序号	用电名称	定额/(W·m⁻²)
1	混凝土及灰浆搅拌站	5	13	学校	6
2	钢筋室外加工	10	14	招待所	5
3	钢筋室内加工	8	15	医疗所	6
4	木材加工(锯木及细木制作)	5～7	16	托儿所	9
5	木材加工(模板)	8	17	食堂或娱乐场所	5
6	混凝土预制构件厂	6	18	宿舍	3
7	金属结构及机电维修	12	19	理发店	10
8	空气压缩机及泵房	7	20	淋浴间及卫生间	3
9	卫生技术管道加工	8	21	办公楼、实验室	6
10	设备安装加工厂	8	22	棚及仓库	2
11	变电所及发电站	10	23	锅炉房	3
12	机车或汽车停放库	5	24	其他文化福利场所	3

室外照明用电可参考表 5-29。

表 5-29　室外照明用电参考表

序号	用电名称	容量	序号	用电名称	容量
1	安装及铆焊工程	2.0 W/m²	6	行人及车辆干道	2 000 W/km
2	卸车场	1.0 W/m²	7	行人及非车辆主干道	1 000 W/km
3	设备存放，砂、石、木材、钢材、半成品存放	0.8 W/m²	8	打桩工程	0.6 W/m²
			9	砖石工程	1.2 W/m²
4	夜间运料(或不运料)	0.8(0.5)W/m²	10	混凝土浇筑工程	1.0 W/m²
			11	机械挖土工程	1.0 W/m²
5	警卫照明	1 000 W/km	12	人工挖土	0.8 W/m²

注：白天施工且没有夜班时可不考虑灯光照明。

（2）变压器容量计算。工地附近有 10 kV 或 6 kV 高压电源时，一般多采取在工地设小型临时变电所，装设变压器将二次电源降至 380 V/220 V，有效供电半径一般在 500 m 以内。大型工地可在几处设变压器（变电所）。

变压器容量可按式（5-25）计算：

$$P_0 = \frac{1.05P_{\text{计}}}{\cos\varphi} = 1.4P_{\text{计}} \tag{5-25}$$

式中　P_0——变压器容量（kV·A）；

　　　1.05——功率损失系数；

　　　$P_{\text{计}}$——变压器服务范围内的总用电量（kW）；

　　　$\cos\varphi$——用电设备功率因数，一般建筑工地取 0.7~0.75。

求得 P_0 值，可查表 5-30 选择变压器容量和型号。

表 5-30　常用电力变压器性能表

型号	额定容量 /(kV·A)	额定电压/kV		耗损/W		总质量/kg
		高压	低压	空载	短路	
SL7—30/10	30	6；6.3；10	0.4	150	800	317
SL7—50/10	50	6；6.3；10	0.4	190	1 150	480
SL7—63/10	63	6；6.3；10	0.4	220	1 400	525
SL7—80/10	80	6；6.3；10	0.4	270	1 650	590
SL7—100/10	100	6；6.3；10	0.4	320	2 000	685
SL7—125/10	125	6；6.3；10	0.4	370	2 450	790
SL7—160/10	160	6；6.3；10	0.4	460	2 850	945
SL7—200/10	200	6；6.3；10	0.4	540	3 400	1 070
SL7—250/10	250	6；6.3；10	0.4	640	4 000	1 235
SL7—315/10	315	6；6.3；10	0.4	760	4 800	1 470
SL7—400/10	400	6；6.3；10	0.4	920	5 800	1 790
SL7—500/10	500	6；6.3；10	0.4	1 080	6 900	2 050
SL7—630/10	630	6；6.3；10	0.4	1 300	8 100	2 760

型号	额定容量 /(kV·A)	额定电压/kV		耗损/W		总质量/kg
		高压	低压	空载	短路	
SL7—50/35	50	35	0.4	265	1 250	830
SL7—100/35	100	35	0.4	370	2 250	1 090
SL7—125/35	125	35	0.4	420	2 650	1 300
SL7—160/35	160	35	0.4	470	3 150	1 465
SL7—200/35	200	35	0.4	550	3 700	1 695
SL7—280/35	280	35	0.4	640	4 400	1 890
SL7—315/35	315	35	0.4	760	5 300	2 185
SL7—400/35	400	35	0.4	920	6 400	2 510
SL7—500/35	500	35	0.4	1 080	7 700	2 810
SZL7—630/35	630	35	0.4	1 300	9 200	3 225
SZL7—200/10	200	10	0.4	540	3 400	1 260
SZL7—250/10	250	10	0.4	640	4 000	1 450
SZL7—350/10	315	10	0.4	760	4 800	1 695
SZL7—400/10	400	10	0.4	920	5 800	1 975
SZL7—500/10	500	10	0.4	1 080	6 900	2 200
SZL7—630/10	630	10	0.4	1 400	8 500	3 140
S6—10/10	10	10	0.433	60	270	245
S6—30/10	30	10	0.4	125	600	140
S6—50/10	50	10	0.433	175	870	540
S6—80/10	80	6~10	0.4	250	1 240	685
S6—100/10	100	6~10	0.4	300	1 470	740
S6—125/10	125	6~10	0.4	360	1 720	855
S6—160/10	160	6~10	0.4	430	2 100	990
S6—200/10	200	6~11	0.4	500	2 500	1 240
S6—250/10	250	6~10	0.4	600	2 900	1 330
S6—315/10	315	6~10	0.4	720	3 450	1 495
S6—400/10	400	6~10	0.4	870	4 200	1 750
S6—500/10	500	6~10.5	0.4	1 030	4 950	2 330
S6—630/10	630	6~10	0.4	1 250	5 800	3 080

（3）配电导线截面计算。导线截面一般根据用电量计算允许电流进行选择，然后再以允许电压降及机械强度加以校核。

1）按允许电流强度选择导线截面。配电导线必须能承受负荷电流长时间通过所引起的温升，而其最高温升不超过规定值。电流强度的计算如下：

①三相四线制线路上的电流强度可按式（5-26）计算。

$$I = \frac{1\ 000P}{\sqrt{3}U_{\text{线}}\cos\varphi} \tag{5-26}$$

式中　I——某一段线路上的电流强度(A)；

　　P——该段线路上的总用电量(kW)；

　　$U_线$——线路工作电压(V)，三相四线制低压时，$U_线 = 380$ V；

　　$\cos\varphi$——功率因数，临时电路系统时，取 $\cos\varphi = 0.7 \sim 0.75$(一般取 0.75)。

将三相四线制低压线时，$U_线 = 380$ V 代入，上式可简化为式(5-27)。

$$I = 2P \tag{5-27}$$

②二线制线路上的电流可按式(5-28)计算：

$$I = \frac{1\,000P}{U\cos\varphi} \tag{5-28}$$

式中　U——线路工作电压(V)，二相制低压时，$U = 220$ V；

　　其余符号意义同前。

求出线路电流后，可根据导线持续允许电流，按表 5-31 初选导线截面，使导线中通过的电流控制在允许范围内。

表 5-31　配电导线持续允许电流强度(A)(空气温度 25 ℃时)

序号	导线标称截面/mm²	裸线			橡胶或塑料绝缘线(单芯 500 V)			
		TJ 型导线	钢芯铝绞线	LJ 型导线	BX 型(铜、橡)	BLX 型(铝、橡)	BV 型(铜、塑)	BLV 型(铝、塑)
1	0.75	—	—	—	18	—	16	—
2	1	—	—	—	21	—	19	—
3	1.5	—	—	—	27	19	24	18
4	2.5	—	—	—	35	27	32	25
5	4.0	—	—	—	45	35	45	32
6	6	—	—	—	58	45	55	42
7	10	—	—	—	85	65	75	50
8	16	130	105	105	110	85	105	80
9	25	180	135	135	145	110	138	105
10	35	220	170	170	180	138	170	130
11	50	270	215	215	230	175	215	165
12	70	340	265	265	285	220	265	205
13	95	415	325	325	345	265	325	250
14	120	485	375	375	400	310	375	285
15	150	570	440	440	470	360	430	325
16	185	645	500	500	540	420	490	380
17	240	770	610	610	600	510	—	—

2)按机械强度要求选择导线截面。配电导线必须具有足够的机械强度，以防止受拉或机械损伤时折断。在各种不同敷设方式下，导线按机械强度要求所必须达到的最小截面面积应符合表 5-32 的规定。

表 5-32 导线按机械强度要求所必须达到的最小截面面积

导线用途	导线最小截面面积/mm²	
	铜线	铝线
照明装置用导线： 户内用 户外用	0.5 1.0	2.5 2.5
双芯软电线： 用于吊灯 用于移动式生产用电设备	0.35 0.5	— —
多芯软电线及软电缆： 用于移动式生产用电设备	1.0	
绝缘导线：固定架设在户内支持件上，其间距为 2 m 及以下 6 m 及以下 25 m 及以下	1.0 2.5 4	2.5 4 10
裸导线： 户内用 户外用	2.5 6	4 16
绝缘导线： 穿在管内 设在木槽板内	1.0 1.0	2.5 2.5
绝缘导线： 户外沿墙敷设 户外其他方式敷设	2.5 4	4 10

3)按导线允许电压降选择配电导线截面。配电导线上的电压降必须限制在一定限度之内，否则距变压器较远的机械设备会因电压不足而难以启动，或经常停机而无法正常使用；即使能够使用，也由于电动机长期处在低压运转状态，会造成电动机电流过大，升温过高而过早地损坏或烧毁。

按导线允许电压降选择配电导线截面的计算公式为

$$S = \frac{\sum (PL)}{C \cdot [\varepsilon]} = \frac{\sum M}{C \cdot [\varepsilon]} \tag{5-29}$$

式中　S——配电导线的截面面积(mm²)；

P——线路上所负荷的电功率，即电动机额定功率之和或线路上所输送的电功率(kW)；

L——用电负荷至电源(变压器)之间的送电线路长度(m)；

M——每一次用电设备的负荷距(kW·m)；

$[\varepsilon]$——配电线路上允许的相对电压降，即以线路的百分数表示的允许电压降，一般为 2.5%～5%；

C——系数，即由导线材料、线路电压和输电方式等因素决定的输电系数，见表 5-33。

表 5-33　按允许电压降计算时的系数 C

线路额定电压/V	线路系统及电流种类	系数 C	
		铜线	铝线
380/220	三相四线	77	46.3
380/220	二相三线	34	20.5
220		12.8	7.75
110		3.2	1.9
36	单线或直流	0.34	0.21
24		0.153	0.092
12		0.038	0.023

以上通过计算或查表所选择的配电导线截面面积，必须同时满足以上三项要求，并以求得的三个导线截面面积中最大者为准，作为最后确定选择配电导线的截面面积。

实际上，配电导线截面面积计算与选择的通常方法是：当配电线路比较长，线路上的负荷比较大时，往往以允许电压降为主确定导线截面；当配电线路比较短时，往往以允许电流为主确定导线截面；当配电线路上的负荷比较小时，往往以导线机械强度要求为主选择导线截面。当然，无论以哪一种为主选择导线截面，都要同时符合其他两种要求，以求无误。

根据实践，一般建筑工地配电线路较短，导线截面可由允许电流选定；而在道路工程和给排水工程，工地作业线比较长，导线截面由电压降确定。

2. 变压器及供电线路布置

(1)变压器的选择与布置要求。

1)当施工现场只需设置一台变压器时，供电线路可按枝状布置，变压器应设置在引入电源的安全区域内。

2)当工地较大，需要设置多台变压器时，应先用一台主降压变压器，将工地附近的 110 kV 或 35 kV 的高压电网上的电压降至 10 kV 或 6 kV，然后再通过若干个分变压器将电压降至 380/220 V。主变压器与各分变压器之间采用环状连接布置；每个分变压器到该变压器负担的各用电点的线路可采用枝状布置，分变压器应设置在用电设备集中、用电量大的地方，或该变压器所负担区域的中心地带，以尽量缩短供电线路的长度；低压变电器的有效供电半径为 400～500 m。

实际工程中，单位工程的临时供电系统一般采用枝状布置，并尽量利用原有的高压电网和已有的变压器。

(2)供电线路的布置要求。

1)工地上的 3 kV、6 kV 或 10 kV 的高压线路，可采用架空裸线，其电杆距离为 40～60 m；也可采用地下电缆；户外 380/220 V 的低电压线路，可采用架空裸线，与建筑物、脚手架等距离相近时，必须采用绝缘架空线，其电杆距离为25～40 m；分支线或引入线均必须从电杆处连接，不得从两杆之间的线路上直接连接。电杆一般采用钢筋混凝土电杆；低压线路也可采用木杆。

2)为了维修方便，施工现场一般采用架空配电线路，并尽量使其线路最短。要求现场架空线与施工建筑物水平距离不小于1 m，线与地面距离不小于4 m，跨越建筑物或临时设施时，垂直距离不小于2.5 m，线间距不小于0.3 m。

3)配电系统应采用配电柜或总配电箱、分配电箱、开关箱三级配电方式。

4)配电箱和开关箱的离地高度与安装位置应以操作方便、安全为准；每台用电设备必须有各自专用的开关箱(开关箱应符合一机、一箱、一闸、一漏、一接地)，严禁用同一个开关箱直接控制两台及以上用电设备(含插座)。

5)设置在室外的配电箱应有防雨措施，严防漏电、短路及触电事故的发生。

6)线路应布置在起重机的回转半径之外。否则应搭设防护栏，其高度要超过线路2 m，机械运转时还应采取相应措施，以确保安全。现场机械较多时，可采用埋地电缆，以减少互相干扰。

7)新建变压器应远离交通要道口处，布置在现场边缘高压线接入处，离地高度应大于3 m，四周应设有高度大于1.7 m的铁丝网防护栏，并设置明显标志。

5.6.3 单位工程施工平面图绘制

1. 确定图幅的大小和绘图比例

图幅大小和绘图比例应根据工地大小及布置的内容多少来确定。应尽量将拟建单位工程放置在图纸的中心位置，图幅一般可采用2号图纸(594 mm×420 mm)或3号图纸(420 mm×297 mm)，比例一般采用1：200～500，通常使用1：200的比例。

2. 合理规划和设计图面

施工平面图除了要反映施工现场的平面布置外，还要反映现场周边的环境与现状(如原有道路、建筑物、构筑物等)。因此，要合理地规划和设计图面，并要留出一定的图面绘制指北针(风玫瑰图)、图例、标题栏和标注文字说明等。

3. 绘制建筑总平面图中的有关内容

将现场测量的方格网、现场内外原有的并将保留的建筑物、构筑物和运输道路等其他设施按比例准确地绘制在图面上。

4. 绘制为施工服务的各种临时设施

根据施工平面布置要求和面积计算结果，将所确定的施工围墙、施工道路、堆场、仓库、加工场、配电房、施工机械、搅拌站及混凝土泵车等的位置，水电消防管网的位置，办公室、门卫室、食堂、宿舍等办公生活用房的位置，按比例准确地绘制在施工平面图上，并标注必要的定形和定位尺寸。

5. 绘制正式的单位工程施工平面图

在完成各项布置后，经过分析、比较、优化，进行调整修改，形成施工平面图草图；然后按规范规定的线型、线条[原有建筑及各类暂设(中粗实线)、拟建建筑(粗实线)、尺寸线(细实线)]、图例等对草图进行加工，并做必要的文字说明，绘制图例，标上比例、指北针等，就成为正式的施工平面图。

绘制施工平面图总的要求是：比例准确、图例规范、线条粗细分明且标准、字迹端正、图面整洁美观。

　　值得注意的是，通常施工平面图的内容和数量要根据工程特点、工期长短、场地情况等确定。一般中小型单位工程只绘制主体结构施工阶段的施工平面图即可（有时也可将后期搭设的装修用井字架标注在施工平面图上）。对于工期较长或受场地限制的大中型工程，则应分阶段绘制多张施工平面图，如高层建筑工程可绘制基础、主体结构、装修等不同施工阶段的施工平面图；又如单层工业厂房的建筑安装工程，应分别绘制基础、预制、吊装等施工阶段的施工平面图。

　　施工平面图图例见表 5-34。

表 5-34　施工平面图图例

序号	名称	图例	序号	名称	图例
	一、地形及控制点		11	建筑工地界线	
1	水准点		12	烟囱	
2	房角坐标	$x=1\ 530$ $y=2\ 156$	13	水塔	
3	室内地面水平标高	105.10		三、交通运输	
	二、建筑、构筑物		14	现有永久道路	
4	原有房屋		15	施工用临时道路	
5	拟建正式房屋			四、材料、构件堆场	
6	施工期间利用的拟建正式房屋		16	临时露天堆场	
7	将来拟建正式房屋		17	施工期间利用的永久堆场	
8	临时房屋：密闭式敞篷式		18	土堆	
9	拟建的各种材料围墙		19	砂堆	
10	临时围墙		20	砾石、碎石堆	

序号	名称	图例	序号	名称	图例
21	块石堆		37	支管接管位置	—S→
22	砖堆		38	消火栓（原有）	
23	钢筋堆场		39	消火栓（临时）	
24	型钢堆场	LID	40	原有化粪池	
25	铁管堆场		41	拟建化粪池	
26	钢筋成品场		42	水源	⊛
27	钢结构场		43	电源	
28	屋面板存放场		44	总降压变电站	
29	一般构件存放场		45	发电站	
30	矿渣、灰渣堆		46	变电站	
31	废料堆场		47	变压器	
32	脚手架、模板堆场		48	投光灯	
33	钢材堆场		49	电杆	
	五、动力设施		50	现有高压6 kV线路	—WW6——WW6—
34	原有的上水管线		51	施工期间利用的永久高压6 kV线路	—LWW6——LWW6—
35	临时给水管线			六、施工机具	
36	给水阀门（水嘴）	⋈	52	塔轨	

序号	名称	图例	序号	名称	图例
53	塔式起重机		64	混凝土搅拌机	
54	井字架		65	灰浆搅拌机	
55	门架		66	洗石机	
56	卷扬机		67	打桩机	
57	履带式起重机		68	混凝土泵车	
58	汽车式起重机			七、其他	
59	缆式起重机		69	脚手架	
60	铁路式起重机		70	淋灰池	灰
61	多斗挖土机		71	沥青锅	
62	推土机		72	避雷针	
63	铲运机				

5.6.4 施工平面图设计实例

某剪力墙结构高层住宅楼工程，位于某市东贸街北面，该工程有地下室 2 层，地上 24 层，南北长 60 m，东西宽 18 m，建筑面积 28 000 m²。考虑工程量较大，建筑物高度比较高，故在拟建建筑物的北侧中部安装 1 台 QJ163 塔式起重机，主要解决钢筋、模板、架管的水平和垂直运输；采用商品混凝土，为减少浇筑混凝土时对办公室造成的干扰，混凝土泵车布置在拟建建筑物的东侧；在塔式起重机东西两侧安置 2 台施工电梯，作为砌块、砂浆、装修材料和人员的垂直运输工具；在拟建建筑物的北侧安装 2 台砂浆搅拌机用来搅拌砌筑砂浆和抹灰砂浆；钢筋加工场地(含钢筋堆场)布置在拟建建筑物的北面；木工加工场地布置在拟建建筑物的西北侧，模板就近堆放。施工入口紧靠东贸街，入口处设门卫室，办公室紧靠东贸街布置，工地生活区主要布置在拟建建筑物的北面。该拟建工程施工平面图布置具体如图 5-15 所示。

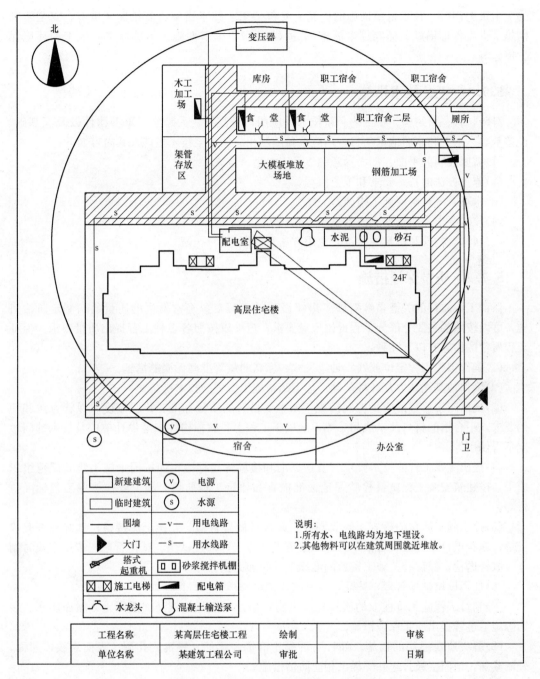

图5-15 某高层住宅楼工程施工平面图

项目 5.7 各项技术组织措施编制

技术组织措施是指在技术和组织方面对保证工程质量、工期、安全、节约成本、文明施工和保护环境等目标的实现所采取的措施。制定各项技术组织措施是进行施工组织设计的一个重要内容。技术组织措施的内容主要包括工艺技术措施、质量保证措施、安全施工措施、进度保证措施、降低成本措施(见项目 4.7)、季节性施工措施、文明施工和环境保护措施等。

5.7.1 工艺技术措施

对新材料、新结构、新工艺、新技术的应用,对高耸、大跨度、重型构件以及深基础、设备基础、水下和软弱地基项目,均应单独编制相应的施工技术措施,其内容如下:

(1)需要表明的平面、剖面示意图以及工程量一览表。

(2)施工方法的特殊要求和工艺流程。

(3)水下及冬、雨期施工措施。

(4)技术要求和质量安全注意事项。

(5)材料、构件和机具的特点、使用方法及需用量。

5.7.2 质量保证措施

保证工程质量的关键是针对施工组织设计的工程对象经常发生的质量通病制定防治措施,可以按照各主要分部分工程提出质量要求,也可以按照各工种工程提出质量要求。保证工程质量的措施有以下几种:

(1)确保拟建工程定位放线、轴线尺寸、标高测量等准确无误的措施。

(2)确保地基承载力及各种基础、地下结构施工质量的技术措施。

(3)提出施工材料的质量控制措施,如主要材料的质量标准、检验制度、保管方法和使用要求,不合格的材料及半成品一律不准用于工程上,破损构件未经设计单位及技术部门鉴定不得使用等。

(4)提出主要工种的技术要求、质量标准和检验评定标准,如按国家施工验收规范组织施工,按建筑安装工程质量检验评定标准检查和评定工程质量,施工操作按照工艺标准执行等。

(5)提出施工质量的检查、验收制度,如认真做好自检、互检、交接检;做好检查验收记录;隐蔽项目未经验收合格不得进入下道工序施工;加强试块、试样管理,按规定及时制作,取样送检;保证有关施工资料的准确、及时和完整性等。

(6)加强试块试样管理,按规定及时制作试块试样,执行见证取样送检制度。

(7)制订工程施工过程中的质量控制措施,如针对模板、钢筋、混凝土、屋面防水、装饰等施工过程提出质量保证措施。

(8)解决质量通病的措施,如针对混凝土麻面、露筋、蜂窝、孔洞、表面裂纹,屋面、外墙渗漏,地面空鼓、起砂等提出相应防治措施。

(9)提出保证质量的组织措施,如人员培训、编制工艺卡及质量检查验收制度等。

(10)提出各分部分项工程的质量评定的目标计划等。

质量通病是指施工中容易出现的质量问题,如窗角裂缝、墙面裂缝、厨房卫生间渗漏、屋面渗漏等。容易出现质量通病的工程部位应有针对性地预防措施。

5.7.3 安全施工措施

1. 安全施工措施的内容

安全施工措施应贯彻安全操作规程,对施工中可能出现的安全问题进行预测,有针对性地提出预防措施，以杜绝施工中伤亡事故的发生。安全施工措施主要包括以下几个方面。

(1)保证土石方边坡稳定的措施。

(2)脚手架、吊篮、安全网的设置及各类洞口、临边防止人员坠落的措施。

(3)外用电梯、井字架及塔式起重机等垂直运输机具拉结要求和防倒塌措施。

(4)安全用电和机电设备防短路、防触电的措施。

(5)易燃、易爆、有毒作业场所的防火、防爆、防毒、防坠落、防冻害、防坍塌措施。

(6)季节性安全措施，如雨期的防洪、防雨，夏期的防暑降温，冬期的防滑、防火等措施。

(7)高空作业、立体交叉作业的安全措施。

(8)各工种工人须经安全培训和考核合格后方准进行施工作业。

(9)现场周围通行道路及居民的保护隔离措施。

(10)保证安全施工的组织措施，如安全宣传、教育及检查制度等。

2. 三宝、四口、五临边及安全防护措施

三宝：安全帽、安全带、安全网。

四口：楼梯口、电梯口、预留洞口、通道口。

五临边：阳台平台周边、楼层周边、屋顶周边、坑槽周边、楼梯侧边(又叫楼层边，屋面、阳台边，料台边，挑台、挑檐边)等。也有说是指尚未安装栏杆的阳台周边、无外架防护的屋面周边、框架工程楼层周边、上下跑道及斜道的两侧边、卸料平台的侧边。

三宝、四口、五临边的安全防护措施如下。

(1)安全帽符合国家有关标准规定要求；现场人员按规定佩戴安全帽。

(2)安全网的规格、材质应符合国家标准有关规定的要求；在建工程项目外侧用密目式安全网进行全封闭。

(3)安全带应符合国家标准有关规定的要求；高处作业人员应佩戴安全带作业，使用时应高挂低用，不准将绳打结使用，也不应将钩直接挂在绳上使用，应挂在连接环上。

(4)楼梯通道除必须使用的外，其余采用密目网进行临时封闭，在其通道口搭防护棚。

(5)楼梯通道口处应搭防护棚，棚宽应大于出入口，长度不小于 3 m，采用钢管搭设，上铺脚手板及荆笆，脚手板厚度应不少于 5 cm，满铺。

(6)电梯井内每隔两层(不大于 10 m)应设置一道水平防护；电梯井口应设置安全防护门。

(7)对洞口(水平孔洞短边尺寸大于 2.5 cm，竖向孔洞高度大于75 cm)应采取防护措施；防护措施形成定型化、工具化；防护措施严密、坚固、稳定。

(8)楼梯踏步拆模后及时安装楼梯扶手或沿楼梯设 1.0~1.2 m 高双层防身护栏；临边处均应设置醒目的防护栏杆，由上、下两道横杆及栏杆柱组成，上杆离地高度 1.0~1.2 m，下杆离地高度 0.5~0.6 m。卸料平台两侧设 1.0~1.2 m 双层护栏并挂立网。

5.7.4 进度保证措施

(1)建立进度控制目标体系，明确建设工程现场组织机构中进度控制人员及其职责分工。

(2)建立工程进度报告制度及进度信息沟通网络。

(3)建立进度计划审核制度和进度计划实施中的检查分析制度；建立进度协调会议制度，包括协调会议举行的时间、地点、参加人员等；建立图纸审查、工程变更和设计变更管理制度。

(4)编制进度控制工作细则。

(5)采用网络计划技术及其他科学适用的计划方法,并结合电子计算机的应用,对建设工程进度实施动态控制。

5.7.5　降低成本措施

由于建设工程的投资主要发生在施工阶段,在这一阶段需要投入大量的人力、物力、资金等,是工程项目建设费用消耗最多的时期,浪费投资的可能性比较大,所以精心地组织施工,挖掘各方面潜力,节约资源消耗,仍可以收到降低成本的明显效果。其主要措施如下。

(1)合理进行土方平衡,以节约土方运输及人工费用。

(2)综合利用吊装机械,减少吊次,以节约台班费。

(3)提高模板精度,采用整装整拆,加速模板周转,以节约木材或钢材。

(4)混凝土、砂浆中掺外加剂或掺和料(如粉煤灰、硼泥等),以节约水泥。

(5)采用先进的钢筋焊接技术(如气压焊)以节约钢筋。

(6)构件及半成品采用预制拼装、整体安装的方法,以节约人工费、机械费等。

(7)保证工程质量,减少返工损失。

(8)保证安全生产,减少事故频率,避免意外工伤事故带来的损失。

(9)增收节支,减少施工管理费的支出。

(10)工程建设提前完工,以节省各项费用开支。

(11)认真做好施工组织设计,对主要施工方案进行技术经济分析。

5.7.6　文明施工和环境保护措施

文明施工和环境保护是指在建工程项目安全防护、职业健康、场容整洁、美观、文明、卫生、环保的综合要求。文明施工与环境保护措施主要从以下几个方面考虑。

(1)根据施工平面图规划生活用房和施工用房,在工地门口设置明显的标示牌("五牌一图")。

(2)施工场地道路平整畅通,排水系统良好,材料、机具分类堆放整齐并设置标示牌。

(3)现场弃土及施工垃圾应及时清除,注意搞好工地及四周的环境卫生,创造良好的生活、施工卫生条件。

(4)施工场地出入口应设置洗车槽,出场地的车辆必须冲洗干净。

(5)散碎材料、施工垃圾的运输及防止各种环境污染,严禁随意凌空抛撒。

(6)工程完工后,按要求及时拆除所有围蔽及临时建筑设施、安全防护设施和其他临时工程,并将工地周围环境清理整洁,做到工料清、场地净。

(7)施工期间粉尘(扬尘)污染的防治措施,如定时派人清扫施工便道路面,减少尘土量;对可能扬尘的施工场地定时洒水,并为在场的作业人员配备必要的专用劳保用品;对易于引起粉尘的细料或散料应予遮盖或适当洒水,运输时亦应予遮盖;汽车进入施工场地应减速行驶,避免扬尘。

(8)施工期间噪声污染的防治措施,如在可供选择的施工方案中尽量选用噪声小的施工工艺及施工机械;将噪声较大的机械设备布置在远离施工红线的位置,减少噪声对施工红线外的影响;对噪声较大的机械,在中午(12时至14时)及夜间(20时至次日7时)休息时间内停机,以免影响附近居民休息。

(9)施工期间水污染(废水)的防治措施,如施工人员集中居住点的生活污水、生活垃圾(特别是粪便)要集中处理防止污染水源,厕所需设化粪池;加强对施工机械的维修保养，防止机械使用的油类渗漏进入地下水中或市政下水道；冲洗集料或含有沉淀物的操作用水、机械清洗用水，应经过滤沉淀池处理或其他措施处理后，再排入地下水中或市政下水道。

(10)施工期间应防止水土流失，做好废料的处理，做到统筹规划、合理布置、综合治理、化害为利。

项目5.8 施工组织设计技术经济分析

任何一个分部分项工程，都会有多种施工方案可供选择。施工组织设计技术经济分析的目的，就是论证施工组织设计在技术上是否先进、经济上是否合理；通过计算、分析和比较，从诸多施工方案中选出一个工期短、质量好、材料省、劳动力安排合理、工程成本低，最符合施工企业目标的最优方案，为不断改进施工组织设计提供信息，为施工企业提高经济效益、加强企业竞争能力提供途径。对施工方案进行技术经济分析，是选择最优施工方案的重要环节之一，对不断提高建筑业技术、组织和管理水平，提高基本建设投资效益大有益处。

5.8.1 技术经济分析的基本要求

技术经济分析的基本要求如下。

(1)对施工技术方法、组织手段和经济效果进行分析，对施工具体环节及全过程进行分析。

(2)应重点抓住"一案、一图、一表"三大重点，即施工方案、施工平面图和施工进度计划表，并以此建立技术经济分析指标体系。

(3)要灵活运用定性方法和有针对性的定量方法。在做定量分析时，应针对主要指标、辅助指标和综合指标区别对待。

(4)应以设计方案的要求、有关国家规定及工程实际需要为依据。

5.8.2 技术经济分析的重点

技术经济分析应围绕质量、工期、成本、安全四个主要方面，即在保证质量安全的前提下，使工期合理，费用最少，效益最好。单位工程施工组织设计的技术经济分析重点是工期、质量、安全、成本、劳动力、场地、临时设施，以及新技术、新设备、新材料、新工艺的采用。但是在进行单位工程施工组织设计时，要针对不同的设计内容有不同的技术经济分析重点。

(1)基本工程以土方工程、现浇钢筋混凝土施工、打桩、排水和降水、土坡支护、运输进度与工期为重点。

(2)结构工程以垂直运输机械选择、流水段划分、劳动组织、现浇钢筋混凝土工程(钢筋工程、模板工程、混凝土工程)、脚手架选用、特殊分项工程的施工技术措施及各项组织措施为重点。

(3)装饰阶段应以施工顺序，质量保证措施、劳动组织、分工协作配合、节约材料、缩短工期、技术组织措施为重点。

(4)单位工程施工组织设计的综合技术经济分析指标应以工期、质量，成本、劳动力、材料、机械台班为重点。

5.8.3 技术经济分析的方法

技术经济分析的方法有定性分析和定量分析两种方法。

定性分析是结合工程实际经验，对每一个施工方案的优缺点进行分析比较，主要考虑：工期是否符合要求，技术上是否先进可行，施工操作上的难易程度，施工安全可靠性如何，劳动力和施工机械能否满足，保证工程质量措施是否完善可靠，是否能充分发挥施工机械的作用，为后续工程提供有利施工的可能性，能否为现场文明施工创造有利条件，对冬雨期施工带来的困难等。评价时受评价人的主观因素影响较大，因此只用于施工方案的初步评价。

定量分析是通过计算各施工方案中的主要技术经济指标，进行综合分析比较，从中选择技术经济指标最优的方案。由于定量分析是直接进行计算、对比，用数据说话，因此比较客观，是技术经济分析的主要方法。

5.8.4 技术经济分析指标

单位工程施工组织设计中技术经济分析指标应包括工期指标、劳动生产率指标、质量指标、安全指标、降低成本指标、主要工程工程机械化程度指标、三大材料节约指标。

(1)总工期：从破土动工至单位工程竣工的全部日历天数。

(2)单位面积建筑造价：

$$单位面积建筑造价(元/m^2)=\frac{建筑实际总造价}{建筑总面积}$$

为了正确评价施工方案的经济合理性，在计算单位面积建筑造价时，应采用实际的施工造价。

(3)单位面积劳动消耗量：是指完成单位合格产品所消耗的活劳动，可用单方用工量来表示。它反映劳动力的使用和消耗水平，不同建筑物之间的单方用工量有可比性。单位面积劳动消耗量的高低，标志着施工企业的技术水平和管理水平，也是企业经济效益好坏的主要指标。

$$单位工程单方用工量(工日/m^2)=\frac{总用工数(工日)}{建筑面积}$$

其中总用工数包括完成该工程所有施工过程主要工种、辅助工种及准备工作的全部劳动量，为主要工种用工、辅助用工和准备工作用工之和。

(4)质量优良品率：是施工组织设计中控制的主要目标之一，主要通过质量保证措施来实现。

(5)主要材料节约指标：可分别分为主要材料节约量、主要材料节约额或主要材料节约率。

$$主要材料节约量=预算用量-计划用量$$

$$主要材料节约率=\frac{主要材料节约量}{主要材料预算量}\times100\%$$

(6)降低成本指标：降低成本指标综合反映了工程项目或分部工程由于采用的施工方案不同，而产生不同的经济效果。其指标可采用降低成本额或降低成本率表示。

$$降低成本额=预算成本-计划成本$$

$$降低成本率=\frac{降低成本额}{预算成本}\times100\%$$

其中，预算成本是根据施工图按预算价格计算的成本，计划成本是按采用的施工方案所确定的施工成本。

(7)施工机械化程度：提高施工机械化程度是建筑施工的发展趋势。根据我国的国情，土洋结合、积极扩大机械化施工范围，是施工企业努力的方向；在工程招投标中，也是衡量施工企业竞争实力的主要指标之一。

$$大型机械单方耗用量(台班/m^2) = \frac{耗用总台班(台班)}{建筑面积}$$

$$单方大型机械费(元/m^2) = \frac{计划大型机械费}{建筑面积}$$

项目 5.9　某拟建工程项目施工组织设计实例

5.9.1　编制依据及说明

1. 编制依据

(1)××建设集团有限公司建筑规划设计院设计的建筑、结构、安装施工设计图纸以及图纸会审纪要。

(2)国家、行业及地方有关政策、法律、法令、法规。

(3)国家强制性技术质量标准、施工验收规范、规程。

(4)工艺标准及操作规程。

(5)本公司 ISO 9002 质量体系程序文件及管理规章制度。

本工程所使用的主要规范及标准图集如表 5-35 所示。

表 5-35　本工程所使用的主要规范及标准图集

序号	名称	规范编号
1	《混凝土结构施工图平面整体表示方法制图规则和构造详图》	11G101-1、11G101-2、11G101-3
2	《建筑物抗震构造详图》	11G329
3	《建筑变形测量规范》	JGJ 8—2007
4	《钢筋焊接及验收规程》	JGJ 18—2012
5	《建筑地基基础工程施工质量验收规范》	GB 50202—2002
6	《砌体工程施工质量验收规范》	GB 50203—2011
7	《混凝土结构工程施工质量验收规范》	GB 50204—2015
8	《屋面工程技术规范》	GB 50345—2012
9	《地下工程防水技术规范》	GB 50108—2008
10	《建筑玻璃应用技术规程》	JGJ 13—2009
11	《建筑地面设计规范》	GB 50037—2013

（续表）

序号	名称	规范编号
12	《建筑装饰装修工程质量验收规范》	GB 50210—2001
13	《工程测量规范》	GB 50026—2007
14	《建筑施工扣件式钢管脚手架安全技术规范》	JGJ 130—2011
15	《建筑工程冬期施工规程》	JGJ/T 104—2011
16	《施工现场临时用电安全技术规范》	JGJ 46—2005
17	《建筑给水排水及采暖工程施工质量验收规范》	GB 50242—2002
18	《建筑电气工程施工质量验收规范》	GB 50303—2002

2. 编制说明

本施工组织设计作为指导施工的纲领性依据，以满足现场施工的要求为原则，突出科学性、可行性、规范性、指导性及严肃性，依据国家法律法规性文件及公司相关工程施工经验及有关制度，对项目管理组织机构的设置、劳动力计划的安排、材料供应安排、机械设备配置、主要分部分项工程施工、关键性部位施工、工期保证措施、质量、安全保证措施、环保、消防、噪声、文明施工等措施做了详尽的部署，确保工程优质、高效、安全、文明、环保施工。

5.9.2 工程概况

1. 工程建设概况

工程名称：××市甘桂路帝豪大厦商住综合楼工程

建设单位：××房地产开发有限公司

勘察单位：××勘察设计院

设计单位：××建设集团有限公司建筑规划设计院

监理单位：××监理有限公司

总建筑面积：43 411.7 m²其中地上 39 477.54 m²，地下 3 934.16 m²

建筑层数：28 层（地下一层）

建筑层高：地下层为 6.3 m，1 层为 5.1 m，2、3 层为 4.8 m，4 层为 6 m

建筑总高度：97.3 m

工程地址：湖南省××市甘桂路

结构类型：框架—剪力墙结构

建筑功能：地下一层为设备用房及车库（3 934.16 m²），1～4 层为酒店及商业，5 层为设备转换层，以上西面主楼 6～23 层为酒店客房，东面主楼 6～28 层为住宅。

2. 建筑设计概况

本工程建筑构造及装修做法如下：

楼地面：地下层车库地面为石屑水泥地面；1 层门厅、电梯厅为大理石楼地面，商业、办公室、消控室为陶瓷地砖地面，楼梯间为陶瓷地砖地面。2～4 层地面为水泥砂浆楼地面，酒店 6～23 层为水泥砂浆楼地面，住宅 6～28 层为钢筋混凝土板随捣随光。

内墙：一层门厅、电梯厅为花岗岩墙面，酒店、商业厕所面砖到 1 800 mm，墙面仿瓷涂料。住宅楼梯间仿瓷涂料。

顶棚：酒店、商业顶棚仿瓷涂料，住宅顶板刮水泥胶。

外墙面：正立面及正面转角、左立面1~4层米黄色石材干挂，其他各面1~4层米黄色外墙面砖。4层以上，宽线条装饰处咖啡色面砖。其他面为黄色面砖。外墙面为面砖饰面为主，外墙装饰细线条刷乳胶漆。

屋面：上人屋面防水为细石混凝土防水和高聚物改性沥青卷材防水，其做法为：钢筋混凝土板→20厚（最薄处）1∶8水泥珍珠岩找坡→20厚1∶2.5水泥砂浆找平层→底胶漆一道→4厚SBS改性沥青防水卷材防水层→40厚挤塑聚苯乙烯泡沫塑料板→点粘一层350号石油沥青油毡→40厚C30 UEA补偿收缩混凝土防水层，表面压光→25厚1∶4干硬性水泥砂浆。

门窗：门为木质防火门、成品防盗门；住宅户内门用户自理，住宅及酒店窗为中空玻璃铝合金窗。

3. 结构设计概况

本工程按地震设防裂度为6度，尺寸单位均为mm（毫米）。

基础：基础形式为人工挖孔桩基础。地下室剪力墙基为桩承台，电梯井筒体下为1 500~1 800 mm深的桩承台。柱部分为梁基，大部分为承台。桩基础持力层为泥质灰岩。桩混凝土为C30。承台混凝土为C45。

主体结构：5层以下为全现浇钢筋混凝土框架—剪力墙结构，酒店部分5层以上仍为框架—剪力墙结构，住宅五层以上为薄壁柱框架结构，电梯井为筒体结构。五层为架空设备转换层，高3.9 m，板厚130 mm。±0.000层楼板厚180 mm，楼面混凝土强度等级为C45，柱C50；钢筋保护层厚度为：基础底板底面为40 mm；地下室外墙为20 mm；剪力墙为20 mm；梁、柱为30 mm；楼板及楼梯为20 mm。

4. 工程特点及施工条件概况

（1）工程特点。根据本工程建筑面积大、施工工期紧、质量要求高的特点，我们将在施工中着重注意以下问题：

1）施工进度的综合安排，劳动力的科学合理调度，机械设备的有序使用，水电暖与土建各工种的密切配合，各工种之间的交叉流水施工等问题。

2）根据施工场地特点，考虑分段施工、流水作业，平面按要求布置，科学安排，与文明施工有机结合。

3）本工程地基处理较深（−6.300 m），地下水位较高，属于超过一定规模的较大的危险性分部分项工程，专项方案和计算书必须经过专家论证后方可施工。

4）施工中基坑竖向、横向位移观测也是该工程的控制重点。

5）防水工程包括基础、挡墙、卫生间及屋面防水，也是施工中的重点。

6）结构剪力墙、柱模板采用多层木模板，采用钢管支撑加固；顶板、梁采用竹胶合板，用钢管脚手架支撑加固。

7）外脚手架：施工阶段基础~2层采用全封闭落地式双排外脚手架防护，3层以上采用型钢悬挑脚手架，4层一个封闭层。装饰装修阶段均采用吊篮脚手架。

（2）施工条件概况。

1）施工场地。本工程施工场地小，材料进出场困难，必须合理布置临时设施及材料、架料堆场，搞好场地硬化、美化工作，创造一个良好的施工环境。

2）交通情况。本工程的车辆出入较为方便，为保证施工周边的清洁卫生，我们将派专人每日清扫车辆出入口的清洁，并对出施工现场的车辆进行冲洗。

3）现场及过往行人安全。由于本工程紧临甘桂路，来往人员较多，在施工过程中，我司将严格××市城建部门的要求施工，按《建筑施工安全文明检查标准》（JGJ 59—2011），实施全封闭施工，确保现场和行人安全。

5.9.3 工程施工范围及要求

1. 工程施工范围

本工程施工范围按设计单位提供的工程施工图纸为准，包括土建、给排水、通风、室内照明预埋管均属本次施工范围。

2. 工程施工要求

工程质量要求：严格按现行国家规范施工，施工质量达到国家规定的标准。

工期要求：本工程总工期要求为日历天数 451 d(含开工前准备工作和分包工程)。

5.9.4 施工部署

1. 施工指导思想

(1)在本工程的承建过程中，按照矩阵式项目管理模式，发挥公司整体管理的优势，同时组织高效、务实的项目班子，以雄厚的技术力量、优秀的技术装备、先进的施工工艺、积极认真的工作态度和严格科学的管理来实施工程施工。遵守业主颁发的有关制度，服从协调，精心组织好工程建设，为业主的发展做出贡献。

(2)同一施工区域内不同专业的施工应该按照施工总进度要求的阶段目标节点按时交接和完成。

(3)根据总进度计划和阶段目标节点的要求，做好各施工区域施工所需大型施工机械和不同专业劳动力的总体平衡调配。

(4)完善质量控制系统，配合工程质量监理，确保工程实体实现质量高标准。

(5)推行完善项目管理，努力提高管理工作和施工作业效率。

(6)合理安排施工顺序，实行工序交接控制。

2. 施工总体目标

(1)质量目标："合格"。各分部，分项工程合格率100%，单位工程合格率100%，争创市优良工程。

(2)工期目标：2014年3月11日开工；2015年3月10日竣工，日历工期365 d。

(3)安全目标：安全生产无事故，争创"省级安全文明工地"。

(4)技术目标：争创省"科技应用示范工程"。

(5)环保目标：环保生产，守法施工，控制污染，减少扰民。

3. 施工组织管理

本工程实行项目管理，公司将此工程列入公司重点工程并组建工程项目部，由具有国家一级建造师资质的专业人员担任本工程项目经理，受公司委托全权履行施工合同；由具有高级工程师资质的人担任技术总负责人，组成精干高效的项目决策层。并选择具有相关学历及工作经验、高素质人员担任各岗位技术管理人员，组建工程项目部管理层进行项目施工管理。严格按 GB/T 19001、GB/T 14001、GB/T 28001 质量、安全、职业健康管理体系的文件执行，从技术资料、技术质量、工期、施工文明、环保、生产等方面进行全方位、全员、全过程管理。

(1)公司工程管理机构图(略)。

(2)项目组织机构图(图 5-16)。

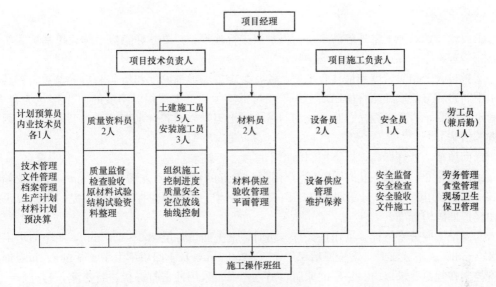

图 5-16　项目组织机构图

（3）施工队伍简介（略）。

4. 施工组织与安排

（1）施工流水段的划分。本工程地下室及 1～4 层施工时从 1～9 与 10～21 轴处将工程划分为两个施工段组织流水施工，商住综合楼为第一施工段，酒店为第二施工段；5 层及以上结构施工时住宅为一个施工段，酒店客房为一个施工段，楼层间进行流水作业施工。

（2）施工组织安排。根据"先地下、后地上，先结构、后围护，先土建、后设备"的施工程序原则，重点抓好基础工程、上部主体结构工程施工及专业安装工程与土建工程的搭接与配合，注意土建施工中的设备安装要求的预留与预埋工作。施工程序的总体安排如下：

施工准备→基础施工→地下室工程→±0.000 以上主体结构工程→围护工程与填充墙砌筑工程→屋面工程→装修及安装工程→室外附属工程。分部工程之间存在有搭接与穿插。

5.9.5　施工方案

1. 建筑物的定位放线及标高测量（略）

2. 土方工程

（1）土方开挖。本工程土方开挖深度约 7 m（地下室底板）、8.5 m（地下室集水坑），属于深基坑，基坑支护和基坑土方大开挖均由甲方另找分包专业施工单位施工，至基底标高＋300 mm，留着由人工进行清槽由总包单位施工。

土方开挖工艺流程：确定开挖顺序和坡度 →分段分层平均下挖 →修边和清底。

基底标高＋300 mm 以上土方开挖整体由拟建工程西北侧开挖，向南和西侧退挖收土，人工跟机清槽，基础梁及承台内土采用小型挖掘机配合人工清土完成。因现场施工场地较为狭窄，回填土无法考虑在现场堆放，所有土方均需外运。

（2）回填土施工。本工程基础外回填范围内回填土优先选择基槽中挖出的土，土中不得含有有机杂质及建筑垃圾。回填前应检查其粒径不大于 50 mm，含水率符合要求。

1）施工工艺流程：基坑底清理→检查土质→验收防水层→粘贴保护层→分层铺土、耙平→夯打密实→试验合格→验收。

2) 施工方法。

①回填前，对地下室外墙防水层、保护层进行验收，并要办好隐检手续，把基坑底的垃圾杂物清理干净，保证基底清洁无杂物。

②做最大干相对密度和最佳含水率试验，确定每层虚铺厚度和压实遍数等参数。在具体施工中通过环刀法取样测得的回填土的干相对密度达到最大干相对密度的90%即认为合格。若含水率偏高，可采用翻松、晾晒或均匀掺入干土等措施；若含水率偏低，可采用预先洒水润湿等措施。

③回填前，抄好标高，严格控制回填土厚度、标高和平整度。

④回填土2∶8（体积比）灰土的拌合用预先做好的量斗，石灰粒径≤5 mm，土颗粒粒径≤15 mm，采用筛分法。计量时为2斗白灰粉8斗素土进行均匀拌和，拌和完的灰土以手握成团轻捏即碎为标准。

⑤回填土应分层摊铺。采用蛙式打夯机时，素土回填每层200～250 mm，灰土回填不大于200 mm；人工夯实时，素土回填每层150～200 mm，灰土回填不大于150 mm。每层铺摊厚度控制在规范要求以内。每层铺摊后，随之耙平。采用冲击打夯机进行夯实，打夯应一夯压半夯，夯夯相接，行行相连，纵横交叉。夯打次数由试验确定，回填土分层夯压密实，回填土每层打夯不少于4遍，打夯应一夯压半夯，夯夯相接，纵横交叉。严禁采用浇水下沉即所谓"水夯"法施工。

⑥加强对天气的监测，做到雨天停止回填土施工和拌制，当出现"橡皮土"时，必须挖出换土重填。

⑦回填土机械打夯时，必须保护好防水保护层，可采用木板做临时保护，待夯实后撤除木板，严禁打夯机破坏防水层。遇水电预埋管处，要采用人工夯实，严禁采用打夯机打夯，以防破坏管件等。

3. 降水及基坑支护结构

根据建设单位提供的地质勘探报告，委托其他的专业施工单位负责设计和施工边坡支护、变形观测和基坑降水。

（1）底局部加深部位降排水。对于基坑槽底电梯井坑、集水坑等局部加深部位，如水位未降至开挖面以下，可在坑内人工挖集水井，井径$\phi600$ mm，井深约1.5 m，埋设外径$\phi400$ mm的无砂混凝土井管，四周空间填滤料，井管内下入潜水泵抽水。

（2）基坑边坡土体渗水及雨水处理。地下水主要含干渗透系数较小的粉黏土层，其含水层底板高于槽底，降水井不能完全将其疏干，少量水可能沿含水层底板从坡面渗出。对此，可在槽底肥槽内开挖排水盲沟和集水坑。排水盲沟宽0.30 m，深0.40 m，盲沟要求随挖随填，与降水井相连组成降排水系统；集水坑直径$\phi600$ mm，深度≥0.80 m，埋设无砂混凝土井管，排水盲沟及井管周围填滤料，下泵抽水；集水坑间距根据渗水量设置，一般为30 m左右，盲沟坡度不小于1%，并且排水盲沟也可作为雨期施工时的明排措施，在雨期时将坑内积水通过集水明排的方法进行处理。

4. 人工挖孔桩

（1）工艺流程。放线定位及设置水准点→开挖第一节桩孔土方→支护壁模板、放附加钢筋、浇筑第一节护壁混凝土→检查桩位轴线→架设垂直运输架→安装电动葫芦→安装吊桶照明、活动盖板、水泵、通风机等。

开挖吊运第二节桩孔土方（修边）→支第二节护壁模板（放附加钢筋）→浇筑第二节护壁混凝土→检查桩位轴线→逐层往下循环作业→开挖扩孔部分→桩孔、桩底检查验收→有溶洞则进行处理→吊放钢筋笼→浇筑桩身混凝土。

（2）施工方法。综合施工安全及地下水降排情况，人工挖孔桩采用隔桩施工。成桩挖掘采用风镐施工为主，并辅以短镐、锄头等工具开挖。电动绞架作垂直运输工具。施工过程中配备通风设施及 12 V 低压照明。

1）桩孔土方开挖及二次转运。

①桩孔土方开挖。桩孔开挖采用盆式挖掘方式，即先挖中间的土方体，后挖周边土体，每节的高度根据实际地质条件及规范要求，控制在 1.2 m 内。

②土方的二次转运。为了保持现场文明，同时根据现场实际情况，各子项（单位）工程成桩的深度较深，土方量较大，桩孔之间布置得较密，有些子项（单位）工程成桩后需要探溶，为了保证挖桩及探溶提供工作面，所有人工挖孔桩的土方由挖桩作业人员挖出后倒放在桩口附近，达到一定量后用 50 型挖土机和铲土机配合人工收集到施工生产部门现场划定的临时堆土区内。临时堆土区的土达到一定数量后组织土方外运。

2）桩孔岩石电力爆破。桩孔岩石爆破炮工要结合现场情况，依据炸药性能系数，对每个炮眼药量进行计算，保证达到最佳安全爆破。一般情况下炮孔深度不大于 1.2 m，孔径为 35 mm，且装药前应检查孔内是否干净、有无水渍，如有，用高压气管进行清孔。

3）防、排水措施。采用隔桩施工，利用暂未作业的桩孔作为降水井。在有透水层区段的护壁预留泄水孔（孔径与水管外径相同，以利接管引水），在浇混凝土前予以堵塞。采用泥浆泵抽排水。

4）混凝土护壁施工（略）。

5）钢筋笼制作及安装（略）。

6）桩芯混凝土的施工（略）。

（3）施工机械的选择。依据桩芯混凝土量和施工进度计划的安排，混凝土施工选用 HBC80 型混凝土输送泵（最大 50 m³/h）1 台，振动棒和振动棒电机各 4 套。

（4）各项管理及保证措施（略）。

5. 地下室防水工程（略）

6. 钢筋工程

本工程钢筋采用 HPB300 级、HRB335 级、HRB400 级，横向采用闪光对焊、电弧焊、绑扎搭接，墙、柱纵向受力钢筋采用电渣压力焊连接。

对每批进场材料严格验收，必须符合《混凝土结构工程施工质量验收规范》（GB 50204—2015），按规范取样送检，试验合格后方可使用。

钢筋采用集中加工，加工前由施工员绘制下料表，经工号负责人审核无误，报请工程师审批后，交钢筋加工厂进行加工。

钢筋加工前，钢筋厂负责对弯曲的钢筋调直并清除污锈，加工时首先制作样筋。

下料结束后，挂蓝色料牌，经项目部质控人员检验合格后，使用专用车辆运至现场使用。

（1）钢筋调直。小于 ϕ12 mm 的盘圆钢筋，使用调直机进行调直，所有钢材均用机械切断、弯曲。

（2）钢筋弯折。

1）HPB300 级钢筋末端应做 180°弯钩，其弯弧内直径不应小于钢筋直径的 2.5 倍，弯钩的弯后平直部分长度不应小于钢筋直径的 3 倍。

2）当设计要求钢筋末端需做 135°弯钩时，HRB335 级、HRB400 级钢筋的弯弧内直径不应小于钢筋直径的 4 倍，弯钩的弯后平直部分长度应符合设计要求。

3）钢筋作不大于 90°的弯折时，弯折处的弯弧内直径不应小于钢筋直径的 5 倍。

4)箍筋弯钩角度为 135°，平直部分长度为 10d。

(3)钢筋保护层。基础底板下采用大理石或混凝土垫块，±0.000 以上剪力墙钢筋采用环形塑料垫块，顶板采用大理石垫块，确保板筋保护层厚度。

剪力墙钢筋采用梯子凳，梯子凳规格间距同剪力墙钢筋，确保钢筋保护层厚度，剪力墙采用 φ12 mm 以上钢筋顶杆或断面为 20 mm×20 mm 长度同墙厚的混凝土顶杆。

钢筋保护层厚度为：基础底板底面为 40 mm；地下室外墙为 20 mm；剪力墙为 20 mm；梁、柱为 30 mm；楼板及楼梯为 20 mm。

(4)钢筋工程工作流程：钢筋进场→原材料试验检验→钢筋加工制作→钢筋半成品运输→钢筋连接钢筋绑扎→钢筋隐蔽验收。

(5)钢筋绑扎(略)。

(6)钢筋焊接(略)。

1)钢筋接头严格按照设计施工图和施工规范要进行施工，水平钢筋接头连接形式为闪光对焊。直径≥16 mm 的竖向钢筋连接，采用电渣压力焊连接。设置在同一构件内钢筋接头相互错开，在长度为 35d 且不小于 500 mm 的截面内，焊接接头在受拉区不超过 50%。

2)钢筋焊接之前，焊接工艺及电焊工资格考核经工程师审核，审核合格的电焊工方可进入施工现场进行焊接操作。

3)进场钢筋在钢筋加工厂下料前，采用钢筋对焊机进行闪光对焊，然后根据运输条件及图纸要求下料，尽可能减少接头数量。现场钢筋绑扎时，钢筋接头形式做到满足现行国家标准的要求。

(7)钢筋工程质量控制措施(略)。

7. 模板工程

(1)模板体系选择。剪力墙均采用双面覆膜胶合板模板体系，水平模板采用木模板体系，水平支撑采用钢管或碗口架支撑体系。双面覆膜胶合板模板体系，由现场加工组合而成。

根据以上的选择，模板体系设计如表 5-36 所示。

表 5-36 模板体系设计

序号	部位	面层模板	背楞	支撑体系
1	墙体	15 mm 覆膜胶合板	φ48 mm 双支钢管	φ48 mm 钢管
2	矩形柱	15 mm 覆膜胶合板	φ48 mm 双支钢管	φ48 mm 钢管
3	梁、板	12 mm 覆膜胶合板	50 mm×100 mm 木枋	碗口架支撑
4	楼梯	50 mm 木枋和 15 mm 覆膜胶合板	φ48 mm 钢管、100 mm×100 mm 木枋	钢管支撑

(2)模板投入量考虑(略)。

(3)剪力墙模板。

本工程根据施工工艺的不同，剪力墙模板分别采用双面覆膜胶合板木模板体系。

墙体水平施工缝留在底板顶面处，混凝土浇筑完后剔凿软弱层到坚硬的石子。采用15 mm 厚双面覆膜胶合板、50 mm×100 mm、100 mm×100 mm 木枋配套穿墙螺栓(φ16 mm)使用。木模板使用前模板表面应清理，涂刷隔离剂，严禁隔离剂沾污钢筋与混凝土搓处。竖向内背楞采用 50 mm×100 mm 木枋@300 mm，水平采用 2φ48 mm 钢管@600 mm。加固通过背楞上打孔拉结穿墙螺栓@600 mm，用钢管＋U 托上中下三道进行加固以保证其稳定，外墙外侧模支顶在坑壁（支顶处加木枋垫木）。地下室外墙用 $\phi16$ mm 对拉螺栓带止水片，端头带小木块限位片，以防地下水沿对拉螺栓渗入墙内。对拉螺栓水平间距同双钢管竖楞，竖向间距同 $\phi48$ mm 钢管水平背楞间距，最下面三道对拉螺栓两侧加双螺母。内墙采用普通可回收穿墙螺栓。支模后，要求木工班组和工长及质检员认真检查支模质量情况，填写好《模板分项工程质量检验批记录表》，明确责任。

墙体木模板施工要求如下。

1）施工准备工作：在施工底板和各层楼板的绑扎钢筋中，应当用现场的 $\phi25$ mm、长度 $L\geqslant500$ mm、形状为"Ⅼ"的钢筋预埋在板中作拉杆用，预埋筋在墙模底口 2.5 m 及 1.5 m 处。模板施工前，施工队工长必须向施工班组进行书面和安全交底。检查墙内预埋件及水电管线是否已安装好，并绑好钢筋保护层垫块。办理好隐检手续。

2）墙体支模工艺流程：钢筋隐检→模板控制线放线→立单侧模板→安装穿墙螺栓→立另一侧模板→水平背楞→紧固穿墙螺栓→绑扎支撑→验收。

3）墙模施工方法（略）。

4）现场模板堆放（略）。

5）剪力墙木模板安装质量要求（略）。

（4）梁板模板。

1）材料选择。根据现场供料情况，梁、板模板拟采用 15 mm 厚双面覆膜胶合板作面板，50 mm×100 mm 木枋作次龙骨，100 mm×100 mm 木枋为主龙骨，支撑系统采用钢管或碗扣脚手架，横向设水平拉杆及剪刀撑。

2）梁、板及阳台模板安装。

①梁、板及阳台模板安装工艺流程如图 5-17 所示。

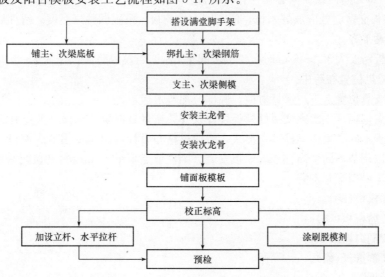

图 5-17　梁、板及阳台模板安装工艺流程

②梁板模板的安装。

a. 待框架柱、墙体拆模后，就可搭设满堂脚手架，固定梁底水平杆位置，铺设主、次梁底板。

b. 主、次梁钢筋绑扎完毕后，支立梁侧模；同时调整现浇板支撑架的间距，满堂脚手架搭设要求拉杆放齐，扣件上紧，再放上顶托，依标高调整好高度，摆放钢管、木枋、铺竹胶板，用木螺钉固定，再依标高控线在板下调整高度，控制板面标高略高 1 mm。

c. 梁模板采用 15 mm 厚覆膜竹夹板作面板，50 mm×100 mm 木枋作肋间距不大于 200 mm；当梁侧模支承刚度不够时，需加设 1~2 道 ϕ16 mm 对拉杆。

d. 梁柱接头模板采用 15 mm 厚木夹板和 50 mm×100 mm 木肋制作，与梁、顶板模衔接紧密，并做到相对独立，便于拆模。加工数量根据施工需要与梁板模对应，至少满足一层需要，尽量周转使用。节点模应拆卸方便，能满足多次重复使用，并保证梁柱接头混凝土整体效果。

e. 支撑体系采用钢管脚手架＋可调式顶托头，梁高小于≤800 mm 支撑立杆间距为 1 000 mm；梁高≥1 000 mm 时，支撑立杆间距 800 mm。

f. 普通钢筋混凝土顶板模板采用：扣件支撑＋木龙骨＋木夹板的支模方案。顶板模板全部采用 15 mm 厚覆膜竹夹板，墙板接头处采用 40 mm×40 mm 角钢加贴海绵条以防漏浆。顶板搁栅采用 50 mm×100 mm 木枋、间距 400 mm，托梁采用 100 mm×100 mm 木枋、间距不大于1 200 mm。

g. 梁板模板采用竹胶板模，面板选用 12~15 mm 厚优质酚醛树脂覆面胶合板，板底部次木龙骨采用 50 mm×100 mm 的木枋，间距 300 mm，板缝处采用 50 mm×100 mm 的木枋进行固定面板，主龙骨采用 ϕ48 mm 钢管两根，间距同支撑立杆间距，当板厚小于 250 mm时，主龙骨及支撑立杆间距 1 200 mm；当板厚为 260~400 mm 时，主龙骨及支撑立杆间距 900 mm；当板厚大于 400 mm，小于等于 500 mm 时，主龙骨及支撑立杆间距600 mm。

纵横向拉杆间距不大于 1 500 mm，下道拉杆距地不大于 250 mm，上道拉杆距顶板不大于 350 mm，每开间内纵横向必须各有两组斜剪刀撑。

h. 板与板交接缝处应放好木枋，便于固定竹胶板。模板调整好高度、清理后，板缝处贴封上胶带，贴平齐。

i. 当模板跨度大于 4~6 m 时，模板应起拱 2‰，当模板跨度大于 6~8 m 时，模板应起拱 2.5‰，起拱位置在跨中。

j. 立杆支承位置上下应保持对应，底部应加垫木板。

梁柱节点模板、主次梁交接处模板设计及安装质量是框架结构梁柱节点施工质量的直接表现。本工程不同类型的梁柱节点形式，将通过精心设计，制作专用节点模板，并通过变化其高度尺寸以调节不同层高柱子的模板安装。梁柱节点采用 15 mm 竹夹板配制成工具式专用模板，与柱、梁模配套安装。

(5)楼梯模板(略)。

(6)施工缝模板(略)。

(7)预留洞口模板(略)。

(8)脱模剂选择(略)。

(9)模板拆除。

1)模板拆除，应遵循先安后拆、后安先拆的原则。

2)拆除时先调减调节杆长度，再拆除主、次龙骨及竹胶板，最后拆除脚手架，严禁颠倒工序损坏面板材料。

3)拆除后的模板材料，应及时清除面板混凝土残留物，涂刷隔离剂。

4)拆除后的模板及支承材料按照顺序堆放，尽量保证上下对称使用。

5)严格按规范规定的要求拆模，严禁为抢工期、节约材料而提前拆模。

6)承重性模板(梁、板模板)拆除时间见表 5-37。

表 5-37　承重性模板(梁、板模板)拆除时间

结构名称	结构跨度/m	达到标准强度百分率/%
板	≤2	≥50
	>2,≤8	≥75
	>8	≥100
梁	>8	≥100
	≤8	≥75
悬臂构件	—	≥100

7)非承重构件(墙、柱、梁侧模)拆除时,其结构强度不得低于 1.2 MPa,且不得损坏棱角。

8)必须在拆模前加设临时支撑,支撑形式为 1 200 mm×1 200 mm 井字架,梁板均设置;待上部模板拆除后撤除该支撑,宜保持上部有两层以施工楼层。

(10)模板安装质量要求(略)。

(11)模板安装质量保证措施。

1)模板验收重点控制模板的刚度、垂直度、平整度,特别注意外围模板、电梯井模板、楼梯间等处模板轴线位置正确性。

2)模板支设前,必须与上道进行工序交接检查,检查钢筋、水电预埋箱盒、预埋件、预留筋位置及保护层厚度等是否满足要求,执行各专业工种联检制度,会签后方可进行下道工序施工。

3)为有效控制保护层及模板位置,模板支设前,其根部须加焊 φ14 mm 钢筋限位,以确保其位置正确。顶板混凝土浇筑时在墙根部预埋 φ14 mm 短钢筋头,以便与定位筋焊接,避免与主筋焊接咬伤主筋。限位筋按 1.2 m 设置。

4)为保证保护层厚度,在支设模板前要在墙筋上放置塑料垫块、限位卡梯形筋;并在墙、柱上口钢筋保护层限位器,以确保混凝土保护层厚度。

5)木制体系的模板拼装前须将龙骨和竹胶板的边缘刨光,以便使龙骨与模板、模板与模板接合紧密。

6)为防止墙、柱模板根部漏浆,可在其脚下垫 10 mm 厚海绵条及加设外流板的措施来防漏浆,污染墙面。

(12)模板施工安全技术措施。

1)起吊模板时,将吊装机械位置调整适当,稳起稳落,就位准确,严禁大幅度摆动。

2)模板应根据使用部位加以编号,分型号安排临时堆放场地,根据工艺要求依顺序进行模板安装就位。

3)安装和拆除模板时,操作人员和指挥必须站在安全可靠的地方,防止意外伤人。

4)拆模后起吊模板时,应检查所有穿墙螺栓和连接件是否全都拆除,在确无遗漏、模板与墙体完全脱离后,方准起吊。待起吊高度超过障碍物后,方准转臂行车。

8. 混凝土工程

混凝土采用商品混凝土。

本工程设计混凝土强度等级:桩混凝土为 C30,承台混凝土为 C25,墙体混凝土为C20～C30,楼面混凝土为 C20,柱混凝土为 C20。

(1)混凝土浇筑前的准备工作(略)。

(2)混凝土的加工要求(略)。

(3)混凝土泵送。

1)根据平面布置图布置每台混凝土拖式泵安排2个作业班组轮班作业，每班配备4～5名振捣手。

2)泵管采用搭设钢管架手架固定，钢管应与结构物连接牢固，在泵管转弯或接头部位均应固定，达到卸荷的目的。

3)混凝土的供应必须连续，避免中途停歇。如混凝土供应不上，可降低泵压送速度，如出现停料迫使泵停转，则泵必须每隔4～5 min进行运转，并立即与备用搅拌站联系。

4)混凝土泵送时，必须保证连续工作。若发生故障，停歇时间超过45 min或混凝土出现离析现象，应立即用压力水或其他方法冲洗管内残留的混凝土。

5)泵送混凝土时，料斗内混凝土必须保持20 cm以上的高度，以免吸入空气堵塞泵管。若吸入空气致使混凝土倒流，则将泵机反转，把混凝土退回料斗，除去空气后再正转压送。

6)泵出口堵塞时，将泵机反转把混凝土退回料斗，搅拌后再泵送，重复3～4次仍不见效时，停泵拆管清理，清理完毕后迅速重新安装好。

7)泵送管线要直，转弯要缓，接头要严密。泵管的支设应保证混凝土输送平稳，检验方法是用手抚摸垂直管外壁，应感到内部有集料流动而无颤动和晃动，否则立即进行加固。

8)板混凝土浇筑时，应使混凝土浇筑方向与泵送方向相反，混凝土浇筑过程中，只许拆除泵管，不得增设管段。

9)泵送时，每2 h换一次洗槽里的水。泵送结束后及时清理泵管。

10)泵送前先用适量的与混凝土内成分相同的水泥砂浆润滑输送管，再压入混凝土。砂浆输送到浇筑点时，应采用灰槽收集并将其均匀分散在接茬处，不允许水泥砂浆堆积在一个地方。

11)开始润管及浇筑完毕后清洗泵管的用水，应采用料斗收集排除，严禁流入结构内，影响混凝土质量。

(4)混凝土的浇筑。在浇筑前要做好充分的准备工作，技术协调部根据专项施工方案向工程部进行方案技术交底。浇筑前工程部牵头组织工人进行详细的技术交底，同时检查机具、材料准备，保证水电的供应，要掌握天气季节的变化情况，检查模板、钢筋、预留洞等的预检和隐蔽项目。检查安全设施、劳动力配备是否妥当，能否满足浇筑速度的要求。

1)工艺流程。作业准备→混凝土运送到现场→施工缝接浆→混凝土运送到浇筑部位→底板、柱、梁、板、剪力墙、楼梯混凝土浇筑与振捣→养护。

2)混凝土浇筑前的准备工作。

①混凝土浇筑层段的模板、钢筋、预埋件、预留洞、管线等全部安装完毕，经检验符合设计及规范要求，并办完隐检手续。

②模板内的杂物及钢筋上的污物等已清理干净。模板的缝隙及孔洞已堵严，并办完预检手续。

③混凝土泵调试完毕能正常运转使用，浇筑混凝土用的架子及马道已支搭完毕，并经检验合格。

④混凝土的各项指标已经过检验。

⑤技术交底全面完成，各专业负责人已在浇筑申请书上签字。

⑥签署各专业联检单。

⑦为保证混凝土质量，提供混凝土之前需与混凝土搅拌站签署协议书，提出坍落度，初、终凝时间等要求。

3)混凝土浇筑与振捣的要求。

①混凝土自吊斗口或布料管口下落的自由倾落高度不得超过 2 m,浇筑高度如超过 2 m 时必须用溜管伸到墙、柱的下部,浇筑混凝土。

②浇筑混凝土时要分段分层连续进行,浇筑层高度根据结构特点、钢筋疏密决定,控制在一次浇筑 500 mm 高。

③使用插入式振捣棒应快插慢拔,插点要均匀排列,逐点移动,顺序进行,不得遗漏,做到均匀振实。移动间距不大于振捣作用半径的 1.5 倍(一般为 45 cm)。振捣上一层时应插入下层 5 cm,以消除两层间的接缝。

④浇筑混凝土要连续进行。特殊情况下,由两班人员换班,现场不得中断。如果必须间歇,其间歇时间应尽量缩短,并应在前层混凝土初凝前,将次层混凝土浇筑完毕。

⑤浇筑混凝土时应派木工、钢筋工随时观察模板、钢筋、预埋孔洞、预埋件和插筋等有无移动,变形或堵塞情况,发生问题立即处理并应在已浇筑的混凝土初凝结前修正完好。

4)墙体混凝土浇筑(略)。

5)楼梯、顶板混凝土浇筑(略)。

6)后浇带混凝土浇筑。

①本工程主楼内设抗裂后浇带,在主楼结构封顶后浇筑。

②后浇带混凝土采用无收缩水泥配置的比原混凝土高一级的混凝土。

③由于后浇带搁置时间较长,为了控制其锈蚀程度,影响其受力性能,并覆盖竹胶板和塑料薄膜,防止垃圾及雨水和施工用水进入后浇带;后浇带两侧梁板要加设支撑,并同时布设水平安全网。

④在浇筑后浇带混凝土之前,应清除垃圾、水泥薄膜,剔除表面上松动砂石、软弱混凝土层及浮浆,同时还应加以凿毛,用水冲洗干净并充分湿润不少于 24 h,残留在混凝土表面的积水应予清除,并在施工缝处铺 50 mm 厚与混凝土内成分相同的一层水泥砂浆,然后再浇筑混凝土。

⑤后浇带在底板、墙位置处混凝土要分层振捣,每层不超过 50 cm,混凝土要细致捣实,使新旧混凝土紧密结合。

⑥在后浇带混凝土达到设计强度之前的所有施工期间,后浇带跨的梁板的底模及支撑均不得拆除。

(5)混凝土养护。

1)基础、地梁、外墙及顶板为抗渗混凝土,应指派专人养护,养护时间不少于 14 d。

2)柱要在浇筑混凝土强度达 1.2 MPa 后拆模,拆模后立即采用塑料薄膜覆盖进行养护,养护过程中保证塑料薄膜内有凝结水。

3)板混凝土终凝后,应立即浇水养护。

4)养护用水采用食用水或经检验符合混凝土拌合用水标准的水。

5)一般混凝土养护时间不少于 7 d。

6)混凝土浇筑完,在混凝土强度未达到 1.2 MPa 之前不允许上人或进行上部施工。

7)进入冬期施工后,混凝土不得浇水养护;可在拆模后覆盖或包裹塑料薄膜及草帘被。

(6)混凝土试验(略)。

(7)混凝土质量标准(略)。

9. 脚手架工程

本工程脚手架分为外脚手架和内脚手架。内脚手架包括结构施工满堂脚手架和装修用脚手架，地下脚手架及4层结构以下的脚手架均为落地双排脚手架，4层以上使用爬架，外装修采用外墙整体自动升降外挑脚手架。

(1)人员素质要求(略)。

(2)落地双排脚手架。

1)双排脚手架参数：立杆横距为900 mm，纵距1 500 mm，大横杆步距为1 500 mm，小横杆间距1 200 mm，立杆下端须设垫木或焊接固定支脚；剪刀撑搭设角度为45°～60°。

2)双排脚手架搭设要求。

①排脚手架内侧立杆距离结构外墙250 mm。

②立杆为6 m+2 m钢管(或5 m+3 m)，大横杆采用4 m和6 m钢管，间隔使用，使里外、左右立杆的接头错开不在同一跨内。

③小横杆采用1 200 mm钢管。用十字扣件与大横杆连接，靠近立杆的小横杆可紧固于立杆上。在操作层脚手层脚手板对接处设两排小横杆，两小横杆间距不大于300 mm，操作层上满铺脚手板。

④脚手架与结构做刚性连接，连接件须做到外低内高；拉接点竖向每层设置，水平方向间距不大于4.5 m。

⑤剪刀撑须从脚手架纵向两端处开始搭设，间距连续设置。剪刀撑与水平面的夹角为45°～60°。

⑥脚手架须沿建筑物四周满搭，外排架外侧满挂密目网。

⑦剪刀撑钢管搭接长度不小于1 000 mm，搭接处至少三道扣件。

⑧脚手架各杆件相交伸出的端头均应大于100 mm，以防杆件滑脱。

(3)外爬脚手架。由专业公司提供，并负责指导施工。

(4)水平安全网。

1)在第二层中间设第一道水平安全网，网绳采用8 mm的尼龙网绳，安全网设置两层，两层中间相距40 cm、网宽6 m，采用钢管架支撑。

2)在6层以上每隔3层分别设一道水平安全网，采用单层网，网宽3 m。各结构拉接的部位用ϕ10 mm钢丝绳通过大模板穿墙孔固定起来，外侧用架子管斜挑，杆件端部用扣件固定一铁环，内穿钢丝绳，水平安全网要外高内低，倾斜角度为10°～30°。

3)建筑物转角处采用架子管悬挑钢丝绳，上挂水平安全网。

4)网接口处必须连接严密，与建筑物之间缝隙不大于10 cm。

(5)安全要求与措施(略)。

10. 砌筑工程

本工程非承重墙采用蒸压加气混凝土砌块和烧结页岩实心砖。

(1)施工准备。

1)抄平弹线，在结构墙上弹好500 mm建筑标高水平线，在楼面上弹好墙身、门洞口、位置线。

2)将结构预留贴模筋剔出，焊接拉结筋，预检合格后方可砌筑。

3)清理基层，并于砌筑前一天，将加气混凝土砌块墙与结构相接处的部位甩毛并洒水湿润，以保证粘结牢固。

4)砌墙的前一天，做完地面垫层，将砌块墙根部先砌好3层实心砖或做混凝土带(且不小于200 mm)。

5)提前浇水湿润砌块，含水率控制在15%左右。

6)砌筑前，应先编制砌块排列图，制作皮数杆，根据排列图指导施工，根据排列图提前加工补零砌块。

(2)施工工艺。楼面清理→墙体放线→砌体浇水→制备砂浆→砌块排列→铺砂浆→砌块就位→校正→砌筑→竖缝灌砂浆→勾缝。

(3)施工要求(略)。

(4)质量标准(略)。

11. 外墙保温工程

本工程外墙保温工程方案此组织设计中不详细编写,施工时将根据详细的施工图纸进行专项施工方案的编制,完成专家论证和各项审批后再施工。

12. 屋面工程

(1)施工准备。

1)屋面施工作业条件。

①在通过屋面的所有安装施工完成后,并得到监理工程师的验收批准。

②按工程量的需要,一次性备足需用材料,并通过抽样复检合格。

③施工前应准备好所有需用施工机具,并检查性能完好。

2)屋面基层处理。屋面施工前,应将结构层上的松散杂物清理干净,凸出基层的硬块及水泥浆等要剔除干净,并去除表面的污染物,采用灰浆找补平整。做到屋面清洁干净,无空隙、无散裂、无松动集料、无尖凸物;没有灰尘、灰泥、密封剂、养护剂、模油和其他有害物质,以免影响屋面施工。

3)施工顺序。转换层露天部分上人屋面防水为 05ZJ001-115 页屋 20 细石混土防水和高聚物改性沥青卷材防水屋面,其做法为:钢筋混凝土板→20 mm 厚(最薄处)1:8 水泥珍珠岩找 2%坡,20 mm 厚1:2.5水泥砂浆找平层→刷基层处理剂一遍→4 mm 厚 SBS 改性沥青卷材→40 mm 厚挤塑聚苯乙烯泡沫塑料板→点粘一层 350 号石油沥青油毡→40 mm 厚 C30UEA 补偿收缩混凝土防水层,表面压光,混凝土内配 ϕ4 mm 钢筋双向中距 150 mm→25 mm 厚 1:4 干硬性水泥砂浆。

(2)主要工序的施工方法。

1)水泥砂浆找平层施工。

①水泥砂浆找平层分格缝的留置。分格缝在结构层屋面转折处、防水层与突出屋面结构的交接处、并按房间轴线尺寸设置,纵横分格缝按每间距 6 000 mm 设置一道,分格缝宽为 30 mm。

②铺设水泥砂浆找平层。

③分格缝的处理。

a. 待水泥砂浆层硬化后,要对分格缝进行清理,所有分格缝应纵横相互贯通,缝边如有缺边掉角须修补完整,达到平整、密实。

b. 分格缝内必须干净,应清除缝内的砂浆及其杂物,并用吹尘机具吹净。

c. 采用高聚物改性沥青嵌缝膏对清理好后的分格缝进行嵌填密实。

④质量检验及要求。

a. 表面无脱皮和起砂等缺陷。

b. 表面平整度用 2 m 靠尺进行检查,偏差不大于 5 mm。

2)屋面卷材防水层施工。

①施工准备。

a. 屋面基层与女儿墙、立墙、通风道等突出屋面结构的连接处,以及基层的转角处(各落水口、檐口、天沟、檐沟等),均应做成半径为 50 mm 的圆弧。

b. 铺设防水层前,找平层必须干净、干燥。检验干燥程度可将 1 m² 卷材干铺在找平层上,静置 3 ～4 h 后掀开,覆盖部位与卷材上未见水印者为合格。

c. 基层处理剂可采用喷涂、刷涂施工,喷、刷应均匀。待基层干燥后,方可铺贴卷材。喷、刷基层处理剂前,应先在屋面节点、拐角、周边等处进行喷、刷。

②施工工艺。清理基层→涂刷基层处理剂→铺贴卷材附加层→铺贴大面防水卷材→封边→蓄水试验→保护层施工→质量验收。

③施工要求(略)。

3)挤塑聚苯板保温隔热层施工。

①施工前准备。铺设保温板块的基层应清理平整、干净、干燥。合格材料进场后,板块不应有破碎、缺棱掉角。

②铺贴保温板块。

a. 采用水泥砂浆作胶粘剂,在清理好的基层上均匀铺设一层胶粘剂。

b. 在胶粘剂上依次铺贴保温板块,铺设时遇有缺棱掉角不齐的,应锯平拼接使用。

c. 铺板块时,在沿女儿墙周边留 30 mm 宽的缝,在缝内嵌 40 mm 改性沥青油膏和刷聚氨酯防水胶进行处理。

d. 铺砌应平整、严实,并严格按设计要求作的找坡,方向为屋面水流方向。分层铺设的接缝应错开,板缝间或缺角处应用碎屑加胶粘剂拌匀填补密实。

③质量检验及要求。

a. 保温板块紧贴基层,铺平垫稳,找坡正确,上下层错缝并填嵌密实。

b. 用钢针插入和尺量检查保温块铺贴厚度,偏差在 $\pm 5\delta/100$,且不大于 4 mm(δ 为保温层厚度)。

(3)屋面功能性检查及蓄水检查验收。

屋面防水层施工完毕后,应保证屋面无积水,并且排水系统畅通,排水坡度方向达到设计要求,还应对屋面做蓄水检验有无渗漏现象,蓄水时间不小于 48 h,蓄水深度控制在 15～20 cm。在蓄水无渗漏,并得到监理工程师的认可的情况下,做好试水记录,并作竣工资料收集。蓄水合格后再作面层施工。

13. 装饰、装修工程

(1)外墙贴面砖施工。

1)施工准备。

①在外墙饰面砖工程施工前,应对各种原材料进行复验。

②在外墙饰面砖工程施工前,应对找平层、结合层、粘结层及勾缝、嵌缝所用的材料进行试配,经检验合格后方可使用。

③外墙饰面砖工程施工前应做出样板,经建设、设计和监理等单位根据有关标准确认后方可施工。

④外墙饰面砖的粘贴施工尚应具备下列条件:

a. 基体按设计要求处理完毕;

b. 日最低气温在 0 ℃以上,但当高于 35 ℃时,应有遮阳设施;

c. 基层含水率宜为 15%～25%;

d. 施工现场所需的水、电、机具和安全设施齐备;

e. 门窗洞、脚手眼和落水管预埋件等处理完毕。

⑤应合理安排整个工程的施工程序,避免后续工程对饰面造成损坏或污染。

2)施工操作程序及施工工艺。

①工艺流程。处理基体→抹找平层→刷结合层→排砖、分格、弹线→粘贴面砖→勾缝→清理表面。

②施工要求(略)。

3)质量检测要求(略)。

4)成品保护。

①外墙饰面砖粘贴后,对因油漆、防水等后续工程而可能造成污染的部位,应采取临时保护措施。

②对施工中可能发生碰损的入口、通道、阳角等部位,应采取临时保护措施。

③应合理安排水、电、设备安装等工序,及时配合施工,不应在外墙饰面砖粘贴后开凿孔洞。

(2)天棚、内墙抹水泥(混合)砂浆面施工(略)。

(3)内墙、天棚面刷乳胶漆(喷涂料)施工(略)。

(4)天棚轻钢龙骨纸面石膏板吊顶施工(略)。

(5)水泥砂浆楼面施工(略)。

(6)铝合金门窗安装施工(略)。

5.9.6 施工进度计划

1. 工程主要施工进度安排

测量放线	5 d
基础与地下室工程	70 d
裙楼工程	40 d
主体结构工程	155 d
屋面工程	40 d
外墙装饰装修工程	50 d
砌体工程	210 d
室内装修工程	190 d
预验交工	10 d

水电安装及预留预埋工程随土建工程进度插入施工,严禁事后开槽打洞。本工程总工期控制在 370 d 内(含测量放线)。

2. 工期进度管理措施

根据公司多年来对施工进度管理的经验,对本工程将按"三个控制"的管理模式进行进度管理。

(1)公司计划进度管理:根据合同工期要求,确定各分部工程控制日期以及涉及其他未列项目的关键日期,由公司编制,它是进度计划的总方针。

(2)月进度计划管理:它是一个很详细、较具体的进度计划。分项目、部位、工序、月份地编制,根据工作量,确定开工和完工日期,流水穿插顺序分明。详细读解施工图、计算工程量,根据施工规范及操作工艺程序要求,分施工阶段,确定施工方法,使工序合理化,体现合同对该计划工期的要求。另外,各种材料、设备、加工供应量的能力和时间,管理人员和操作工人是否能满足要求也是一个关键,所以要分析所有因素,有针对性地将工程所要遇到的各种问题和矛盾,考虑在先,解决在前,所编制出来的计划施工目标才能实现。该进度计划由项目技术负责人编制报项目经理审批。

(3)周进度计划管理：由项目部内业人员编制，第一周为本周的执行计划，第二周为下周执行计划，到了下周把第二周的计划提上来，作为执行计划，（第二周计划开始时，可以检查上周计划执行情况，周计划可能会遇到一些其他不正常因素，未完全按计划运行，根据实际情况可调整周计划，直到达到预期目的），完成上一周计划前，编制下一周计划。因此，周计划是滚动计划，周计划是在月计划控制范围内，月计划在合同计划内，月计划保证"合同计划"。

3. 工程总进度计划

详见施工进度计划横道图（图 5-18）和双代号时标网络图（图 5-19）。

5.9.7　施工准备

1. 施工准备工作计划

做好施工准备工作计划是顺利实施项目的前提和基础。施工准备工作计划如表 5-38 所示。

表 5-38　施工准备工作计划

序号	施工准备工作内容	负责人	时间安排
1	项目主要管理人员调动	总经理	中标后 3 d 内
2	施工规划大纲	项目经理、技术负责人	施工组织设计编制之前
3	工程合同签订	总经理	接到中标通知书之日起
4	项目机构的组建运作	总经理	领标后组织，中标后运作
5	技术、合同交底	工程师、经营部	合同签订后 3 d 内
6	项目配套规范、规程准备	资料室	中标后 2 d 内
7	图纸会审及设计进度要求	项目技术负责人	按业主安排
8	施工机械及周转材料的准备	材料设备部及经济师	中标后组织，合同签订后执行
9	工程预算编制	经济师及公司经营部	中标后 15 d 内
10	劳动力组织	项目经理	中标后计划
11	项目部人员教育与培训	公司人力资源部	合同签约 3 d 内
12	定位复核放线	项目技术负责人	业主安排 5 d 内结束
13	施工组织设计	项目技术负责人	施工图设计交底后 3 d
14	现场临时设施的搭建	项目经理	合同签约后立即执行
15	材料采购总计划	经营部、项目经理	开工后 5 d 内
16	工程预定详细网络计划	项目经理、技术负责人	中标后业主通知 5 d 内
17	施工平面布置	项目经理	中标后立即执行

2. 技术准备

(1)投入本工程的施工仪器及设备表（表 5-39）。

××帝豪大厦施工进度计划总表

序号	分部分项工程名称	工作天数/d
一	基础与地下室	
1	土方机械开挖、基坑降水	30
2	垫层浇筑	20
3	承台地模	10
4	地涵防水	10
5	承台及基础底板混凝土	10
6	地下室	30
二	主体结构及屋面工程	
7	1层主体	10
8	2层主体	10
9	3层主体	10
10	4层主体	10
11	5层主体（转换层）	30
12	6层酒店、6层住宅主体	5
13	7层酒店、7层住宅主体	5
14	8层酒店、8层住宅主体	5
15	9层酒店、9层住宅主体	5
16	10层酒店、10层住宅主体	5
17	11层酒店、11层住宅主体	5
18	12层酒店、12层住宅主体	5
19	13层酒店、13层住宅主体	5
20	14层酒店、14层住宅主体	5
21	15层酒店、15层住宅主体	5
22	16层酒店、16层住宅主体	5
23	17层酒店、17层住宅主体	5
24	18层酒店、18层住宅主体	5
25	19层酒店、19层住宅主体	5
26	20层酒店、20层住宅主体	5
27	21层酒店、21层住宅主体	5
28	22层酒店、22层住宅主体	5
29	23层酒店、23层住宅主体	5
30	酒店火灾屋、24层住宅主体	5
31	酒店屋面工程、25层住宅主体	5
32	26层住宅主体	5
33	27层住宅主体	5
34	28层住宅主体	5
35	住宅女儿墙	5
36	住宅屋面工程	210
三	装饰装修工程	
37	泵车满堂数	175
38	内装装饰	175
39	楼地面工程	60
40	门窗工程	
41	外墙装饰	310
42	水电安装工程	350
43	其他零星工程	10
44	竣工验收	

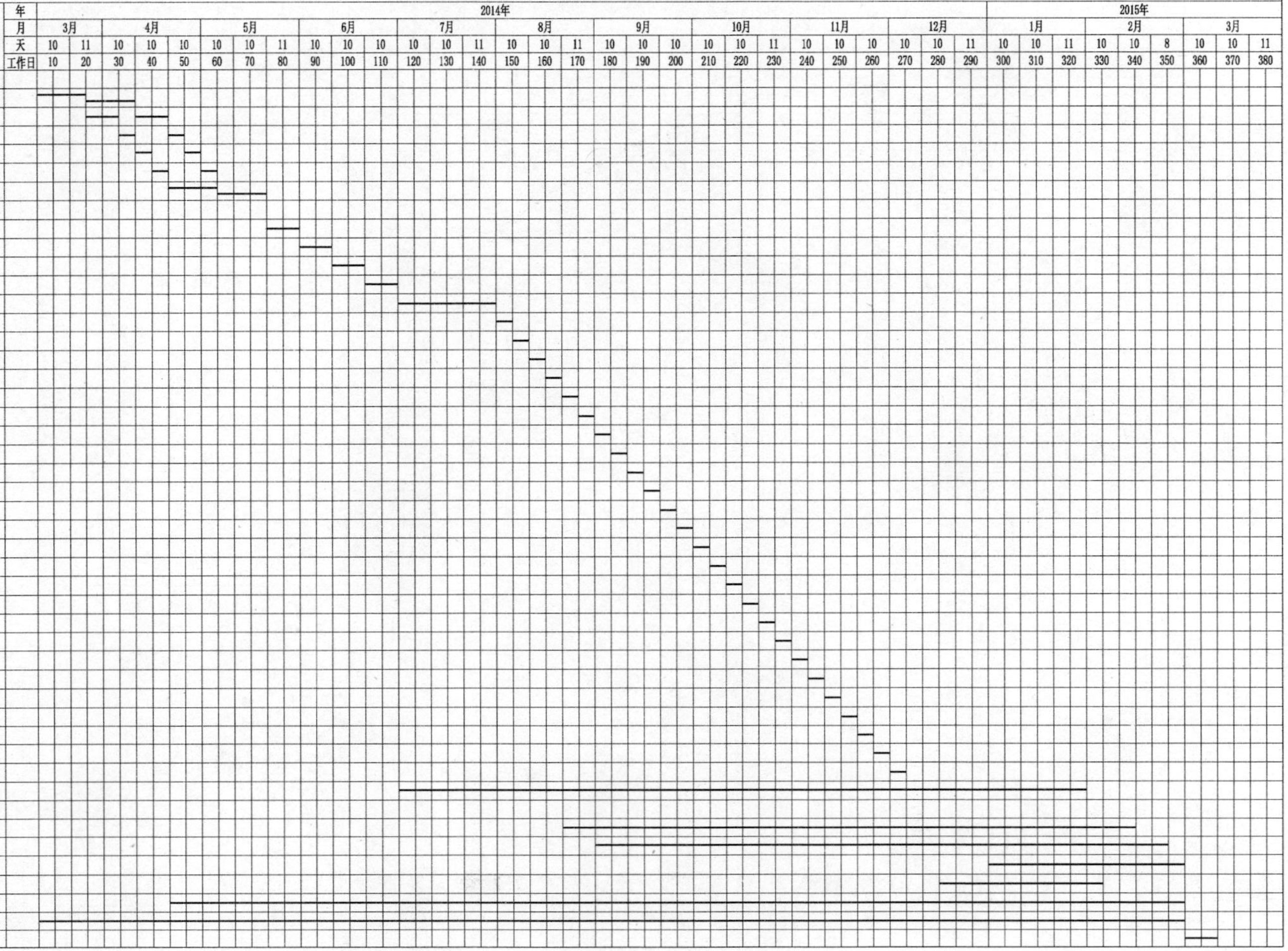

图5-18 ××帝豪大厦施工进度计划横道图

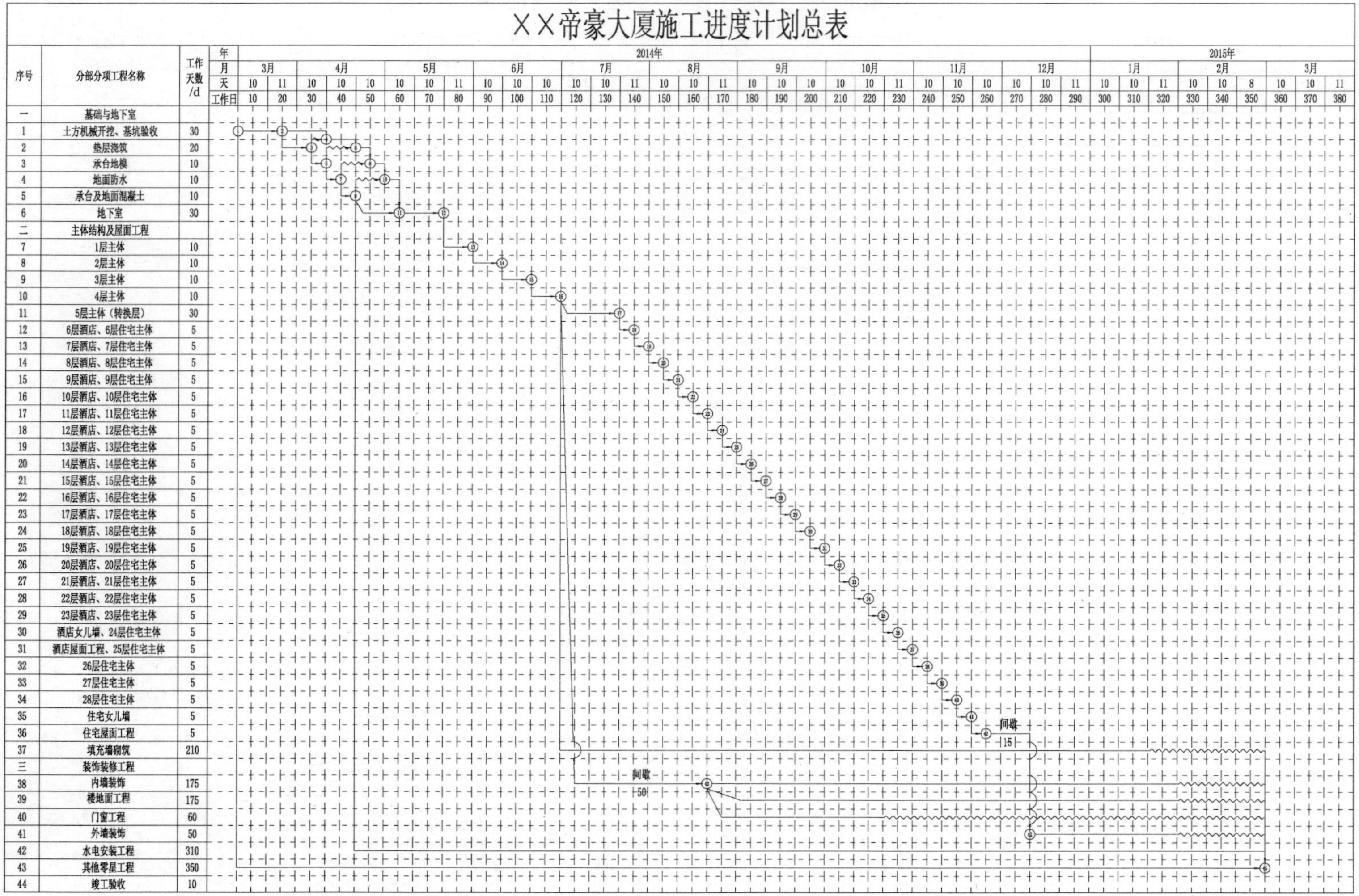

××帝豪大厦施工进度计划总表

序号	分部分项工程名称	工作天数/d
一	基础与地下室	
1	土方机械开挖、基坑验收	30
2	垫层混凝土	20
3	承台施工	10
4	地面防水	10
5	承台及地圈梁混凝土	10
6	地下室	30
二	主体结构及屋面工程	
7	1层主体	10
8	2层主体	10
9	3层主体	10
10	4层主体	10
11	5层主体（转换层）	30
12	6层框架、6层住宅主体	5
13	7层框架、7层住宅主体	5
14	8层框架、8层住宅主体	5
15	9层框架、9层住宅主体	5
16	10层框架、10层住宅主体	5
17	11层框架、11层住宅主体	5
18	12层框架、12层住宅主体	5
19	13层框架、13层住宅主体	5
20	14层框架、14层住宅主体	5
21	15层框架、15层住宅主体	5
22	16层框架、16层住宅主体	5
23	17层框架、17层住宅主体	5
24	18层框架、18层住宅主体	5
25	19层框架、19层住宅主体	5
26	20层框架、20层住宅主体	5
27	21层框架、21层住宅主体	5
28	22层框架、22层住宅主体	5
29	23层框架、23层住宅主体	5
30	通信元件、24层住宅主体	5
31	通信屋面工程、25层住宅主体	5
32	26层住宅主体	5
33	27层住宅主体	5
34	28层住宅主体	5
35	住宅女儿墙	5
36	现浇屋面工程	210
三		
37	装饰装修工程	175
38	内墙装饰	175
39	楼地面工程	60
40	门窗工程	50
41	外墙装饰	310
42	水电安装工程	350
43	其他零星工程	10
44	竣工验收	

图5-19 ××帝豪大厦双代号时标网络图

表 5-39　施工仪器及设备表

序号	仪器名称	单位	数量	用途及说明
1	全站仪	台	1	施工定位放线用
2	激光铅垂仪	台	1	施工定位放线用
3	水平仪	台	1	标高定位用
4	微机	台	6	施工管理用
5	喷墨打印机	台	2	打印各种资料
6	市内电话	部	1	工作联系
7	照相机	部	1	收集施工资料
8	摄像机	部	1	收集施工影像资料
9	无线对讲机	对	4	塔吊指挥用
10	手机	部	2	对外联系用
11	铝合金塔尺(5 m)	把	2	施工测量
12	钢卷尺(50 m)	把	2	施工测量
13	钢卷尺(5 m)	把	10	施工测量
14	垂球(5 kg)	个	2	施工测量
15	吊线坠(0.5 kg)	个	8	施工测量
16	兆欧表	个	1	施工检测用
17	地阻仪	个	1	施工检测用
18	万用表	个	1	施工检测用

(2)技术准备工作。

1)组织施工技术人员阅读施工图,写出读图记录,并汇总施工图中存在的问题,以利在设计图纸会审交底会上解决。

2)准备本工程需用的施工验收规范及技术标准及其标准图集。

3)写出混凝土、砂浆试配委托书,送原材料检验。

4)提出原材料计划,半成品加工计划。

5)编制工程施工组织设计(或质量计划书、作业指导书)。

3. 生产准备

(1)现场生产准备。

1)生产安全部和项目工程部对施工现场将再做详尽的勘察,勘察内容包括建设工程的范围、地形、周围环境、交通运输。并实地了解工程地点的水文地质、地下有无障碍物等,做好勘察结果记录,与设计有关资料相比较,从而确定具体的工程平面布置、进一步完善施工组织设计等。

2)项目部与业主联系,做好工程施工前的"水通、电通、路通、通信通"和场地平整工作。

3)对已有施工区域围墙进行修复,围墙高度为 2.2 m。在主要出入口挂置"六牌二图"。所搭建的临设工程,井然有序,加工房、机具设备房、办公室等按平面布置图建造并符合安全、卫生、通风、采光、防火等要求。

(2)施工用水及排水。为保证整个现场充足的临时供水和排水顺畅,使管网简洁化、规范化,根据施工总平面布置图,结合工程的用水排水特点及要求,对本工程临时供水管网进行规划布置，以保证施工的正常进行。

1) 施工供水计划。

① 临时施工用水的水源：该现场的用水水源拟由业主指定的给水管网引入，详见施工用水用电平面布置图。

② 结合本工程的施工工作量、施工生活用水量和生活区生活用水量，通过对用水量计算，在不考虑施工现场消防用水的情况下，该现场总进水管采用 DN60 管能满足要求。

③ 施工现场供水管网布置：根据现场的具体情况，该临时供水管由一条主供水管道供水，分别供楼层施工用水、搅拌场的施工用水、环境清洁用水和生活区生活用水。具体布置详施工用水用电平面布置图。在施工用水水源的水压不能满足楼层的用水需要时，拟在现场设置施工用水的临时储水池，并设置水泵房，在水泵房内设两台扬程 120 m 的清水离心泵，为楼层施工供水。

供水管道均采用 PPR 管，热熔连接。

2) 现场排水布置。根据现场的具体情况，施工、生活污水导流做明沟排放，在各转角点及管道交汇点均设置沉砂井或集水井，沉砂后的废水排入业主指定的排污下水管道。

(3) 施工用电及设施安排。根据施工供电三相五线制的原则，为保证施工供电的质量，提高施工供电的安全性，避免施工用电事故的发生，结合该施工现场的供电特点及要求，对现场的临时用电进行量的计算和线路布置。

结合高峰期时的主要用电设备量，通过对其电力总负荷的计算，经计算电力负荷不大于 400 kV·A，原有总配电房配置基本满足要求。

为保证用电安全、施工方便，结合土建施工总体平面布置图，把该低压线路分两路干线布置，并在施工现场设置多个二级配电箱，以满足施工机械设备用电。

本工程的所有三级箱由现场需要进行设置，但所有三级箱均为"一机一闸、一漏一箱"进行电力控制。动力和照明在二级箱处分开设置，三级箱处严禁动力、照明用电混合使用。本工程的临设照明用电采用铜芯电缆线沿墙配瓷夹、瓷瓶明敷；地面上的照明用电采用三芯线电力电缆进行供电，以达到用电安全、可靠。

配电房、二级配电箱的位置及线路布置详见施工用电平面布置图。

(4) 机具设备需要量计划（表 5-40）。

表 5-40　机具设备需要量计划

序号	机具名称	规格型号	单位	数量	用途及说明
1	塔吊	QTZ63	台	1	用于垂直、水平运输
2	混凝土输送泵	HBT—60C	台	1	输送商品混凝土
3	冲击夯	BS600	台	2	地下室周边回填
4	混凝土布料器	BLJ20	台	2	混凝土施工布料
5	混凝土搅拌机	HI325	台	2	拌制砂浆
6	电渣压力焊机		套	1	竖向钢筋连接
7	闪光对焊机	UN150	台	1	钢筋焊接
8	交流电焊机	BX1—500	台	1	钢筋、铁件等焊接
9	圆盘锯	BM106	台	3	木作加工

序号	机具名称	规格型号	单位	数量	用途及说明
10	弯筋机	GW—40A	台	2	钢筋加工
11	钢筋调直机	BC—3	台	1	钢筋调直
12	钢筋切断机	GQ40	台	2	钢筋加工
13	弯箍机	W—20A	台	2	钢筋加工
14	平板振动器	1.5 kW	台	2	振捣混凝土
15	插入式振动器	1.5 kW	套	8	振捣混凝土
16	型材切割机	ϕ400 以内	台	1	型材切割
17	冲击电锤	ϕ25 以内	台	5	装修、安装用
18	潜水泵	ϕ50 以内	台	4	抽水、排水用
19	手推胶轮车		辆	20	施工平面水平运输
20	移动式碾压机		台	1	地下室周边回填

（5）模板架料需要量计划（表5-41）。

表5-41 模板架料需要量计划

序号	名称	单位	规格	数量	进场时间
1	扣件式脚手架	m		20 000	
2	对拉丝杆	套		500	
3	扣件	个		30 000	
4	优质松木九夹板	m²	1 m×2 m	6 000	根据施工进度入场
5	竹胶板	m²	1 m×2 m	2 000	
6	木枋	m³	5×10	80	
7	木枋	m³	6×16	40	
8	竹跳板	块	0.25×2.5	1 000	
9	尼龙安全网（含密目）	床	3.6×3.6	1 000	
10	钢模	m²		800	
11	U形扣	个		2 000	

（6）劳动力需要计划（表5-42）。

表 5-42　劳动力需要量计划表

序号	工种名称	单位	数量	说明
1	木工	人	50	
2	架子工	人	40	
3	钢筋工	人	30	
4	抹灰工	人	30	
5	机具操作工	人	4	
6	机具指挥工	人	4	
7	混凝土工	人	12	按工程进展组织进场并调整
8	试件工	人	1	
9	泥工	人	40	
10	保卫人员	人	2	
11	炊事人员	人	5	
12	水电维护工	人	1	
13	安全维护工	人	2	
14	测量工	人	2	

5.9.8　施工总平面布置规划

1. 总平面规划布置的依据

根据公司工程技术人员到现场勘察情况，结合进场前已搭设的临时设施情况及本施工组织设计提出的施工目标和主要施工方法，对施工现场进行平面布置。

2. 主要生产、生活设施的安排

(1)生产临时设施根据工程进度计划要求和业主对建设临时设施的统一要求陆续搭建钢筋加工房、木工房、用电配电房、材料库房、水泥库房等，并合理布置堆场，减少材料二次运输。生活设施搭建在施工现场内，与生产临设分开，并合理布置办公室、职工宿舍、食堂等。

(2)无论生产临时设施，还是生活临时设施，均用砖墙、预应力空心板屋盖，并按防火要求留出一定间距，配备灭火器材，要求布局合理，整齐美观。

(3)主要生产、生活临时设施搭建面积如下：

门卫房　　　　　　　20 m^2

办公室　　　　　　　160 m^2

食堂　　　　　　　　20 m^2

宿舍　　　　　　　　80 m^2

材料库房　　　　　　50 m^2

水泥库房　　　　　　20 m^2

钢筋加工棚　　　　　110 m^2

木工房　　　　　　　30 m^2

机具房　　　　　　　15 m^2

配电房　　　　　　　10 m^2

| 厕所 | 48 m² |
| 浴室 | 15 m² |

3. 消防控制管理

(1)根据现场的具体情况,设立两套消防系统。

1)利用现有地下室露天蓄水池兼作消防水池;

2)利用市政供水管设立消防水柱,配备加压、引水设置,物资、活动消防水龙带。

(2)加强重点控制,针对库房、材料堆场、配电房加工点等各重点部位增设干粉、泡沫灭火器若干。

(3)落实消防制度,组成由项目经理任组长的义务消防员约 5 人,接受公司及专业部门的培训,以预防为主,防消结合,确保安全生产。

4. 施工总平面布置图

施工总平面布置图详见图 5-20。

5.9.9　各项技术组织措施

5.9.9.1　工艺技术措施

针对本工程特点,为保证工程质量,加快工程进度并从节约的原则出发,经过反复研究,在本工程施工过程中,计划采用 18 mm 厚九层胶合夹板,电渣压力焊钢筋连接技术,混凝土养护剂,以及计算机应用等。

1. 新工艺、新技术的应用——确保质量、降低成本、加快工期

(1)采用上海广运集团开发的功能强大的《项目经理智能管理软件》进行工程物资管理、财务管理、人事管理、工程资料管理、成本管理及分析。

(2)采用海口神机软件《图形自动计算工程量软件》《钢筋统计软件》《工程概预算软件》进行施工图预算和预算动态管理。

(3)采用北京梦龙科技有限公司开发的《Pert2000 网络计划编制软件》编制施工进度计划网络图,并进行动态管理。

(4)通过互联网与业主、设计院、供应商等进行资料传递和信息交流,大大提高工作效率。

(5)砌体拉结筋采用种植筋技术。

(6)因项目部对钢材质量控制把关较严,焊工水平较高,钢筋竖向焊接采用电渣压力焊已有一套较为成熟的工法,故在本工程柱钢筋中优先采用电渣压力焊竖向焊接。既能保证竖向钢筋的受力符合设计要求,又使焊接质量稳定,节省钢筋。同时可加快施工进度和加强工程质量成本控制。

2. 新材料应用——提高工程质量、降低工程成本

(1)模板采用 18 mm 厚九层胶合夹板,具有幅面大重量小,刚度大,耐水、耐碱性能好,板面平整光滑;互换性和通用性能,拆卸方便,周转次数多的特点。

(2)现浇框架支撑系统采用碗扣式脚手架,搭拆快捷、方便。可提高工效,加快工程进度。

(3)混凝土养护剂的应用。混凝土结构的养护好坏,直接影响混凝土的强度发展状况、结构的安全性,故在本工程中,准备使用混凝土养护剂。在混凝土浇好、拆模后直接涂刷在混凝土的表面形成一个封闭型的保护膜,使混凝土中的水分不致蒸发,起到养护效果。养护期满,保护膜会自然脱落,不会对装修工程产生影响。操作程序:拆模→表面浇水湿润→涂刷养护剂。养护范围为混凝土柱、梁、板、墙等。

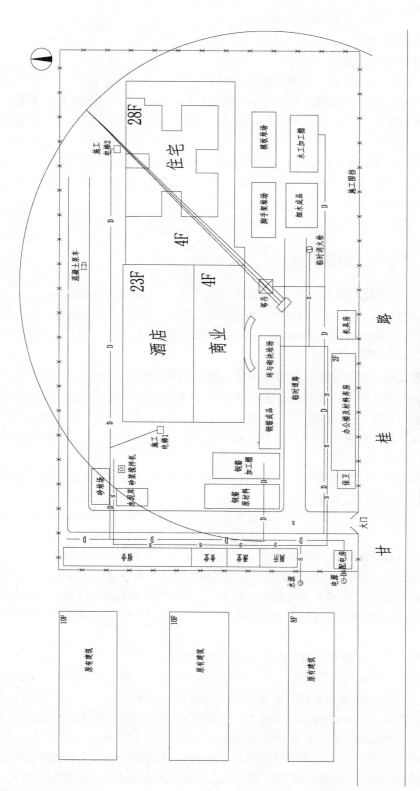

图 5-20　××帝豪大厦施工平面图

注：—D—表示电线路线；
　　—S—表示水线路线。

(4)石灰精砂浆的应用。在砌体砂浆和墙面抹灰砂浆中，掺入一定比例的石灰精，能代替部分水泥，改善砂浆的和易性，提高砂浆的抗压及抗渗强度，特别是混合砂浆中，掺入比例很小的石灰精，可代替全部石灰，且和易性显著提高，抗压、抗渗效果明显增强。本公司在其他工程中应用十分成功，节约成本较为显著。

(5)防水工程中积极推荐使用高效、抗老化、安全可靠的高分子防水材料。

3. 先进的小型机械、仪器设备应用——提高工效、省工省料、加快工程进度

(1)采用低噪声高效率振捣棒，该机械可显著降低浇筑混凝土时的噪声，减少对周边环境的影响。

(2)采用多功能继电器校验仪，可省工、省料，提高工效。

(3)电动弯头压筋机的使用可进行正反两面压筋，比手工提高工效10倍以上。

(4)施工测量采用先进的全站仪，可提高测量精度和工效。

(5)投入先进的通信设备，以加快信息沟通速度，提高工作效率。

5.9.9.2 质量保证措施

1. 组织保证措施

(1)公司技术质量部派一名技术管理员、一名质量管理员专门督促、检查本工程执行ISO 9002标准，公司技术质量管理规定和技术质量管理工作。

(2)项目工程部技术负责人主动征求业主方代表、监理工程师或质监人员对工程质量方面的意见，以利改进工程质量。

(3)项目工程部质量管理人员、施工技术管理人员每天检查工程的质量、执行施工组织设计以及执行公司质量管理文件情况，并做好施工记录。

(4)每周召开一次施工协调会，项目工程部技术负责人主动征求业主方、监理方、质监部门代表对工程质量方面的意见，以利改进工程质量。

2. 施工过程工序控制

施工过程中的工序控制是保证稳定提高工程质量的科学方法，它的基本特点是从过去的事后检验把关为主转变为预防和改进为主，从管结果为管因素。工序控制是要使整个工程的施工过程都处于受控状态。

(1)技术交底。根据质检计划编制主要分部分项工程的质量控制措施，认真搞好各层次的质量技术交底工作，组织专业施工管理人员及操作班组学习施工及验收规范，弄清楚设计图纸，操作规程及质量标准和检验方法，并形成书面记录。

(2)施工过程管理。

1)项目经理部根据本工程质量目标及施工组织要严格编制质量检查计划，分阶段对各分部工程及分项工程要达到的质量目标进行制定及检查，并明确各分部分项工程的质量责任人及评定责任人。

2)施工过程中严格贯彻"三检"制：每道工序进行自检、互检、交接检工作。各专业工长及班组必须实行交接工作制，做到上不清下不接，层层把关，施工人员必须按企业标准，实施对分项工程整个工序过程的全检，专职质量员按企业规定进行各分部分项工程质量核定，项目技术负责人审查、评定。

3)凡本工程重点控制质量分项，均要编制全质量管理预控书，确定质量控制管理点，项目定期召开质量分析会，分阶段对工程质量加以总结，用数据说话，运用数理统计，分析质量动态，增强质量意识，落实纠正预防措施，把质量控制管理落实到整个施工过程中。

4)对重要部位如地基持力层、混凝土梁柱接头、屋面、卫生间防水层、预埋件、管道根部处理等防渗漏设施进行工长自检,班组交接检,质检员抽检一系列检查防范制度,并对以上部位进行全检无一遗漏。

5)主体结构施工过程管理。

①主体结构施工过程中质检计划及频率(表5-43)。

表 5-43　主体结构施工过程中质检计划及频率

检验项目	检验要点	时间	检查频率
建筑物、分部轴线定位	定位轴线同平面图确定的位置是否相同	定位轴线测量完后	测量、复测、复检各一次
基础验槽(坑)	平面尺寸、标高	基底到设计标高后	每个坑、槽基础进行检查、复测
钢筋隐蔽验收	品种、规格,间距、绑扎接头、焊接接头(查焊接资料)是否符合设计	钢筋隐蔽前	每项进行满检及工序交接检,质检员进行抽检
模板验收	平面位置,支撑、几何尺寸、预埋件、预留洞、施工缝位置	模板安装完、混凝土浇筑前	每项进行满检及工序交接检,质检员进行抽检
混凝土浇筑	施工配合比、计量、搅拌时间,坍落度测试、浇筑层厚度、施工缝清理	混凝土浇筑过程中	每一部位按规范进行取样检验
防水处理	防渗混凝土配合比、施工缝处理、预埋管件孔洞设置情况	防水混凝土施工前和施工完进行满检	进行二次防水试验,标识清楚

②商品混凝土配合比应有试配检验报告,施工过程中的抽检试块应在现场监理人员监控下按规定的方法和数量进行现场取样,并进行标准养护及同条件下养护工作,由专职检验员实施这一工作并送试验室检验。混凝土强度检验用数理统计方法进行评定。

③坚持隐蔽工程验收制度:对所有的隐蔽工程特别是地基、现浇钢筋、预埋件、预留洞、防水各工序都必须会同建设单位、监理单位等进行检查核对,确认无误后办好隐蔽验收记录,方能进行下道工序施工。

6)装饰装修工程施工过程质量控制。

①围护墙防渗漏措施。

a. 应重视砌体质量,将砂浆强度及砌体灰浆饱满度作为重点来抓。

b. 砌筑砂浆应选用洁净的砂,严格按配合比配置砂浆,建议采用防水砂浆,确保砂浆强度及提高抗渗性能。

c. 外墙脚手架连墙体、悬挑脚手架拆架时,将内钢管全部拆除再用细石混凝土堵洞。

d. 外门窗洞口位置留置应正确,大小适中,一般每边大 20 mm,窗框塞缝定人定位,塞缝前应清理干净,窗顶滴水、窗台泛水应明显。

e. 砌体与混凝土基层交接处必须全部钉 300 mm 宽焊接钢丝网,防止抹灰开裂。

f. 严格按照设计要求和抗震构造要求留设构造柱及圈梁。

②外墙装饰施工质量保证措施。

a. 在施工前编制施工总体计划、施工准备计划、分类装饰施工方案及重要技术、安全措施,合理安排各专业施工队伍协调穿插,作好成品保护。

b. 严格审查装饰作业队伍与人员资质,要求其必须具备熟练操作技能和类似工程成功的施工经验,以此作为保证外装饰工程质量的首要前提。

c. 外墙施工中应对墙面分格弹线加强控制,保证横平竖直,线条均匀和谐。不同材料交接处应做好接头处理,在墙面转角或凹凸处,应照顾好切割与墙面整体美观的关系。

d. 外墙镶贴饰面材料应分墨弹线，镶贴必须牢固，严禁空鼓。压向正确，门窗口、建筑装饰孔等两侧和上下的阴阳角处大面压小面，上面压下面，正面压侧面，装饰线条转折处应放样套割，灰缝填嵌密实、平直、宽窄深浅不一致，非整砖应用于阴角处，宽窄均匀通顺。

e. 两种不同饰面材料不得在阳角相交，主要饰面材料（收头）不宜小于 50 mm。

f. 窗楣窗台、雨篷、楼梯间、阳角通顺和突出腰线等，上面应做流水坡度、坡度不小于 3%～5%，下面应做滴水线或滴水槽，其深度（厚度）或宽度均不得不小于 10 mm。

g. 在阳台镶贴块材宜割成 45°，使得楞角直观、顺直、清水角不得弯曲。

h. 外墙抹灰应按水平和垂直方向拉通线找正，要求窗楣，窗套、阳台等横线看通，竖能吊平，表面要平。

i. 分格缝的宽度（宜为 20～30 mm）和深度（不小于 5 mm）应均匀一致，宜构成窝缝，表面光滑、不得有错缝（错位），不得缺楞掉角，所涂颜料不得与外墙饰面块料交叉污染。

③室内墙面天棚施工质量保证措施。

a. 结构层应湿润或刷一道水泥胶浆结合层，阴阳角左右 50 mm，大面大于 1 500 mm 的应打"巴"立"柱"，对糙灰的阴角应弹线进行检查修整（包括与顶棚、地坪板交的阴角）。

b. 对打"巴"立"柱"、管道背面和管根、电气（开头、插座、配电箱等）周边等应加强打砂、刮灰、补平。

c. 各层粘结牢固、平整，不开裂，不显板缝、抹纹，不显"巴""柱"，不得有爆肚等现象。表面应光滑、洁净、颜色均匀，手感细腻，不掉粉、不脱落，阴阳角顺直清晰，管背面和管根、电气周边抹灰平整。

④地面与楼面质量保证措施。

a. 粘结牢固、色泽一致，缝隙顺直均匀，勾填密实一致，非整砖铺贴宽窄一致、顺直、阴角等铺贴到位，套割整齐美观。

b. 对厕所及有地漏的房间地面进行找平层施工时，必须处理泛水，作 24 h 蓄水检查，有渗漏者不得进入下步施工（建议增设一道防水层）。表面标高应正确，排水坡度不应小于 5‰，也不得大于 2%，四周应坡向泄漏。

c. 成品的保护：可用河砂、锯木面、废塑料泡沫、彩条布等材料进行保护。

3. 工程物资质量控制

（1）本工程所用材料质量等级应全部保证达到一等品以上，钢材用重钢产品、水泥用重庆水泥厂或江津水泥厂产品，并及时提供准用合格证及抽检报告交现场监理验证。

（2）各类建筑材料到现场后必须查验核对质量保证资料，并按规定进行抽样检查，无检测合格证明严禁使用。

（3）凡是对主体结构、装修效果、使用安全等有影响的材料，必须按设计说明和有关规范要求，由建设方、施工方及有关单位一起看样、比选、定质、定价后才能采购。

（4）水泥、钢筋原材料必须有签证取样进行物理试验；所有防水材料必须进行取样复试；C30 等级以上的混凝土集料必须进行取样分析；存放期超过 3 个月的水泥必须重新取样进行物理试验，合格后方可使用。

（5）材料及进场的检验、试验计划。

1）各类材料的试验及检验计划要先编制，由项目技术负责人和专业试验人员进行实施，并及时、准确、全面地做好试验记录和材料标识。

2）材料及半成品试验计划（略）。

5.9.9.3 工期保证措施

（1）根据进度计划编制相应的人力资源、材料、设备需用的资源计划，如劳动力、钢材、架材、水泥、砂石、模板、构配件和其他材料的供应计划及大型设备的运行情况，进行定期大检查、盘存和每天检查，确保人力、材力、设备都能满足整个计划执行需要，为计划的执行得以实现提供可靠保证。

(2)定期和不定期召开联系会，检查计划的执行情况，如有延期，找出原因，有针对性的采取纠正措施，加强薄弱环节力量，使计划动态平衡，使施工进度与合同工期计划终点同步。

(3)安排追赶计划。有时可能由于难以预见的因素拖延周计(月计划)工期，发现施工进度赶不上计划要求时，立即进行研究，分析原因，立即编制追赶计划，并随时检查追赶计划的实施情况。

5.9.9.4　降低成本措施

(1)积极推广应用新技术、新材料、新工艺、新设备，加快施工进度，保证工程质量，缩短工期，从而降低造价。

(2)严把原材料质量关。材料进场前必须提供质量合格证及检验报告，无证产品严禁入场。有质量合格证及检验报告的质量员和材料员共同确认材料的质量和数量无误后方可卸货。对钢材、水泥、木材等三材的采购采取招投标方式，选择质量好价位低的厂家，择优选用，在保证工程质量前提下，降低工程造价，实行限额领料制度，通过降低采购成本来节约资金使用。

(3)优选施工方案。对各种施工方案进行分析、比较，选取切实可行、经济合理的施工方案。

(4)施工中需用的材料及机械设备由材料机械管理人员根据工长的材料进场计划单，提前落实，及时进场，及时退场，来节约机械租赁费用。

(5)水电资源的有效利用，从施工进场前就进行水电设计，选用最经济合理的导线和管线，合理安排布置用电设备。

(6)加强施工中文明施工、成品保护管理，减少因成品污染、破损造成的返工操作，施工现场撒漏的材料及时清理回收利用。

5.9.9.5　安全技术措施

1. 安全生产目标

杜绝死亡，重伤事故、轻伤事故频率控制在5‰。

2. 安全生产管理保证体系

项目部成立安全生产小组，负责全面的安全工作，主要职责管理条件，每周对各项工程进行安全工作检查、评比，处理有关较大问题，项目部成立安全管理小组，并设专职安全员，主要职责是负责进行对工人的安全技术交底，贯彻上级精神，每天检查工程施工安全工作，每周召开工程安全会议一次，制定具体的安全规程和违章处理措施，并向公司安全领导小组汇报一次。

3. 组织保证措施

(1)建立健全现场管理网络，落实安全责任制，实行项目经理负责制，由项目经理对现场安全工作全面负责，项目工程师负责安全技术工作，项目部有专职安全员，作业队设兼职安全员，并与员工签订安全生产责任书。

(2)现场建立定期的安全活动制度，及时组织抽检安全生产情况，发现问题及时处理。

(3)各班组安全员应天天认真检查现场有无安全隐患，每星期进行一次现场全面性安全检查，建立安全奖罚制度，对各班组和管理人员的奖罚与安全生产挂钩，各工种施工操作要严格遵守安全操作规程，对违反安全规程者应令其做出改正，对情节后果严重给予处罚，安全生产成绩好的应给予奖励。

（4）现场应布置大幅安全标语，在有关部位挂醒目安全牌，制造浓厚的安全气氛。同时各班组做好安全日记及安全巡回记录。

4. 技术保证措施

（1）参加施工的所有施工人员均要求熟知本工种的安全技术操作规程，电工、焊工、架子工及各类机械操作人员均要严格执行持证上岗的安全法规，并按规定使用安全"三宝"。

（2）做好"五口"的防护工作，预留洞口用竹笆火安全网围护好，并着重做好防止高空物体坠落的各种措施，出入口要搭好防护棚。

（3）确实做好安全用电工作，所用供电箱均应按规定正确使用电熔丝，并配备齐全的电保护装置。

（4）切实做好安全用电工作，特别是针对装饰阶段，施工面易燃物品较多，建筑物自身的消防系统未完全建好的特点，结合成品保护工作，加强防火管理，除在各易燃区配置一定数量的灭火器材外，要建立班后巡查制度，易燃、易爆物品要集中管理，重点防火区域要设立禁烟标志。

（5）现场设有醒目的安全标志及安全宣传图牌，增强职工安全意识。

5. 分项工程安全措施

（1）基坑防护安全技术措施。距基坑边坡 5 m 处沿基坑四周砌筑 300 mm 高挡水墙，以防场外水流入基坑，并在挡水墙外侧设 1.2 m 高的防护栏杆，设置防坠落标识牌，在基坑四周采用钢管搭设 4 架上人梯。

（2）钢筋工程安全技术措施。

1）钢筋加工：机械必须设置防护装置，注意每台机械必须一机一闸并设漏电保护开关。工作场所保持道路畅通无阻，危险部位必须设置明显标志警示。

2）钢筋安装：搬运钢筋时注意前后方向有无碰撞危险及被钩挂物，特别是避免碰挂周围的电线。

起吊或安装钢筋时，各附近高压线路或电源保持一定安全距离，雷雨时不准操作和站人。

在高空安装钢筋，搭好脚手架，选好位置站稳，系好安全带。

3）电焊工程安全技术措施。

①电焊、气割，严格遵守"十不烧"规程操作。

②操作前检查所有工具，电焊机、电源开关及线路是否良好，金属外壳有安全可靠接地，进出及有完整的防护罩，进出端用铜接头焊牢。

③每台电焊机有专用电源控制开关，开关的保险丝容量为该机的 1.5 倍，严禁用其他金属丝代替保险丝，完工后，切断电源。

④电气焊的弧火花必须与氧气瓶、电石桶、乙炔瓶、木材、油类等危险物品的距离不少于 10 m，与易爆物品的距离不少于 20 m。

⑤乙炔瓶，氧气瓶均设有安全回火防止器，橡皮管连接处须用轧头固定。

⑥氧气瓶严防沾染油脂，有油脂衣服、手套等，禁止与氧气瓶减压阀、氧气软管接触。

⑦消除焊渣时，不得正对焊缝，防止焊渣溅入眼睛。

⑧焊割点周围和下方采取防水措施，并指定专人防火监护。

⑨钢筋电弧焊。焊机必须接地良好，不准在露天雨水的环境下工作。焊接施工场所不能使用易燃材料搭设，现场高空作业必须系好安全带，按规定佩戴防护用品。

4)模板工程安全技术措施。

①施工前先检查使用的工具是否牢固,扳手等工具必须用绳链挂在身上,钉子必须放在工具袋内,以免掉落伤人,工作时要思想集中,防止钉子扎脚和空中滑落。

②安装与拆除模板,搭脚手架,并设防护栏杆,防止上下在同一垂直面操作。

③高空、复杂结构模板的安装与拆除,事先有切实的安全措施。

④遇六级以上的大风时,暂停室外的高空作业,雪霜雨后先清扫施工现场,操作面不滑时再进行工作。

⑤吊运模板时要互相配合,协同工作。传递模板、工具用运输工具或绳子系牢后升降,不得乱抛。钢模板及配件随装拆随运送,严禁从高处掷下,高空拆模时有专人指挥。并在下面标出工作区,用绳子和红白旗加以围拦,暂停人员过往。

⑥模板上有预留洞者,在安装后将洞口盖好,混凝土板上的预留洞,在模板拆除后即将洞口盖好。

⑦装拆模板时,作业人员要站立在安全地点进行操作,防止上下在同一垂直面工作;在拆除楼板模板时,要注意整块模板掉下,拆模人员要站在门窗洞口外拉支撑,防止模板突然全部掉落伤人。

⑧拆模必须一次性拆清,不得留下无撑模板。拆下的模板要及时清理,堆放整齐。拆除的钢模作平台底模时,不得一次将顶全部拆除,分批拆下顶撑,然后按顺序拆下龙骨、底模,以免发生钢模在自重荷载下一次性大面积脱落。

5)混凝土安全技术措施。

①浇灌混凝土用脚手架,施工前检查,不符合脚手架规程要求,可拒绝使用。施工中设专人对脚手架和模板、支撑进行检查维护,发现问题及时处理。

②用塔吊料斗浇混凝土时,指挥料斗人员与塔吊驾驶员密切配合,当塔吊放下料斗时,操作人员主动退让,随时注意料斗碰头号,并站立稳当,防止料斗碰人坠落。

③浇灌混凝土用的溜槽、串筒要连接安装牢固,防止坠落伤人。

④使用振动机前检查电源电压,输电必须安装漏电开关,保护电源线路是否良好,电源线不得有接头,机械运转是否正常振动机移动时,不能硬拉电线,更不能在钢筋和其他锐利物上拖拉,防止割破拉断电线而造成触电伤亡事故。振捣工要穿胶靴戴胶手套。

6)砌筑工程安全技术措施。

①在操作之前,必须检查操作是否符合安全要求,道路是否畅通,机具是否完好牢固,安全设施和防护用品是否齐全,经检查符合要求后才可施工。

②墙身砌体高度超过地坪1.2 m时,搭设脚手架在一层以上或高度超过4 m时,采用里脚手架必须支搭安全网,采用外脚手架设身栏杆,挡脚笆加立网封闭后方可砌筑。

③脚手架上堆料量不得超过规定荷载,堆砖高度不得超过3皮侧砖。

④在楼层施工时,堆放机械、砖块等物品不得超过使用荷载,如超过荷载时,必须经过验算采取有效加固措施后方可进行堆放和施工。

⑤不准用不稳固的工具或物体在脚手架板面垫高操作,更不准在未经过加固的情况下在一层脚手架上随意再叠加一层,脚手板不允许有空头现象,不准2~4 mm厚木料或钢模板作立人板。

⑥砍砖时面向墙内打,防止碎砖跳出伤人。

⑦砖料运输车辆前后距离平道上不小于2 m,坡道上不小于10 m,装砖时要先取高处后取低处,防止倒塌伤人。

⑧在同一垂直面上下交叉作业时,必须设置安全隔板,操作人员必须戴好安全帽。

7)电梯井道内架子、安全网搭设工程安全技术措施。

①从 2 层楼面起张设安全网,往上每隔 4 层设置一道,安全网必须完好无损、牢固可靠。

②拉结必须牢靠,墙面预埋张网钢筋不小于 14 mm,钢筋埋入长度不小于 30 d。

③电梯井道防护安全网不得任意拆除,待安装电梯搭设脚手架时,每搭到安全网高度时方可拆除。

④电梯井道的脚手架一律用钢管、扣件搭设,立杆与横杆均用直角扣件连接,扣件紧固力矩达到 40~50 kN·m。

⑤脚手架所有横楞两端,均与墙面撑紧,四周横楞与墙面距离,平衡配重一侧为 600 mm,其他三侧均为 400 mm,离墙空档处加隔排钢管,间距不大于 200 mm,隔排钢管离四周墙面不大于 200 mm。

⑥脚手架柱距不大于 1.8 m。排距为 1.8 m,每底层面 200 mm 处加搭一排横楞,横向间距为 350 mm,满铺脚手板。

⑦脚手架拆除顺序自上而下进行,拆下的钢管、脚手板等须妥善运出电梯井道,禁止乱扔乱抛。

⑧电梯井道内的设施,必须由脚手架保养人定期进行检查、保养,发现隐患及时消除。

⑨搭设安全网及拆除井道内设施时,操作人员必须挂好安全带,挂点必须安全可靠。

5.9.9.6　季节性施工措施

1. 雨期施工措施

(1)施工现场作好排水坡度,保证排水设备完好,并要有一定储备,以保证暴雨后能在较短时间内排除积水。施工现场、道路要用混凝土硬化。围墙底部做好泄水孔,使现场道路的水能够顺利排入河道内。

(2)在场施工人员注意收听天气预报,并保证现场有足够的覆盖材料,以保证新浇灌的混凝土不被雨水冲刷,以喷刷涂膜剂的模板不被雨水冲掉。

(3)注意模板和木材等怕潮湿和雨淋的材料以及机具的保管。

(4)钢筋加工场地长时间不用的,钢筋应进行覆盖。

(5)组织机构的成员要经常检查雨施方案的落实情况,各个部门责任落实到人,发现问题及时解决处理。

(6)高耸的塔吊、电梯和脚手架必须设置避雷装置。

(7)现场所有机械棚要搭设严密,防止漏雨;机电设备要采取防雨、防淹措施;漏电接地保护装置应灵敏有效,定期检查。

(8)电焊机、配电箱等机电设施要有防雨措施。

(9)施工现场的机电设备做好零线及漏电断电保护装置。施工临时用电所用电缆和电线要埋地敷设,其绝缘保护层经常检查是否破损漏电,在雨期到来之间,应对塔式起重机的接地避雷装置进行检查,使之符合规定要求。

(10)雨后要对电器设施进行全面检查,防止触电事故发生。

2. 夏季施工措施

我国中南地区,夏季气温较高,且空气湿度较大,夏季施工作业人员易疲劳、易中暑、易发生事故,因此夏期施工应以安全生产为主题,以"防暑降温"为重点,确保安全生产和工程质量。

(1)应采取防高温、防食物中毒、防火、防触电、防雷击、防坍塌"六防"措施,确保夏季施工安全。

（2）夏季高温作业，现场应有中暑急救措施，合理调整作业时间，严格控制加班加点，项目部要采取"做两头、歇中间"的方法避开中午高温时段和烈日暴晒下作业。

（3）做好民工宿舍通风降温措施，控制宿舍内的居住人数，确保一线施工人员有一个良好的休息环境。

（4）混凝土浇筑应尽量避开高温时间段，要加强混凝土的养护，高温天气对混凝土用湿草包覆盖养护，浇水次数适当增加，保持草包湿润。

（5）高温季节砌砖，要特别强调砖块的浇水，利用清晨或夜间提前将集中堆放的砖块充分浇水，使砖块保持湿润，防止砂浆失水过快影响砂浆强度和粘结力。砌筑砂浆应在规定的时间内用完。

5.9.9.7　文明施工和环保措施

1. 现场文明施工措施

（1）现场围墙、大门设计。工地现场设置连续、密闭的砖砌围墙，高度不低于 2 m，牢固完整，整齐美观，围墙外部做简易装饰，色彩与周围环境协调，场地出入口设公司统一大门，庄重美观，门扇做成密闭式。

（2）现场工程标志牌设计。

现场大门入口设置工程标牌（五牌一图），即工程概况牌、文明施工管理牌、施工现场安全生产管理规定牌、消防安全管理牌、施工现场安全用电规定牌，施工平面图。

（3）严格按施工平面图布置施工现场，实现施工现场的有序和有效布置。

（4）建筑物内外的零散碎料和垃圾渣土及时清理。楼梯踏步、休息平台、阳台等悬挑结构上不得堆放垃圾及杂物。

（5）施工现场设垃圾站，及时集中分捡、回收、利用和清运。垃圾清运出场必须到批准的垃圾堆场倾倒，不得乱倒乱卸。

（6）施工现场经常保持整洁卫生。运输车辆不带泥砂出场，并做到沿途不遗撒。

（7）办公室、职工宿舍和更衣室要保持整洁、有序，生活区周围保持卫生，无污物和污水，生活垃圾集中堆放，及时清理。

（8）施工现场及施工建筑物内外不得随地大小便，施工现场设置水冲式卫生间，每日有专人负责清洁。

（9）工地食堂、伙房要有卫生管理人员，建立食品卫生管理制度，炊事人员身体健康证。

（10）伙房内外要整洁，炊具用具必须干净，无腐烂变质食品，操作人员上岗穿整洁的工作服并保持个人卫生。

（11）施工现场供开水，做到有盖、加锁和有标志。饮水器具要卫生。

（12）夏期施工有防暑降温措施，配备保健药箱，购置必要的急救保健药品。

（13）施工现场的管理人员、作业人员必须佩戴工作卡，贴有相片并标明姓名、单位、工种或职务，管理人员和作业人员的工作卡分颜色区别。

（14）施工现场要利用宣传栏、条幅和其他形式对员工进行法纪宣传教育工作，使施工现场各类施工人员知法、懂法，并自觉遵守和维护国家的法律法令，提高员工人的法制观念，防止和杜绝盗窃、斗殴及进行黄、赌、毒等非法活动的发生。

2. 现场环保施工措施

（1）防止大气污染。

1）建筑施工垃圾，采用容器吊运，严禁随意凌空抛撒。施工垃圾及时清运，适量洒水，减少扬尘。

2)水泥等粉细散装材料，采取封闭存放或严密遮盖，卸运时要采取有效措施。减少扬尘。

3)现场临时道路面层采用预拌商品混凝土硬化或铺设水泥六棱块，防道路扬尘。

4)施工现场，设专人及设备，采取洒水降尘措施。

5)施工现场使用的炉灶采用燃气灶，符合环保要求。

(2)防止水污染。

1)凡需进行混凝土、砂浆等搅拌作业的现场，必须设置沉淀池，使清洗机械和运输车的废水经沉淀后，方可排入市政污水管线，亦可回收用于洒水降尘。

2)现场存放油料的库房，必须进行防渗漏处理。储存和使用都要采取措施，防止跑、冒、滴、漏、污染水体。

3)施工现场临时食堂，设置简易有效的隔油池，定期掏油，防止污染。

(3)防止光污染。

1)现场不得有长明灯，夜间施工除必要的照明外，避免过多灯光照射。

2)现场照明集中照射，仅覆盖现场范围，避免影响临近道路行车。

(4)现场降噪声施工措施。

1)人为噪声的控制措施：施工现场提倡文明施工，建立健全控制人为噪声的管理制度。尽量减少人为的大声喧哗，增强全体施工人员防噪声扰民的自觉意识。

2)强噪声作业时间的控制：严格控制作业时间，特殊部位施工需在相关环保局备案后方可施工。

3)强噪声机械的降噪声措施。

①牵扯到产生强噪声的成品、半成品加工，尽量放在车间完成，减少因施工现场加工制作产生的噪声，搭设木加工棚放置木加工机械。

②尽量选用低噪声或备有消声降噪设备的施工机械。施工现场的强噪声机械（如搅拌机、电锯、电刨、砂轮机等）要设置封闭的机械棚，以减少强噪声的扩散。

③加强施工现场的噪声监测。采取专人监测、专人管理的原则。

3. 现场消防施工措施

(1)建立消防组织，设立防火小组和消防小分队，进行防火检查，及时消除火灾隐患。因施工需要搭设的临时建筑，符合防火要求，不得使用易燃材料。

(2)使用电气设备的化学危险物品，必须符合技术规范和操作规程，严格防火措施，确保施工安全，禁止违章作业，施工作业用火必须经保卫部门审查批准，领取用火证，方可作业。用火证只在指定地点和限定的时间内有效。

(3)施工材料的存放、保管，符合防火安全要求，易燃材料必须专库储存，化学易燃物品和压缩可燃性气体容器等，按其性质设置专用库房分类存放，其库房的耐火等级和防火要求符合公安部制定的《仓库防火安全管理规则》，使用后的废弃物料及时消除。建设工程内不准作为仓库使用，不准积存易燃、可燃材料。

(4)安装电气设备、进行电、气切割作业等，必须由合格的焊工、电工等专业技术人员操作，工作区和生活区的照明、动力电路皆由专业电工按规定架设，任何人不得乱拉电线。

(5)冬期施工使用电热器，必须有工程技术部门提供的安全使用技术资料，并经施工现场防火负责人同意，保温材料，不得采用可燃材料。

(6)非经施工现场消防负责人批准，任何人不得在施工现场内住宿。

(7)施工现场设置消防车道，配备相应的消防器材和安排足够的消防水源。

(8)施工现场的消防器材和设施不得埋压，圈占或挪作他用。

模块小结

单位工程施工组织设计是以单位工程(子单位工程)为主要对象编制的,用以指导单位工程施工的技术、经济和管理的综合性文件。其内容一般包括:建设项目的工程概况和施工条件、施工方案(一案)、施工进度计划(一表)、施工平面图(一图)、施工准备工作计划及各项资源需要量计划、各项技术组织措施和主要技术经济指标。对于工程规模小的简单单位工程,其施工组织设计一般只编制施工方案并附以施工进度计划和施工平面图,即"一案""一表""一图"。

施工方案是施工组织设计的核心,它的内容一般应包括确定施工开展程序和施工组织的方式,划分施工区段,确定施工起点流向和施工顺序,选择施工方法和施工机械等。

单位工程施工进度计划是控制单位工程各项施工活动的进度,确保工程如期完成的计划,是施工方案在时间上的反映,是调配材料、劳动力、机具等的依据,又是编制季、月施工作业计划的基础。

施工平面图是施工方案在现场空间上的体现,它反映已建工程和拟建工程之间,以及各种临时建筑、临时设施之间的合理位置关系。它是施工组织设计的重要组成部分,是布置施工现场的依据,是施工准备工作的一项重要内容,对于有组织、有计划地进行文明和安全施工,节约施工用地,减少场内运输,避免相互干扰,降低工程费用具有重大的意义。

知识巩固

一、单项选择题

1. 设计施工平面图时,应布置在塔吊起重半径之内的是(   )。
   A. 仓库   B. 搅拌站   C. 砂、石堆场   D. 加工棚

2. 下列施工项目中(   )工程适合安排在冬期施工。
   A. 外装修   B. 屋面防水
   C. 吊装   D. 土方

3. 单位工程施工组织设计是以(   )研究对象编制的技术性、经济性文件。
   A. 一个建设项目或建筑群   B. 一个单位工程
   C. 一个分部工程   D. 一个分部分项工程

4. 下列不属于建筑施工组织设计内容的选项是(   )。
   A. 施工准备工作计划
   B. 施工方案、施工进度计划和施工平面图
   C. 劳动力、机械设备、材料和构件供应计划
   D. 竣工验收工作计划

5. 下列施工过程属于室内装饰的是(   )。
   A. 勒脚   B. 明沟
   C. 落水管   D. 五金及各种木装饰

6. 关于施工顺序，下列表述不正确的是( )。

    A. 屋面工程的施工顺序为：保温层→隔气层→找平层→防水层→隔热层

    B. 当室内为现浇水磨面楼地面时，为了防止楼面施工时水的渗漏对外墙面的影响，外墙面施工之前应先完成水磨石的施工

    C. 为了加速脚手架的周转，可采取先外装饰后内装饰的施工顺序

    D. 在基础工程施工时，因先将相应的管道，沟墙做好，然后才可回填土

7. 施工组织设计的核心是( )。

    A. 施工方案   B. 施工进度计划

    C. 施工平面图   D. 质量保证措施

8. 某单位工程的屋面防水层施工可采取( )组织方式。

    A. 平行施工   B. 流水施工

    C. 流水施工或平行施工   D. 依次施工

9. 当两个施工段共用一座井字架时，该井字架应( )。

    A. 根据实际情况布置在某一段的适当位置，并布置在现场场地较宽的一面

    B. 根据实际情况布置在某一段的适当位置，并布置在现场场地较窄的一面

    C. 一般应布置在施工段的分界处，并布置在现场场地较宽的一面

    D. 可任意布置

10. 当一个施工段配置一座井字架时，该井字架应( )。

    A. 根据实际情况布置在左侧或右侧的适当位置，并布置在场地较宽的一面

    B. 根据实际情况布置在左侧或右侧的适当位置，并布置在场地较窄的一面

    C. 一般应布置在施工段的中部，并布置在现场场地较宽的一面

    D. 可任意布置

二、多项选择题

1. 室内抹灰工程从整体上可采用( )的施工顺序流向进行。

    A. 自上而下   B. 自下而上

    C. 自中而下再自上而中   D. 从左至右

    E. 从中间至两边

2. 关于施工组织设计的作用，下列表述正确的是( )。

    A. 施工组织设计是施工单位在开工前编制，是做好施工准备工作的依据和保证

    B. 通过编制施工组织设计，可提高施工的预见性，减少施工的盲目性

    C. 通过编制施工组织设计，可以合理利用和安排为施工服务的临时设施

    D. 通过编制施工组织设计，可以合理地部署施工现场，确保文明施工和安全施工

    E. 施工组织设计可以指导投标与签订工程承包合同。

3. 单位工程施工平面图设计的依据有( )。

    A. 设计和施工所依据的有关原始资料

    B. 施工方案

    C. 建筑总平面图

    D. 单位工程施工进度计划

    E. 施工总进度计划

4. 关于在室内实施拆除工程的施工现场采取的措施，下列做法正确的是( )。

A. 为预防扬尘及时采取喷水覆盖措施

B. 场地内产生的泥浆直接排入下水道

C. 进出场的车辆做好封闭

D. 拆除的建筑垃圾运到田间掩埋

E. 施工中需要封路而影响周围环境时，应切实按施工组织设计中的相关措施进行

5. 单位工程施工组织设计的内容包括(　　)。

　　A. 工程概况及施工特点　　　　　　B. 施工方案

　　C. 作业区施工平面布置设计　　　　D. 施工总进度计划

　　E. 单位工程施工准备工作计划

6. 室内抹灰在同一楼层中的施工顺序一般可采用(　　)顺序流向进行。

　　A. 墙面→顶棚→地面→踢脚线　　　B. 顶棚→墙面→地面→踢脚线

　　C. 地面→顶棚→墙面→踢脚线　　　D. 地面→墙面→顶棚→踢脚线

　　E. 踢脚线→墙面→顶棚→地面

7. 关于室内装饰与室外装饰之间施工顺序的处理，下列做法正确的是(　　)。

　　A. 当采用双排外脚手架时，通常可安排室内室外平行施工

　　B. 当采用单排外脚手架时，先做外墙抹灰，拆除外架子，补眼，再做室内装饰

　　C. 当采用现浇水磨石楼地面时，先做水磨石地面，后做处墙装饰

　　D. 当采用现浇水磨石楼地面时，先做水磨石地面，后做内墙面装饰

　　E. 当采用现浇水磨石楼地面时，先做水磨石地面，后做外墙面装饰

8. 施工平面图设计的内容包括确定(　　)等。

　　A. 塔吊位置、混凝土和砂浆搅拌站位置

　　B. 各种材料、构配件、半成品堆场及仓库

　　C. 现场办公室、食堂、宿舍等临时设施

　　D. 临时水电管线、消防栓位置

　　E. 确定测量放线位置

9. 下列属于文明施工措施的是(　　)。

　　A. 土方工程施工阶段，设置渣土车清洗槽，配专人冲洗渣土车轮胎，避免渣土车污染城市道路

　　B. 不戴安全帽不进入施工现场

　　C. 采取刷宣传标语，贴宣传画等措施美化施工围墙

　　D. 白天环境噪声控制在 55 dB 以下，夜间 9 点以后停止施工

　　E. 木工棚每 25 m² 应配置一个灭火器

10. 下列属于安全施工的措施是(　　)。

　　A. 进入施工现场必须正确佩戴安全帽

　　B. 楼梯踏步拆模后及时安装楼梯扶手或沿楼梯设 1~1.2 m 高双层防身护栏

　　C. 电梯井内每隔两层(不大于 10 m)设置一道水平防护、电梯井口设置安全防护门

　　D. 临边处均应设置醒目的防护栏杆，由上、下两道横杆及栏杆柱组成，上杆离地高度 1.0~1.2 m，下杆离地高度 0.5~0.6 m

　　E. 雨天不安排外墙装饰施工

11. 下列属于质量保证措施的是(　　)。
    A. 实行"三检"制度,确保每一道工序质量
    B. 加强测量放线质量管理,严格控制标高、垂直度、轴线位置
    C. 采用悬挑钢筋扣件脚手架技术,提高周转材料的周转次数
    D. 施工高峰期时,利用新建楼层统一安排施工临时用房
    E. 按规定的质量评定标准和办法,对完成的单位工程进行检查验收

12. 下列属于降低工程成本措施的是(　　)。
    A. 实行自检、互检、交接检,确保每一道工序质量
    B. 加强测量放线质量管理,严格控制标高、垂直度、轴线位置
    C. 采用悬挑钢筋扣件脚手架技术,提高周转材料的周转次数
    D. 施工高峰期时,利用新建楼层统一安排施工临时用房
    E. 合理划分施工区段,优化施工组织,按流水法组织施工,避免窝工,提高工效

技能训练

1. 参观调查一个建筑工地,并描述该项目的工程概况。

2. 阅读项目5.9某拟建工程项目施工组织设计实例,讨论分析该工程项目施工部署和主要施工方案的确定。

3. 现场测绘施工平面图。

(1)实习内容。

1)测绘临时建筑、材料半成品堆场等的位置、尺寸。

2)测绘垂直运输机械的位置及尺寸,了解现场塔吊的型号、臂长等情况。

3)测绘外脚手架的位置和尺寸。

4)测绘混凝土搅拌机的位置,了解其型号和容量。

5)测绘临时道路的位置和尺寸。

6)确定现场水源和电源,了解水、电、消防等管线布置情况。

7)测绘施工围墙位置、大门位置、尺寸等。

注意:不要忽视对定位尺寸的测绘。

(2)实习要求。

1)实习之前每人应编制好测绘实习计划,明确和制定实习目标。

实习计划的主要内容:制定现场安全保证措施;准备测绘工器具:皮尺(或钢卷尺)、记录板(或用硬纸板等代替)、图纸、铅笔、相机(或手机)等;测绘内容的具体安排。实习计划于实习前3 d布置,实习开始前老师检查落实实习计划的编制情况。

2)实习之后整理和绘制施工平面图并提交实习成果(A3图幅)。

要整理和保管好本次测绘资料,以作为第5学期施工组织设计综合实训的施工平面图设计参考资料。

(3)安全注意事项。

1)一律要求穿胶鞋、戴安全帽。

2)不要踩工地地面上的木头等,以防锈蚀铁钉扎脚。

3)听从老师及现场有关人员的指挥，不得随意乱跑。

4)严格遵守工地有关规章制度。

(4)实习地点。

学院附近在建工地。

(5)实习时间安排。

在施工平面图设计学习之中进行，具体时间根据天气情况而定。

模块 6
施工组织总设计编制

知识目标 >>>

(1)熟悉施工组织总设计的内容、编制依据和编制程序。

(2)掌握工程概况需要阐明的内容,施工总体部署,施工总进度计划编制,资源需要量计划编制,施工总平面图设计,主要技术经济指标计算。

技能目标 >>>

(1)能收集施工组织总设计的编制依据。

(2)能描述工程概况。

(3)能确定主要工程项目施工方案。

(4)能进行施工总平面图设计。

(5)能编制施工组织总设计。

素质目标 >>>

(1)认真负责,团结合作,维护集体的荣誉和利益。

(2)努力学习专业技术知识,不断提高专业技能。

(3)遵纪守法,具有良好的职业道德。

(4)严格执行建设行业有关的标准、规范、规程和制度。

>>> 项目 6.1 施工组织总设计概述

施工组织总设计是以若干单位工程组成的群体工程或特大型项目为主要对象编制的,用以指导施工的技术、经济和管理的综合性文件。施工组织总设计对整个项目的施工过程起统筹规划、重点控制的作用。它一般由建设总承包公司或大型工程项目部(或工程建设指挥部)的总工程师主持编制。

6.1.1 施工组织总设计的作用

(1)从全局出发,为整个建设项目的施工做出全面的战略部署。

(2)为建设单位或业主编制工程建设计划提供依据。

(3)为施工企业编制总体施工计划和单位工程施工组织设计提供依据。

(4)为组织施工力量、技术和物资资源的供应提供依据。

(5)为确定设计方案的施工可能性和经济合理性提供依据。

6.1.2 施工组织总设计的内容

由于建设项目的规模、性质、建筑结构特点的不同，施工场地条件的差异和施工复杂程度的不同，施工组织总设计的编制内容也不完全一样。其主要内容如下：

(1)建设项目的工程概况。主要介绍工程所在地的地理位置、工程规模、结构形式及结构特点、建筑风格及装修标准、电气、给排水、暖通专业的配套内容及特点；阐述工程的重要程度及建设单位对工程的要求；分析工程的特点，凡涉及与质量和工期有关的部分应予特别强调，以引起管理人员及作业层在施工中给予特别重视；介绍当地的气候、交通、水电供应、社会治安状况等情况。

(2)施工部署。主要包括施工建制及队伍选择、总分包项目划分及相互关系(责任、利益和权力)、所有工程项目的施工顺序、总体资源配置、开工和竣工日期等。

(3)主要项目的施工方案。

(4)施工总进度计划。

(5)各项资源需要量计划。

(6)施工准备工作计划。它包括直接为工程施工服务的附属单位及大型临时设施规划、场地平整方案、交通道路规划、雨期排洪、施工排水，以及施工用水、用电、供热、动力等的需要计划和供应实施计划。

(7)施工总平面图。

(8)主要技术经济指标(项目施工工期、劳动生产率、项目施工质量、项目施工成本、项目施工安全、机械化程度、预制化程度、暂设工程等)。

6.1.3 施工组织总设计的编制依据

(1)计划文件及有关合同，包括国家或有关部门批准的基本建设计划、工程项目一览表、分期分批施工项目和投资计划、主管部门的批件、施工单位上级主管部门下达的施工任务计划、招投标文件及签订的工程承包合同、工程和设备的订货合同。

(2)设计文件及有关资料，包括建设项目已批准的初步设计、扩大初步设计或技术设计的有关图纸、设计说明书、地形地貌图、区域规划图、建筑总平面图、总概算或修正概算和已批准的计划任务书等。

(3)建设地区的自然条件和技术经济条件，包括建设地区的地形、地貌、工程地质及水文地质、气象等自然条件；交通运输、能源预制构件、建筑材料、水电供应及机械设备等技术经济条件；建设地区的政治、经济、文化、生活、卫生等社会生活条件。

(4)现行规范、规程和有关技术标准，包括国家现行的设计、施工及验收规范、操作规范、操作规程、有关定额、技术规定和技术经济指标等。

(5)类似工程的施工组织总设计或有关参考资料。

6.1.4 施工组织总设计的编制程序

施工组织总设计的编制程序如图6-1所示。

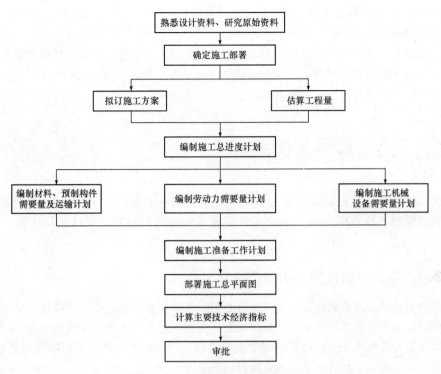

图 6-1　施工组织总设计的编制程序

项目 6.2　工程概况

工程概况是对整个建设项目或建筑群的总说明和总分析，是对拟建建设项目或建筑群所做的一个简明扼要、突出重点的文字介绍，有时为了补充文字介绍的不足，还可以附有建设项目总平面图、主要建筑的平面、立面、剖面示意图及辅助表格等。一般来说，工程概况需要阐明的内容如下。

1. 建设项目特点

建设项目特点主要包括工程性质、建设地点、建设总规模、总工期、总占地面积、总建筑面积、分期分批投入使用的项目和期限、总投资；建筑结构类型；建筑安装工程量、设备安装及其吨数；生产流程和工艺特点；新技术、新材料、新工艺的应用情况等。

2. 建设场地特征

建设场地特征主要介绍建设地区的自然条件和技术经济条件，其内容包括：地形、地貌、水文、地质、气象等情况；建设地区资源、交通、运输、水、电、劳动力、生活设施等情况。

3. 工程承包合同目标

工程承包合同目标主要有如下三个方面：

(1)工期，包括工程开始、工程结束及过程中的一些主要活动的具体日期等。

(2)质量，包括详细、具体的工作范围，技术和功能等方面的要求。如建筑材料、设备、施工等的质量标准、技术规范、建筑面积、项目要达到的生产能力等。

（3）费用，包括工程总造价、各分项工程的造价、支付形式、支付条件和支付时间等。

4. 施工条件及工程特点分析

施工条件及工程特点分析主要说明施工企业的生产能力、技术装备、管理水平、主要设备、材料和特殊物资供应情况；有关建设项目的决议、协议、土地征用范围、土地征用范围、数量和居民搬迁时间等与建设项目施工有关的情况。

项目 6.3　施工总体部署

施工总体部署是施工总组织设计的中心环节，是对整个建设项目进行的统筹规划和全面安排，它主要解决建设项目施工中全局性的重大战略问题，拟定项目全局性施工的战略规划。

6.3.1　建立组织机构，明确任务分工

根据建设项目的规模和特点，建立有效的组织机构和管理模式；明确各施工单位的工程任务，明确总包与分包单位的关系；提出质量、工期、成本、安全、文明施工等控制目标及要求；确定分期分批施工交付投产使用的主要项目和穿插施工的项目；正确处理土建工程、设备安装及其他专业工程之间相互配合协调的关系。

6.3.2　确定工程项目开展程序

根据建设项目总目标的要求，确定各组成工程项目分期分批施工的合理开展程序，应主要考虑以下几个方面。

（1）在保证工期要求的前提下，尽量实行分期分批施工。在保证工期的前提下，实行分期分批建设，既可以使每一具体项目迅速建成，尽早投入使用，又可在全局上取得施工的连续性和均衡性，以减少暂设工程数量，降低工程成本，充分发挥项目建设投资的效果。

（2）各类项目的施工应统筹安排，既要保证重点，又要兼顾其他。应按照各工程项目的重要程度，优先安排如下工程。

1）按生产工艺要求，必须先期投入生产或起主导性作用的工程项目。

2）工程量大、施工难度大、施工工期长的工程项目。

3）为施工顺利进行必需的工程项目，如运输系统、动力系统等。

4）供施工使用的工程项目。如钢筋、木材、预制构件等各种加工厂、混凝土搅拌站等附属企业及其他为施工服务的临时设施。

5）生产上需先期使用的机修、车床、办公楼及部分家属宿舍等。

（3）注意工程交工的配套，使建成的工程能迅速投入生产或交付使用，尽早发挥该部分的投资效益（这一点对工业建设项目尤其重要）。

（4）注意施工顺序的安排。建筑施工活动之间交错搭接地进行时，要注意必须遵守一定的顺序。一般工程项目均应按先地下、后地上，先深后浅，先干线后支线的原则进行安排。如地下管线和筑路工程施工，应先铺管线，后筑路。

（5）注意季节对施工的影响。不同季节对施工有很大影响，它不仅影响施工进度，而且影响工程质量和投资效益，在确定工程开展程序时，应特别注意。例如，大规模的土方工程

和深基础工程施工一般要避开雨期，寒冷地区的工程施工，最好在入冬时转入室内作业和设备安装。

6.3.3 拟订主要项目的施工方案

施工组织总设计中要对一些主要工程项目和特殊的分项工程项目的施工方案予以拟订。这些项目通常是建设项目中工程量大、施工难度大、工期长、在整个建设项目中起关键作用的单位工程项目及影响全局的特殊分项工程。拟订主要项目的施工方案，是为了进行技术和资源的准备工作，同时也是为了施工进程的顺利开展和现场的合理布置。

施工组织总设计中所指主要工程项目施工方案与单位工程施工组织设计的施工方案要求的内容和深度是不同的，它只需原则性地提出方案性的问题，即是对涉及全局性的一些问题拟订出施工方案，如采用何种施工方法；哪些构件现浇；哪些构件预制，是现场就地预制，还是在构件预制厂加工生产；构件吊装时采用什么机械；准备采用什么新工艺、新技术等。

(1)施工方案编制的主要内容包括：

1)施工方法，要求兼顾技术的先进性和经济的合理性。

2)划分施工区段，要兼顾工程量与资源的合理安排。

3)施工工艺流程，既要符合施工的技术规律，又要兼顾各工种各施工段的合理搭接。

4)施工机械设备，既能使主导机械满足工程需要，又能发挥其效能，使各大型机械在各工程上进行综合流水作业，减少装、拆、运的次数，对辅助配套机械的性能，应与主导机械相适应。

(2)确定主要工种工程的施工方法。主要工种工程是指工程量较大、占用工期较长、施工技术复杂、对工程质量起关键作用的工程。如土方工程、打桩工程、混凝土结构工程、结构安装工程等。

主要工种工程的施工方法是整个建设项目能否顺利施工的重要基础。在确定主要工种工程施工方法时，应当尽可能采用工厂化、机械化施工方法。

施工方法的选择主要是针对建设项目或建筑群中的主要工种工程施工工艺流程提出原则性的意见。如土石方、混凝土、基础、砌筑、模板、结构安装、装饰工程及垂直运输等。因为关键性的分部分项工程的施工，往往对整个工程项目的建设进度、工程质量、施工成本等起着控制性的作用。

另外，对于某些施工技术要求高或比较复杂、技术上比较先进或施工单位尚未完全掌握的特殊分部分项工程，也应提出原则性的技术措施方案，如软弱地基大面积钢管桩工程、复杂的设备基础工程、桩基施工、深基坑人工降水与支护、大体积混凝土的浇筑、大跨度结构，高层建筑主体结构所采用的滑模、爬模、飞模、大模板的施工，重型构件、大跨度结构、整体结构的组运、吊装。这样才能事先进行技术和资源的准备，为工程施工的顺利开展和施工现场的合理布局提供依据。

(3)选择施工机械。在选择施工机械时应注意以下几个方面的问题：

1)所选主要机械的类型和数量应能满足各个主要工程项目的施工要求，并能在各工程上进行流水作业。

2)机械类型与数量尽可能在当地解决。

3)所选机械化施工总方案应该在技术上先进、适用，在经济上合理。

6.3.4 编制施工准备工作总计划

为保证建设项目的顺利开工和总进度计划的如期实现，在施工组织总设计中应根据施工部署和主要工程项目施工方案，资源计划及临时设施计划，编制好建设项目全场性的施工准备工作总计划。其主要内容有：

(1)做好土地征用、居民迁移和障碍物(房屋、管线、树木和坟墓等)的清除工作。

(2)做好现场测量控制网，引测和设置永久水准点。

(3)安排好场内外运输、施工用主干道，水、电、气来源及其引入方案。

(4)安排好场地平整方案和全场性排水、防洪、环保、安全等技术措施。

(5)安排好生产和生活基地建设，包括商品混凝土搅拌站、预制构件厂、钢筋与木材加工厂、金属结构制作加工厂、机修厂等。

(6)编制拟采用的新技术、新材料、新工艺、新结构的试制试验计划。

(7)安排材料、构件、半成品和施工机具等的申请、订货、生产等工作计划，确定材料、构件、半成品的运输和储存方式。

(8)制订职工技术培训计划。

(9)冬、雨期施工所需的特殊准备工作。

建设项目开工前要高度重视全场性施工准备工作，考虑周全，精心规划，及早动手。同时，又要认识到它贯穿于整个项目施工的全过程，是有计划有步骤、分阶段进行的，随着各阶段的特点和要求不同，有不同的内容和重点。因此确定拟建项目全部和分期施工的规划、期限和具体任务的分工十分重要。

项目6.4 施工总进度计划编制

施工总进度计划是施工现场各项施工活动在时间上的体现，是施工组织总设计的核心内容之一。编制施工总进度计划就是根据施工部署、施工方案以及工程项目的开展程序，对各单位工程施工做出时间上的安排，合理确定各单位工程的控制工期及它们之间的施工顺序和搭接关系。施工总进度计划的作用在于确定各个单位工程及其主要工种工程、施工准备工作和全场性工程的施工期限及其开工、竣工的日期，从而确定拟建项目施工现场上劳动力、材料、构件、半成品、施工机械的需要量和调配情况，确定现场临时设施、水电供应、能源、交通等方面的需要量，以保证各组成项目及整个建设工程按期交付使用。

6.4.1 施工总进度计划的编制原则

(1)合理安排施工顺序，保证在劳动力、材料物资及资金消耗量最少的情况下，按规定工期完成拟建工程施工任务。

(2)采用可靠的施工方法，确保工程项目的施工在连续、稳定、安全、优质、均衡的状态下进行。

(3)节约施工成本。

6.4.2　施工总进度计划的编制依据

(1)工程项目的全部设计图纸,包括工程的初步设计或扩大初步设计、技术设计、施工图设计、设计说明书、建筑总平面图等。

(2)工程项目有关概(预)算资料、指标、劳动力定额、机械台班定额和工期定额。

(3)施工承包合同规定的进度要求和施工组织设计。

(4)施工总方案(施工部署和施工方案)。

(5)工程项目所在地区的自然条件和技术经济条件,包括气象、地形地貌、水文地质、交通、水电条件等。

(6)工程项目需要的资源,包括劳动力状况、机具设备能力、物资供应来源条件等。

(7)地方建设行政主管部门对施工的要求。

(8)国家现行的建筑施工技术、质量、安全规范、操作规程和技术经济指标。

6.4.3　施工总进度计划的内容

施工总进度计划的内容包括:编制说明,施工总进度计划表,分期分批施工项目的开工日期、完工日期及工期一览表,资源需要量及供应量平衡表等。

其中,施工总进度计划表是关键,分期分批施工的开工日期、完工日期及工期一览表是在施工总进度计划表的基础上整理出来的,人们可以一目了然地判断其合理性,并可作为投标竞争的条件。资源需要量及供应量平衡表是支持性计划,是在确定了施工总进度计划表以后,为保证其实现而安排的,包括劳动力、材料、构件、商品混凝土、机械设备等。其中需要量是关键,供应量应满足需要量的要求。有时,供应确有困难,则可在条件许可的情况下,调整施工总进度计划,以求供需平衡。

6.4.4　施工总进度计划的编制步骤

1. 计算工程项目及全场性工程的工程量

施工总进度计划主要起控制总工期的作用,因此在列工程项目一览表时,项目的划分不宜过细。通常按分期分批投产顺序和工程开展顺序列出工程项目,并突出每一个系统中的主要工程项目。一些附属项目及一些临时设施可以合并列出。

根据批准的总承建工程项目一览表,按工程开展程序和单位工程计算主要实物工程量。此时计算工程量的目的是选择施工方案和主要的施工、运输机械;初步规划主要施工过程和流水施工;估算各项目的完成时间;计算劳动力及技术物资的需要量。因此,工程量只需粗略地计算即可。

可按初步(或扩大初步)设计图纸并根据各种定额手册计算工程量。常用的定额、资料如下:

(1)万元、10万元投资工程量、劳动力及材料消耗扩大指标。

(2)概算指标和扩大结构定额。

(3)已建房屋、构筑物的资料。

除建设项目本身外,还必须计算主要的全场性工程的工程量,如铁路及道路长度、地下管线长度、场地平整面积。这些数据可以从建筑总平面图上求得。

将算出的工程量填入统一的工程项目一览表(表6-1)。

表 6-1　工程项目一览表

工程项目分类	工程项目名称	结构类型	建筑面积	栋(跨)数	概算投资	主要实物工程量								
						场地平整	土方工程	桩基工程	…	砖石工程	钢筋混凝土工程	…	装饰工程	…
			$1\ 000\ m^2$	个	万元	$100\ m^2$	$1\ 000\ m^3$	$1\ 000\ m^3$		$1\ 000\ m^3$	$1\ 000\ m^3$		$1\ 000\ m^2$	
全工地性工程														
主体项目														
辅助项目														
永久住宅														
临时建筑														
⋮														
合计														

2. 确定各单位工程的施工期限

影响单位工程施工期限的因素很多，如施工技术、施工方法、建筑类型、结构特征、施工管理水平、机械化程度、劳动力和材料供应情况、现场地形、地质条件、气候条件等。

由于施工条件不同，各施工单位应根据具体条件对各影响因素进行综合考虑，从而确定工期的长短。此外，也可参考有关的工期定额来确定各单位工程的施工期限。

3. 确定各单位工程的开工、竣工时间和相互搭接关系

在确定了施工期限、施工程序和各系统的控制期限后，需要对每一个单位工程的开工、竣工时间进行具体确定。通常在通过对各单位工程的工期进行分析之后，应考虑下列因素确定各单位工程的开工、竣工时间和相互搭接关系。

(1)保证重点，兼顾一般。在安排进度时，要分清主次，抓住重点，同时期进行的项目不宜过多，以免分散有限的人力和物力。

(2)应使主要工程所必需的准备工程及时完成；主要工程应从全场性工程开始；各单位工程应在全场性工程基本完成后立即开工。

(3)要满足连续、均衡的施工要求。应尽量使劳动力、材料、施工机械消耗在全工地上达到均匀，避免出现高峰或低谷，以利于劳动力的调配和材料供应。组织好大流水作业，尽量保证各施工段能同时进行作业，达到施工的连续性，以避免施工段的闲置。为实现施工的连续性和均衡性，需留出一些后备项目，如宿舍、附属或辅助项目、临时设施等，作为调节项目，穿插在主要项目的流水作业中，以达到既能保证重点又能实现均衡施工的目的。

(4)要满足生产工艺要求，综合安排，一条龙施工。做到土建施工、设备安装、试生产三者在时间上的综合安排，合理安排各个建筑物的施工顺序，以缩短建设周期，尽快发挥投资效益。

(5)认真考虑施工总平面图的关系。一般在满足规范的要求下，为了节省用地，建设项目的各单位工程的布置比较紧凑，从而也导致施工场地狭小，场内运输、材料堆放、设备拼装、机械布置等出现困难。故应考虑施工总平面图的空间关系，对相邻工程的开工时间和施工顺序进行调整，以免互相干扰。

(6)全面考虑各种条件限制。在确定各建筑物施工顺序时，应考虑各种施工条件的限制，如施工单位的施工力量，各种原材料、机械设备的供应情况，设计单位提供图样的时间，各年度建设投资数量等，对各项建筑物的开工时间和先后顺序予以调整。同时，由于建筑施工受季节、环境影响较大，经常会对某些项目的施工时间提出具体要求，从而对施工的时间和顺序安排产生影响。

4. 施工总进度计划的安排

施工总进度计划可用横道图表达，也可用网络图表达。实践证明，用时标网络图表达施工总进度计划比横道图法更加直观、明了，并且还可表达出各工程项目间的逻辑关系，同时还能用计算机对总进度计划进行调整和优化。

5. 施工总进度计划的调整和修正

施工总进度计划表绘制完成后，将同一时期各项工程的工作量加在一起，用一定的比例画在施工总进度计划的底部，即可得出建设项目工作量的动态曲线。若曲线上存在较大的高峰和低谷，则表明在该时间内各种资源的需求量变化较大，需要调整一些单位工程的施工速度或开竣工时间，以便消除高峰和填平低谷，使各个时间的工作量尽可能达到均衡。

》》 项目 6.5 资源需要量计划编制

编制好施工总进度计划以后，就可依据施工部署和施工总进度计划，重点确定劳动力、材料、构配件、加工品及施工机具等主要资源的需要量和时间，以便组织供应、保证施工总进度计划的实现，同时也为场地布置及临时设施的规划准备提供依据。

1. 劳动力需要量计划

施工劳动力需要量计划是确定暂设工程设施和组织劳动力进场的主要依据。它是根据工程量汇总表、施工准备工作计划、施工总进度计划、概(预)算定额和有关经验资料，分别确定出拟建工程每个组成工程项目专业工种的劳动量工日数、工人数和进场时间，然后逐项汇总，直至确定出整个建设项目劳动力需要量计划(表6-2)。

表6-2 劳动力需要量计划

序号	单项工程名称	工种名称	劳动量/工日	需要人数及时间											备注
				20 年(月)							20 年(季)				
				1	2	3	4	5	6	···	I	II	III	IV	
1		瓦工													
		木工													
2															
⋮															
合计															

2. 主要材料和预制品需要量计划

主要材料和预制品需要量计划是组织材料、预制品加工、订货、运输、确定堆场和仓库的依据。它是根据施工图样、施工部署和施工总进度计划而编制的。

可根据拟建的不同结构类型的工程项目和工程量汇总表，依据总进度计划，编制出主要材料和预制品需要量计划(表 6-3)。

表 6-3　主要材料和预制品需要量计划

序号	单项工程名称	主要材料和预制品					需要量及时间											备注
							20　年(月)						20　年(季)				
		编码	名称	规格	单位	数量	1	2	3	4	5	6	…	Ⅰ	Ⅱ	Ⅲ	Ⅳ	

3. 施工机具和设备需要量计划

施工机具和设备需要量计划(表 6-4)是组织机具供应、计算配电线路及选择变压器、进行场地布置的依据。主要施工机具可根据施工总进度计划及主要项目的施工方案和工程量，套用定额或按经验确定。

表 6-4　施工机具和设备需要量计划

序号	单项工程名称	施工机具和设备					需要量及时间							
							20　年(月)				20　年(季)			
		编码	名称	型号	单位	电动机功率/kW	1	2	3	…	Ⅰ	Ⅱ	Ⅲ	Ⅳ

4. 施工临时设施计划

施工临时设施计划(表 6-5)应本着尽量利用已有或拟建工程的原则，按施工部署、施工方案、各种需要量计划，并参照业务量和临时设施计算结果进行编制。施工临时设施通常包括施工用房屋、施工运输设施、施工供水设施、施工供电设施、施工通信设施、施工安全设施和其他设施。

表 6-5　施工临时设施计划

序号	项目名称	需用量		利用现有建筑	利用拟建永久工程	新建	单价/(元·m^{-2})	造价/万元	占地面积/m^2	修建时间
		单位	数量							

项目 6.6 施工总平面图设计

6.6.1 施工总平面图设计概述

施工总平面图是在整个建设项目施工用地范围内，对各项生产、生活设施及其他辅助设施等进行规划和布置的图形。按照施工方案和施工总进度计划的要求，将施工现场的道路交通、材料仓库、附属企业、临时房屋、临时水电管线等做出合理的规划布置，并按照一定的比例绘制在图上，用以作为整个建设项目施工现场平面布置的依据。通过施工总平面图合理确定全工地在施工期间所需的各项设施和永久性建筑之间的空间关系，从而为科学规范有序的现场管理和安全文明施工创造有利条件。

6.6.1.1 施工总平面图的内容

(1)项目施工用地范围内的地形状况和永久性测量放线标桩位置。

(2)全部拟建的建(构)筑物和其他基础设施的位置和尺寸。

(3)项目施工用地范围内的加工设施、运输设施、存储设施、供电设施、供水供热设施、排水排污设施、临时道路和办公、生活用房等，其具体内容一般如下：

1)场地临时围墙、施工用的永久和临时道路的位置和尺寸。

2)加工厂、搅拌站及有关机械的位置和尺寸。

3)各种建筑材料、构件、半成品的仓库和堆场的位置和尺寸，取土弃土位置。

4)行政管理用房、宿舍、文化生活和福利设施等的位置和尺寸。

5)水源、电源、变压器位置，临时给水排水排污管线和供电、动力设施。

6)机械站、车库位置。

(4)施工现场必备的安全、消防、保卫和环境保护等设施。

(5)相邻的地上、地下既有建(构)筑物及相关环境。

许多规模巨大的建设项目，其建设工期往往很长。随着工程的进展，施工现场的面貌将不断改变。在这种情况下，应设置永久性的测量放线标桩位置，或按不同阶段分别绘制若干张施工总平面图，或根据工地的实际变化情况，及时对施工总平面图进行调整和修正，以便适应不同时期的需要。

6.6.1.2 施工总平面图的设计依据

(1)各种设计资料，包括建筑总平面图、地形地貌图、区域规划图、建筑项目范围内有关的一切已有和拟建的各种设施位置。

(2)建设地区的自然条件和技术经济条件。

(3)建设项目的建筑概况、施工方案、施工进度计划，以便了解各施工阶段情况，合理规划施工场地。

(4)各种建筑材料构件、加工品、施工机械和运输工具需要量一览表，以便规划工地内部的储放场地和运输线路。

(5)各构件加工厂规模、仓库及其他临时设施的数量和外廓尺寸。

(6)国家相关政策、法规和规范。

(7)类似项目的经验和设计实例。

6.6.1.3 施工总平面图的设计原则

(1)平面布置科学合理，施工场地占用面积少。

(2)合理组织运输,减少二次搬运。

(3)施工区域的划分和场地的临时占用,应符合总体施工部署和施工流程的要求,减少相互干扰。

(4)充分利用既有建(构)筑物和既有设施为项目施工服务,降低临时设施建造费用,尽量采用装配式设施,提高其装配速度。合理布置起重机械和各项施工设施。

(5)各种临时设施的布置应有利生产、方便生活,办公区、生活区和生产区宜分离设置。

(6)符合节能、环保、安全和消防等要求。

(7)遵守当地主管部门和建设单位关于施工现场安全文明施工的相关规定。

6.6.1.4 施工总平面图的设计步骤

1. 绘出整个施工场地范围及基本条件

根据建筑总平面图和施工用地范围绘出拟建建(构)筑物、原有建(构)筑物、场内外原有道路和其他已有设施,绘出施工围墙。

2. 布置新的临时设施及堆场

(1)引入场外交通。

(2)布置仓库与材料堆场。

(3)布置加工厂和搅拌站。

(4)布置内部运输道路。

(5)布置行政与生活临时设施。

(6)布置临时水电管网及其他动力设施。

6.6.1.5 施工总平面图的绘制要求

(1)图幅大小和绘图比例。图幅一般可选1~2号图纸,比例可为1:1 000~1:2 000。

(2)设计图面。施工总平面图除了要表示周围环境和面貌(如已有建筑物、现有管线、道路等),布置新的临时设施及堆场外,还要有必要的文字说明、图例、图名、比例及风玫瑰图(或指北针)等。

(3)绘制要求。要求比例正确,线形和图例规范,字迹端正,图面整洁美观。

许多大型建设项目的建设工期很长,随着工程的进展,施工现场的面貌将不断改变。因此,应按不同施工阶段分别绘制若干张施工总平面图,通常有基础工程施工总平面图、主体结构工程施工总平面图、装饰工程施工总平面图等。

6.6.2 施工总平面图的设计方法

6.6.2.1 场外运输道路引入

场外运输道路的引入,主要取决于大批材料、设备、预制成品和半成品等进入现场的运输方式。一般有公路、铁路和水路三种运输方式。

当大宗施工物资由公路运来时,必须解决好现场大型仓库,加工场与公路之间的相互关系。由于汽车线路可以灵活布置,也可先布置场内仓库和加工厂,然后再布置场外交通的引入。

当大宗施工物资由铁路运来时,必须解决引入铁路专用线问题。要考虑铁路的转弯半径和坡度的限制,确定起点和进场位置。铁路运输线宜由工地一侧或两侧引入,若将铁路运输线设在工地中间部位,将影响工地的内部运输,对施工不利。只有在工地划分若干个施工区域时,才考虑将铁路运输线引入工地中间部位的方案。

当大宗施工物资由水路运来时,应首先考虑原有码头的运输能力及是否增设新码头,以及大型仓库和加工场同码头的关系问题。

6.6.2.2　仓库与材料堆场的布置

1. 仓库的形式

（1）露天仓库。用于堆放性能、质量不受自然条件影响的材料。如砖、砂石、预制构件等的堆场。

（2）半封闭式（库棚）。用于堆放防止阳光雨雪直接侵蚀的材料。如珍珠岩、沥青、油毡等的存放。

（3）封闭仓库。用于储存防止风霜雨雪直接侵蚀变质的物品，贵重材料及容易损坏或散失的材料。如水泥、五金零件及工器具等的存放。

2. 仓库与材料堆场的布置要求

应尽量利用永久性仓库为施工服务。通常考虑设置在运输方便、位置适中、运距较短及安全防火的地方，并应符合技术、安全方面的规定。

水泥、砂、石、木材等仓库或堆场，可布置在相应的搅拌站、预制场或加工场附近。砖、预制构件等堆场应该直接布置在施工对象附近，避免二次搬运。工业项目建筑工地还应考虑主要设施的仓库或堆场，重型工艺设施尽量放在车间附近，普通工艺设备可放在车间外围空地上。

当采用公路运输时，仓库布置较灵活。一般中心仓库布置在工地的中心区或靠近使用地点，也可以布置在工地入口处。

当采用铁路运输大宗施工物资时，中心仓库尽可能沿铁路专用线布置，并且在仓库前留有足够的装卸前线，否则要在铁路附近设置转运仓库，而且该仓库要设置在工地的同侧，避免运输时跨越铁路。同时仓库不宜设置在弯道或坡道上。

当采用水路运输时，为缩短船只在码头上的停留时间，一般应在码头附近设置转运仓库。

6.6.2.3　加工场和搅拌站的布置

1. 加工厂的布置要求

加工场的布置应遵循方便生产、运输费用少、环境保护及安全防火的原则。因此，加工厂通常集中布置在工地边缘处，且与其相应的仓库和堆场布置在同一地区。

2. 搅拌站的布置要求

当有混凝土专用运输设备时，可集中设置大型搅拌站，其位置可采用线性规划方法确定，否则就要分散设置小型搅拌站，其位置均应靠近使用地点或垂直运输设备。砂浆搅拌站宜采用分散就近布置。

6.6.2.4　场内运输道路的布置

根据施工项目及其与堆场、仓库或加工场相应位置，考虑物资转运路径和转运量，区分场内运输道路主次关系，优化确定场内运输道路主次和相互位置。

要尽可能利用原有或拟建的永久道路，以达到节约投资的目的。合理安排施工道路与场内地下管网间的施工顺序，时刻保证场内运输道路的畅通；要科学地确定场内运输道路的宽度，合理选择运输道路的路面结构，路面结构根据运输情况和运输工具的不同类型而定。一般场外与省、市公路相连的干线，宜建成混凝土路面；场区内的干线，宜采用碎石级配路面；场内支线一般为土路或砂石路。

6.6.2.5　临时设施的布置

临时设施包括办公室、宿舍、开水房、食堂、浴室等。应尽量利用原有建筑物，不足部分另行建造。

一般工地行政管理用房宜设在工地入口处，以便对外联系；也可设在工地中间，便于工地管理。工人用的福利设施应设置在工人较集中的地方或工人必经之处。生活区应设在场外，距工地500~1 000 m为宜。食堂可布置在工地内部或工地与生活区之间。临时设施的设计，应以经济、适用、拆装方便为原则，并根据当地的气候条件、工期长短确定其结构形式。

6.6.2.6 临时水电管网的布置

1. 工地临时供水布置

(1)确定供水数量。施工现场临时供水主要包括生产用水、生活用水和消防用水三种。生产用水包括施工用水、施工机械用水；生活用水包括施工现场生活用水和生活区生活用水。供水量的计算，需参考相关施工手册，先分别确定生产、生活和消防用水三种用水量，再确定总用水量；最后计算总用水量，还应增加10%，以补偿不可避免的水管渗漏损失。

(2)选择水源。施工现场供水水源，最好利用附近现有供水管道，否则宜另选天然水源。

(3)确定供水系统。供水系统可由取水设施、净水设施、储水构筑物、输配水管综合而成。

可按相关施工手册计算确定供水管径。临时供水管网的布置方式一般有三种，即环状管网、枝状管网和混合管网。环状管网能够保证供水的可靠性，当管网某处发生故障时，水仍能有其他管线供给，但有管线长、造价高、管材耗量大等缺点，适用于要求有供水可靠的建设项目工程。枝状管网供水可靠性差，它由干管及支管组成，有管线短、造价低等优点。当某处发生故障时，会造成断水，一般适用于中小型工程。

混合管网兼有环状管网和枝状管网的优点，一般适用于大型工程。管网有明铺(地面上)和暗铺(地面下)两种铺设形式。考虑不影响工地施工，一般以暗铺为主，但要增加铺设费用，在冬期施工，水管宜埋设在冰冻线以下或采取防冻措施；通过道路部分，应考虑地面上重型机械荷载对埋设管的影响。管网布置应避开拟建工程的位置，尽量提前修建并利用永久性管网。管网铺设应保证供水的情况下，尽量使管道铺设越短越好。高层施工时，为了满足高空用水的需要，有时要设置水塔或加压泵。消防栓应靠近路口、路边或工地出入口附近布置，间距不大于120 m，距建筑物外墙不大于25 m且不小于5 m，距路边不大于2 m，消防水管直径不小于100 mm。

2. 工地临时供电布置

(1)计算总用电量。施工现场用电包括动力用电量和照明用电量两种。总用电量的确定，需参考相关施工手册进行计算。

(2)确定配电导线截面面积。选用的导线截面应同时满足机械强度、允许电压、允许电流强度等三个要求。一般先根据负荷电流的大小选择导线截面，然后再以机械强度和允许电压进行复核。

(3)确定变压器。

(4)布置供电线路。供电线路宜布置在路边，一般用木杆或者水泥杆架空布置，杆距为25~40 m，高度为4~6 m，跨越铁路时，高度不小于7.5 m，距建筑物的距离为6 m，各供电线路的布置要不影响施工，避免二次拆迁。

从供电线路上引入接线必须从电杆上引出，不得在两杆之间的线路上引接。各用电设备必须装配与设备功率相应的闸刀开关，其高度应便于制作，单机单闸，不允许一闸多机使用。应有防雨措施，严防漏电，短路及触电事故的发生。

综上所述，施工总平面图的设计虽有一定的规律可循，但在实际中也不能绝对化。上述各设计步骤不是独立布置的，而是相互联系，相互制约的，需要综合考虑，反复修正才能确定下来。若有几种方案，应进行方案比较。

6.6.3　施工总平面图的科学管理

加强施工总平面图的管理，对合理使用场地，科学地组织文明施工，保证现场交通道路、给排水系统的畅通，避免安全事故，美化环境，防灾、抗灾等均具有重大意义。为此，必须重视施工总平面图的科学管理。

施工总平面图现场管理的总体要求是文明施工、安全有序、整洁卫生、不扰民、不损害公众利益。

对施工总平面图进行科学管理，主要做好以下几个方面。

(1)建立统一的施工总平面图管理制度。划分总平面图的使用管理范围，做到责任到人，严格控制材料、构件、机具等物资占用的位置、时间和面积，不准乱堆乱放。

(2)对水源、电源、交通等公共项目实行统一管理。不得随意挖路断道，不得擅自拆迁建筑物和水电线路，当工程需要断水、断电、断路时要申请，经批准后方可着手进行。

(3)对施工总平面布置实行动态管理。在布置中，由于特殊情况或事先未预见到的情况需要变更原方案时，应根据现场实际情况，统一协调，修正其不合理的地方。

(4)做好现场的清理和维护工作。经常性检修各种临时性设施，加强防火、保安和交通运输的管理，明确负责部门和人员。

(5)做好现场的环境卫生和环境保护工作。制定和落实施工场地落手清制度与区域包干制度，确保场容整洁。做好施工现场的扬尘管理，噪声、光污染防治，施工和生活污水处理及地下水的回收利用，明确负责部门和人员。

▶▶ 项目 6.7　主要技术经济指标计算

对施工组织总设计中的主要技术经济指标进行科学的计算、分析是一项非常重要的工作，其目的是：论证施工组织总设计技术上的可行性，经济上的合理性，选择技术经济效果最佳的方案，为不断改进与提高施工组织总设计水平提供依据，为寻求增产节约和提高经济效益提供信息。

6.7.1　施工周期

施工周期是指建设项目从正式开工到全部竣工投入使用为止的持续时间，它包括施工准备期、部分投入使用期和单位工程工期。

(1)施工准备期，指施工准备开始到主要工程项目开工的全部时间。

(2)部分投入使用期，指主要工程项目开工到第一拟建工程项目投入使用为止的全部时间。

(3)单位工程工期，指建筑群中各个单位工程从开工到竣工为止的全部时间。

6.7.2　劳动生产率

劳动生产率包括的相关指标主要有全员劳动生产率[元/(人·年)]，单位面积用工(工日/m²)，劳动力不均衡系数。劳动力不均衡系数按下式计算：

$$劳动力不均衡系数＝施工高峰人数÷施工平均人数$$

6.7.3 工程质量等级

工程质量等级说明工程质量达到的等级，包括合格、市优(市级奖)、省优(省级奖)、鲁班奖(国家级)。获奖工程都属优良工程。单位工程优良率是在施工组织总设计中确定的主要控制目标，也是衡量承建单位技术水平和管理水平的重要指标，按下式计算：

$$单位工程优良率＝达优良标准的单位工程个数÷建设项目单位工程总个数×100\%$$

6.7.4 降低成本指标

降低成本指标包括降低成本额和降低成本率两种，是衡量施工企业技术水平与管理水平高低的重要指标。

$$降低成本额＝预算成本－施工组织总设计计划成本$$
$$降低成本率＝降低成本额(元)÷预算成本(元)×100\%$$

6.7.5 机械化施工程度指标

机械化施工程度指标主要包括施工机械完好率、施工机械利用率和机械化程度指标三种。

(1)施工机械完好率按下式计算：

$$施工机械完好率＝(报告期机械完好台日数÷报告期机械制度台日数)×100\%$$

(2)施工机械利用率按下式计算：

$$施工机械利用率＝(报告期机械实作台日数÷报告期机械制度台日数)×100\%$$

(3)机械化程度指标按下式计算：

$$机械化程度指标＝(机械化施工完成的工作量÷总工作量)×100\%$$

6.7.6 临时工程费用

临时工程建设要以实际需要为依据。临时工程费用比例大小，直接影响工程总投资、施工企业的经济效益、施工进度的快慢和施工平面布置，也是技术经济的一项重要指标。临时工程费用比计算公式为

$$临时工程费用比＝(全部临时工程费÷建筑安装工程费用)×100\%$$

6.7.7 主要材料节约指标

主要材料用量根据工程不同而异，节约指标靠材料节约措施来实现。一般工程主要考虑节约钢材、木材、水泥等三大主材百分比。主要材料节约指标包括主要材料节约量和主要材料节约率两种，分别按下式计算：

$$主要材料节约量＝预算用量－施工组织总设计计划用量$$
$$主要材料节约率＝(主要材料节约量÷主要材料预算用量)×100\%$$

6.7.8 安全指标

安全指标以发生的安全事故频率控制数表示。

项目 6.8 某住宅小区项目施工组织总设计实例

6.8.1 工程概况

1. 建筑结构设计概况

工程位于××县××裕展路以北，安岛路西侧，基地面积 121 569.3 m²。工程含 44 栋多层或小高层住宅楼，一处人防地下车库、相关配套公建及部分楼号下半地下自行车库等，如表 6-6 所示，总建筑面积 156 025.24 m²（含保温层），其中住宅 137 182.56 m²，居委、物业公建 1 556.52 m²，半地下车库 5 652.04 m²，地下汽车库 5 380 m²，商业用房 4 578.5 m²，其他公建 1 675.62 m²。

表 6-6　项目楼号及类型

楼号	类型
1#，2#，21#	底框，有裙楼商铺
18#～20#，41#～44#	11 层小高层住宅
8#，16#，26#，27#，38#	6 层砖混，有半地下自行车库
其他	6 层砖混

人防地下室采用 350 mm×350 mm(12 m)预制方桩，多层桩基选用 φ400 mm(13 m 或 6 m)预制管桩。

1#～17#、21#～40#楼为 6 层砖混结构，18#～20#，41#～44#楼共 7 栋为 11 层剪力墙结构。设计使用年限均为 50 年，建筑结构安全等级为二级，抗震设防烈度为 7 度。

2. 围护设计概况

地下室采用双轴搅拌桩压顶坝围护体系，其他基坑 1∶1.5 放坡。

6.8.2 编制依据

(1)××有限公司设计图纸。

(2)××市××研究院有限公司的"基础工程"设计图纸。

(3)××有限公司提供的"基坑围护"设计图纸。

(4)××市岩土地质研究院提供的地质勘探报告。

(5)××沪防建筑设计有限公司提供的人防设计图纸。

(6)××施工合同条款。

(7)国家及××市现行的有关施工及验收规范(规程)：

《建设工程项目管理规范》(GB/T 50326—2006)；

《建筑工程施工质量验收统一标准》(GB 50300—2013)；

《工程测量规范》(GB 50026—2007)；

《建筑地基基础设计规范》(GB 50007—2011)；

《地下工程防水技术规范》(GB 50108—2008)；

《地下防水工程质量验收规范》(GB 50208—2011)；

《混凝土结构工程施工质量验收规范》(GB 50204—2015);

《钢筋焊接及验收规程》(JGJ 18—2012);

《砌体结构工程施工质量验收规范》(GB 50203—2011);

《建筑施工安全检查标准》(JGJ 59—2011);

《建筑机械使用安全技术规程》(JGJ 33—2012);

《施工现场安全生产保证体系》(DGJ 08—19903—2003);

《建筑施工扣件式钢管脚手架安全技术规范》(JGJ 130—2011)等。

(8)国家及××市安全生产、文明施工的规定和规程;国家工程建设标准强制性条文—房屋建筑部分、××市工程建设标准强制性条文等。

6.8.3 工程目标

1. 工期目标

2014年2月20日—2016年4月9日,共计780 d。

2. 施工质量目标

(1)单位工程符合××市"建设工程竣工备案实施细则"要求,一次验收合格。

(2)两栋单体××市优质结构。

3. 文明施工目标

杜绝死亡,避免重伤,减少轻伤,无重大设备事故。

6.8.4 施工现场布置

1. 场地情况及特点

(1)场地面积较大,除北侧有一条5 m宽东西向硬化道路(路况较差),其他均未硬化,表土为淤泥质软土。

(2)场地北侧有一东西贯通硬化道路;场地四周均有架空输电线路,其中北侧线路部分位于场地内侧(开工前移除)。

(3)场地标高低于周边道路0.2~1.2 m。

(4)业主提供的生活区离施工场地约2 km,距离较远。

(5)场地南侧中部21#房处有较大非待建空地可供利用。

2. 施工现场平面布置

布置原则:平面分区(符合四季规律,均衡有序推进),立体分段,集中管理,高效利用,专业分区,文明施工,主要工序优先,保证基坑安全,道路通畅。

现场分A、B、C、D四个区域自北向南依次推进(详见图6-2),办公区设在21#房南侧空地,生活区位于业主指定场外160 m×25 m空地,距离施工场地约2 km(具体布置见教材配套光盘)。

现场布置详见图6-3及教材配套光盘。

3. 施工道路

根据现场平面布置和现场的实际情况,为保证物料进出通畅,提高工作效率,确保工期,现场设三级道路,分别为:

一级:6 m宽十字交叉主干道。

二级:4 m宽二级道路延伸到各号房,与主路形成环路。

三级:1.5 m宽三级施工便道,延伸至各号房施工电梯或井字架,方便场内各项人工运输。

道路交叉路口拓宽，尽量做环形通路。

道路布置详见各阶段施工总平面布置图。

道路做法：现场路基铺 200 mm 厚碎石，局部明浜换土回填，压路机压实，路面浇 200 mm 厚 C20 混凝土，内配单层双向φ12@200，纵向坡高 1‰，道路两侧设置排水沟，未硬化区域种植绿植。

4. 材料堆放

为了保证现场材料堆放有序，堆放场地将进行硬化处理，即钢筋、模板、木枋、钢管、扣件、垫块、砂石料、砖、周转料场等是按区域有组织的。材料尽可能按计划分期、分批供应，以减少二次搬运，合理利用有限场地，同时提高经济效益。

主要材料，按施工现场总平面布置图确定的位置堆放整齐。

5. 环境保护

根据工程及工程施工需要，在现场南侧大门及东侧大门各设置一处 5 m×3 m 洗涤池冲洗车辆，洗涤池东侧设置循环水系统，节约用水。各个大门口路牙石处设置 7 m×2 m 铁板，防止重型车出入对路牙石破坏。

在基础施工时设置相应数量的沉淀池以将其泥浆沉淀，做到清水排入市政管网。在场区内遇到较为干燥的环境时设专人定时洒水。在整个的施工过程中，产生的建筑垃圾和生活垃圾及时清运，在现场办公区设置 2 个，生活区设置 6 个市政垃圾桶，每天进行处理。

6. 垂直运输机械的布置

根据现场情况和建筑物的结构设计及整体布局，将陆续设置 13 台次 QTZ63 塔吊，臂长一般为 50 m，局部为避免碰撞臂长相应缩短。塔吊覆盖范围内全部主楼结构完工后拆除。具体位置详见施工现场总平面布置图。

各号房分别设置 1～3 台施工井字架。

1# 房采用 25 t 汽车吊配合施工，其他号房据实际可临时选用汽车吊。

7. 临时用水用电

施工前按临时用水用电方案布设完毕，保证施工用水用电。

6.8.5 施工部署

1. 土建施工总体安排

(1)按先地下、后地上、先主体、后装饰的顺序组织施工，及时分区进行结构验收，尽早形成粉刷工作面，合理组织流水作业，缩短工期。柱、墙模板的配置考虑使用 5～6 次。

(2)在工程施工前，详细计算各工序的工程量，做好人力、材料、机械等一切资源的合理安排与落实。

(3)水电、设备等预留、预埋安装时，要紧密配合土建施工进度，积极组织穿插交叉作业，做好水、电管线的预埋预留工作。

(4)挑选合理的、有实力的物料供应商，确保各种材料保质、保量按时供应。

2. 安装施工总体安排

(1)安装工程施工穿插在土建施工中，工期严格执行土建的工期安排，严格按全过程管理体系标准组织施工。

(2)结构施工阶段：安装部分配合搞好电气管线的预埋工作、防雷接地系统的施工并做好测试记录；做好水施部分的留洞、各种套管的预埋。

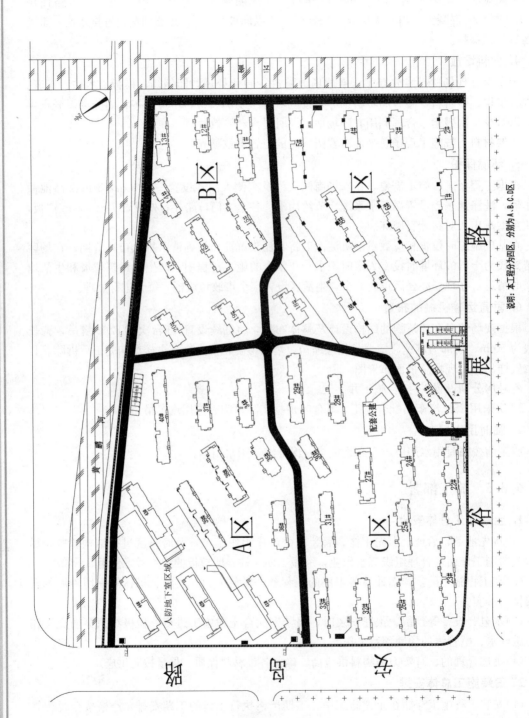

图 6-2　某住宅小区项目施工平面分区图

说明：本工程分为四区，分别为 A、B、C、D区。

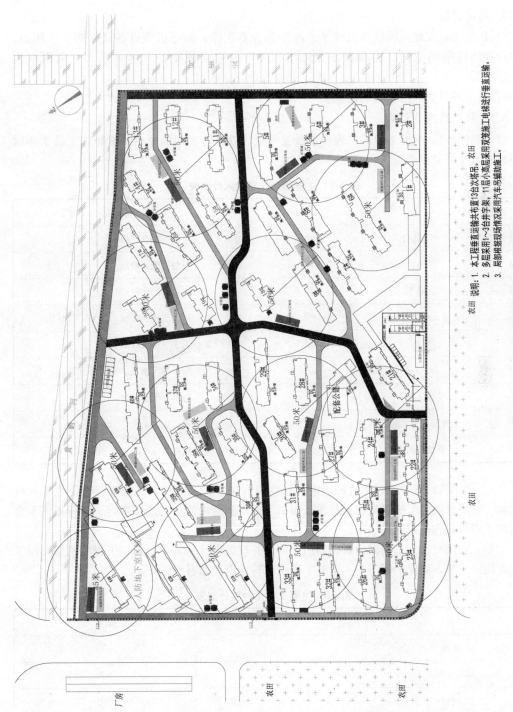

说明：1. 本工程垂直运输共布置13台次塔吊。
2. 多层采用1～3台井字架，11层小高层采用双发施工电梯进行垂直运输。
3. 局部根据现场情况采用汽车吊辅助施工。

图 6-3　某住宅小区项目主体施工阶段施工总平面图

3. 施工管理人员构成

该工程为公司重点工程，项目部精选的优秀管理人员均为施工生产管理第一线的骨干力量，本专科学历人员达到70%以上，年富力强、精力充沛。

4. 其他目标

(1)积极做好现场机械设备的维护、维修和保养工作，保证机械设备良好的工作状态，并充分利用时间和空间，提高机械化施工程度，机械设备完好率达到95%，利用率达到75%。

(2)推进项目管理信息化建设。

5. 主要材料投入计划

(1)周转材料。根据工程的工程特点及工程量，以经济实用的原则，选择施工的主要周转材料，具体详见表6-7。

表6-7　主要周转材料投入计划表

1	φ48 钢管	t	1 000	内外架、防护设施等
2	十字扣件	套	10 万	与钢管配套使用
3	接头卡	套	2 万	与钢管配套使用
4	旋转卡	套	8 万	与钢管配套使用
5	18 mm 胶合板	m²	7 万	板底支模、梁模
6	木枋	m³	2 000	用于支模板底搁栅等
7	5 cm 厚跳板	m³	500	用于脚手架板、安全通道等
8	早拆体系头	个	2 800	与钢管配套使用
9	槽钢，工字钢	t	50	木工加工平台等
10	定型化网片	片	1 000	规格 2 m×1.2 m，用于护栏

(2)工程用料。所有工程用材料均由合格供应商供应，供应材料必须进行验证检验和材料试验。到场材料必须按规定提供材质证明书，经检验合格的材料应按规定进行标识，不合格材料不得放行和使用。

主要工程用材在开工前做出材料需用计划，并按进度计划进行分解，工程施工期间按工程进度组织进场，确保工程需要。主要工程用材料计划表如表6-8所示。

表6-8　主要工程用材料计划表

项目	单位	数量
钢材	t	1 万
商品混凝土	m³	6 万
砖块	m³	5 万

(3)安全防护品计划。主要安全防护用品计划表如表6-9所示。

表 6-9　主要安全防护用品计划表

品种	数量
安全网	4 000 床
安全兜网	500 床
安全防护用钢管	150 t
安全带	100 套
安全帽	1 000 顶
绝缘鞋	100 双
绝缘手套	100 双
漏电保护器	300 个

6. 劳动力投入计划

总体思想：动态控制，选取机动性强的班组，合理利用一切工作面。

在施工技术水平可确保质量的前提下，最大限度地提供工作面，投入人力资源，施工现场精心组织，确保人力资源的最佳使用效率。

根据公司质量程序文件要求，施工队伍在长期跟公司协作队伍中精选，选择操作熟练、服从管理、技术素质较高的施工作业人员进行施工操作。施工现场项目经理及带班工长做到全盘考虑，认真学习和研究施工图纸，领会设计意图，拟定出本工程各阶段施工所需投入的人力什么时间进场、什么时间退场，做到心中有数，减少盲目性，以免造成人员紧缺或窝工现象。

在使用人力上执行竞争上岗的制度，防止出工不出力和返工现象的发生。

本工程各阶段劳动力投入计划初表如表 6-10 所示。

表 6-10　各阶段劳动力投入计划初表　　　　　　　　　　　人

施工阶段 工种	施工准备	土方开挖	基础施工	主体结构	装饰阶段
木工	2	50	200	200	2
泥工	2	20	50	250	2
钢筋工	2	30	90	150	2
架子工	2	5	10	80	30
机修工	1	1	1	3	3
水工	2	4	10	20	40
电工	2	4	10	20	40
粉刷	2	2	2	2	200
油漆	2	2	2	2	100
塔吊工、井字架操作工	0	6	6	20	20

施工阶段 工种	施工准备	土方开挖	基础施工	主体结构	装饰阶段
场容工	4	5	10	15	15
其他工种	2	2	10	10	10
合计	23	131	401	772	464

7. 主要检测仪器计划

（1）主要仪器每年春节开工前检测一次，资料存档。

（2）其他根据各种仪器使用规范进行检测，资料存档。

8. 施工协调管理

（1）与设计院的工作协调。参加施工图会审，协助建设方向设计院提出建议，完善设计内容和设备选型。

在施工中，及时会同建设方、设计院按照总进度与整体效果要求，验收样板间，进行部位验收、中途质量验收、竣工验收等。

会同设计院、建设方一起参加设备、装饰材料、卫生洁具等的选型、选材和订货，参加新材料的定样采购。

协调各施工协作单位在施工中需与监理工程师协商解决的问题，协助设计院解决诸如因多管道并列等原因引起的标高、几何尺寸的平衡协调工作。

（2）与监理工程师的工作协调。公司将积极配合监理工程师及现场监理工程师代表履行他们的责任、义务、权利。

在施工全过程中，严格按照经建设方及监理工程师批准的"施工组织设计"进行工程的施工管理。在各单位"自检"和专检的基础上，接受监理工程师的验收和检查，并按照监理工程师的要求，予以整改。

所有进入现场使用的成品、半成品、设备、材料、器具，均主动向监理工程师提交产品合格证或质保书。按规定，使用前需进行物理化学试验检测的材料，主动递交检测结果报告，保证所使用的材料、设备合格并满足安全和使用功能的要求。

严格执行"三检制"，使监理工程师能顺利开展工作。对可能出现的工作意见不一的情况，遵循"各方协调磋商"的原则。

（3）内部协调配合。本工程有水平平面大、施工工期短的特点。为使整个现场有条不紊、紧张有序地进行，特制定如下制度：

1）所有分包服从项目经理部的统一管理，统一调配。服从整体原则和辅助工序、穿插工序给关键工序让路的原则。

2）项目经理部每日及时召开"碰头会"，由项目经理主持，及时安排当日工作协调事项和解决施工问题。

3）每周定期召开一次施工现场协调会，建设单位有关人员和现场监理主持参加，对整个项目施工进行阶段性协调工作。

9. 施工期间现场围护

按业主及文明施工的要求，封闭施工现场，现场采用砖砌围墙作为围护设施，并开设东、南两处大门作为设备、原材料、施工人员等进出通道，其中东门常闭，中门作为主要车辆及人员出入口。如无机动车辆进出，中门关闭，所有人员从小门进出，所有业主、监理、总包、分包工作人员配发胸卡，从闸机进出，外来人员出入要问清事由，做好登记，佩戴好安全帽方可进入。

生活区与施工区间设置彩钢板隔挡，所有人员出生活区后由南侧主大门进入施工现场。详见《办公区、生活区布置详图》。

10. 施工安排

(1)施工顺序。按设计主干道划分为 A、B、C、D 区，详见图 6-2。

按 A、B、C、D 顺序先后施工，进行合理必要交叉。

(2)进度管理优化措施

1)合理安排关键节点。每一阶段施工把面积较小一块安排到最后，将关键节点完成提前。

2)精确测算。精确测算各阶段、各工序工程量，如各区域钢筋吨数、模板面积等，按经验比例动态调控人员数量，充分利用存在工作面，满足工期要求。

3)交叉施工。每一阶段安排四个班组齐头并进，流水施工，避免窝工。

(3)进度计划。

1)总工期(总进度计划详见教材配套光盘《总进度计划表》)

2014 年 2 月 20 日—2016 年 5 月 28 日，总工期为 780 日历天。

2)桩基阶段。

桩基及围护施工：2014 年 2 月 20 日—2014 年 4 月 7 日，总工期 47 日历天。

3)土方开挖(人防地下室)：2014 年 3 月 30 日—2014 年 4 月 18 日，共 20 日历天。

4)结构开始至所有单体结构完成，工期要求：2014 年 4 月 24 日—2015 年 7 月 29 日，共 437 日历天。

5)粗装修，工期要求：2015 年 2 月 17 日—2016 年 5 月 28 日，共 418 日历天。

6)室外总体，工期要求：2015 年 6 月 13 日—2016 年 5 月 28 日，共 363 日历天。

6.8.6 施工方案

见教材配套光盘或建筑施工组织课程教学资源库"某住宅小区项目施工组织总设计实例"完整版。

6.8.7 管理系统、管理人员名单及质量保证体系

见教材配套光盘或建筑施工组织课程教学资源库"某住宅小区项目施工组织总设计实例"完整版。

6.8.8 质量保证措施及施工检测方法

见教材配套光盘或建筑施工组织课程教学资源库"某住宅小区项目施工组织总设计实例"完整版。

6.8.9 安全文明施工管理

见教材配套光盘或建筑施工组织课程教学资源库"某住宅小区项目施工组织总设计实例"完整版。

6.8.10 成品保护措施

见教材配套光盘或建筑施工组织课程教学资源库"某住宅小区项目施工组织总设计实例"完整版。

模块小结

　　施工组织总设计是以若干单位工程组成的群体工程或特大型项目为主要对象编制的，用以指导施工的技术、经济和管理的综合性文件。其主要内容包括建设项目的工程概况、施工部署、主要项目的施工方案、施工总进度计划、各项资源需要量计划、施工准备工作计划、施工总平面图和主要技术经济指标。

　　施工总体部署是对整个建设项目进行的统筹规划和全面安排。其内容主要包括建立组织机构，明确任务分工；确定工程项目开展程序；拟订主要项目的施工方案；编制施工准备工作总计划。

　　编制施工总进度计划就是根据施工部署、施工方案以及工程项目的开展程序，对各单位工程施工做出时间上的安排，合理确定各单位工程的控制工期及它们之间的施工顺序和搭接关系。施工总进度计划的作用在于确定各个单位工程及其主要工种工程、施工准备工作和全场性工程的施工期限及其开工、竣工的日期，从而确定拟建项目施工现场上劳动力、材料、构件、半成品、施工机械的需要量和调配情况，确定现场临时设施、水电供应、能源、交通等方面的需要量，以保证各组成项目及整个建设工程按期交付使用。

　　施工总平面图是在整个建设项目施工用地范围内，对各项生产、生活设施及其他辅助设施等进行规划和布置的图形。按照施工方案和施工总进度计划的要求，将施工现场的道路交通、材料仓库、附属企业、临时房屋、临时水电管线等做出合理的规划布置，并按照一定的比例绘制在图上，用以作为整个建设项目施工现场平面布置的依据。

知识巩固

一、单项选择题

1. 施工组织总设计是由(　　)主持编写的。

　　A. 监理公司的总工程师　　　　　　　B. 建设单位的总工程师

　　C. 工程项目经理部的总工程师　　　　D. 建设单位的总负责人

2. 施工总进度计划是(　　)。

　　A. 指导性文件　　　B. 控制性文件　　　C. 既起指导又起控制作用的文件

3. 施工总平面图中仓库与材料堆场的布置应(　　)。

　　A. 考虑不同的材料和运输方法而定

　　B. 布置在施工现场

　　C. 另外设置一个独立的仓库

　　D. 以上三项

4. 为保证场内运输畅通，主要道路的宽度不应小于(　　)。

　　A. 5 m　　　　　　B. 5.5 m　　　　　　C. 6 m　　　　　　　　D. 6.5 m

二、多项选择题

1. 施工组织总设计的主要作用是(　　)。

A. 建设项目或项目群的施工做出全局性的战略部署

B. 为确定设计方案的施工可行性和经济合理性提供依据

C. 是指导单位工程施工全过程各项活动的经济文件

D. 为做好施工准备工作保证资源供应提供依据

E. 为组织全工地性施工提供科学方案和实施步骤

2. 施工组织总设计的编制依据是（　　）。

A. 计划文件及有关合同

B. 设计文件及有关资料

C. 经过会审的图纸

D. 施工现场的勘察资料

E. 现行规范、规程和有关技术资料

3. 施工组织总设计编制的内容包括（　　）。

A. 施工总进度计划

B. 施工资源需要量计划

C. 施工方案

D. 施工总平面图和主要技术经济指标

E. 施工准备工作计划

参考文献

[1] 危道军. 建筑施工组织[M]. 3 版. 北京：中国建筑工业出版社，2014.

[2] 杨红玉. 建筑施工组织项目式教程[M]. 北京：北京大学出版社，2012.

[3] 李君宏. 建筑施工组织与项目管理[M]. 北京：中国建筑工业出版社，2012.

[4] 郭阳明，侯春奇. 建筑施工组织设计实训[M]. 北京：北京理工大学出版社，2009.

[5] 全国一级建造师执业资格考试用书编写委员会. 建筑工程管理与实务[M]. 3 版. 北京：中国建筑工业出版社，2011.

[6] 《建筑施工手册》编写组. 建筑施工手册[M]. 5 版. 北京：中国建筑工业出版社，2013.

[7] 中华人民共和国国家质量监督检验检疫总局，中国国家标准化管理委员会. GB/T 13400.3—2009 网络计划技术　第 3 部分：在项目管理中应用的一般程序[S]. 北京：中国标准出版社，2009.

[8] 中华人民共和国住房和城乡建设部. GB 50300—2013 建筑工程施工质量验收统一标准[S]. 北京：中国建筑工业出版社，2014.

[9] 中华人民共和国住房和城乡建设部. GB/T 50502—2009 建筑施工组织设计规范[S]. 北京：中国建筑工业出版社，2009.

[10] 中华人民共和国住房和城乡建设部. JGJ/T 188—2009 施工现场临时建筑物技术规范[S]. 北京：中国建筑工业出版社，2010.